AF821252

Sociologie du développement durable urbain

Projets et stratégies métropolitaines françaises

P.I.E. Peter Lang

Bruxelles · Bern · Berlin · Frankfurt am Main · New York · Oxford · Wien

Philippe HAMMAN et Christine BLANC

Sociologie du développement durable urbain

Projets et stratégies métropolitaines françaises

Avec la collaboration de Flore Henninger

Ecopolis
n° 9

Cet ouvrage se situe dans le prolongement d'une recherche financée par le Plan Urbanisme Construction Architecture (PUCA) du ministère français de l'Écologie, de l'Énergie, du Développement durable et de l'Aménagement du territoire, dans le cadre du programme Plateforme d'Observation des Projets et Stratégies Urbaines (POPSU) coordonné par le GIP « L'Europe des Projets Architecturaux et Urbains » (GIP EPAU). Sa publication bénéficie du soutien du Centre de recherche et d'étude en sciences sociales (CRESS, EA 1334) et du Conseil scientifique de l'Université de Strasbourg, ainsi que du Conseil général du Bas-Rhin.

Toute représentation ou reproduction intégrale ou partielle faite par quelque procédé que ce soit, sans le consentement de l'éditeur ou de ses ayants droit, est illicite. Tous droits réservés.

© P.I.E. PETER LANG S.A.
Éditions scientifiques internationales
Bruxelles, 2009
1 avenue Maurice, B-1050 Bruxelles, Belgique
www.peterlang.com ; info@peterlang.com

ISSN 1377-7238
ISBN 978-90-5201-528-6
D/2009/5678/27

Information bibliographique publiée par « Die Deutsche Bibliothek »

« Die Deutsche Bibliothek » répertorie cette publication dans la « Deutsche Nationalbibliografie » ; les données bibliographiques détaillées sont disponibles sur le site <http://dnb.ddb.de>.

Table des matières

Deuxième partie
Le DD urbain comme lieu de mobilisation : de la compétence institutionnelle au portage politique, enjeux locaux d'affichage du DD urbain

Troisième partie
Instruments, dispositifs et outils : le DD urbain par l'expérimentation

Avant-propos

Cet ouvrage trouve sa source dans une convention conclue à l'automne 2006 entre le Plan Urbanisme Construction Architecture (PUCA) du ministère de l'Écologie, de l'Énergie, du Développement durable et de l'Aménagement du territoire et le Centre de recherche et d'étude en sciences sociales (CRESS, EA 1334) de l'Université de Strasbourg. À ce titre, nous ne saurions omettre de saluer toutes celles et tous ceux qui, diversement, ont contribué à cette étude et à la réalisation de ce livre.

Les responsables du PUCA et de la Plate-forme d'Observation des Projets et des Stratégies Urbaines (POPSU), au sein de laquelle s'est déroulée la prestation du CRESS, ont, par le financement consenti, rendu possible les enquêtes menées dans six grandes villes françaises ; qu'ils en soient remerciés, à commencer par Danièle Valabrègue, directrice du programme au PUCA, ainsi que les membres du Conseil scientifique du POPSU, pour leur suivi attentif (Alain Bourdin, Viviane Claude, Corinne Larrue, Robert Prost, etc.). Les chercheurs des équipes locales partenaires du projet dans chacune des villes et agglomérations étudiées nous ont accueillis avec intérêt et se sont efforcés de répondre à nos sollicitations : nous leur en sommes reconnaissants, ainsi qu'à tous les acteurs qui ont accepté de donner de leur temps au cours des entretiens et observations de terrain : sans ces derniers, point de recherche sociologique possible !

Collectivement, les enseignants-chercheurs du CRESS et ceux du département d'urbanisme de la faculté des sciences sociales, à commencer par Jean-Yves Causer, Florence Rudolf et Maurice Wintz, ont su être présents à nos côtés au lancement et tout au long de l'étude, chacune et chacun à sa façon : l'ouvrage collectif *Penser le développement durable urbain : regards croisés* (publié sous la direction de Philippe Hamman, Paris, L'Harmattan, 2008) l'atteste récemment dans une même dynamique.

Les professeurs Viviane Claude et Corinne Larrue, membres du Conseil scientifique du POPSU, nous ont fait l'amitié d'accepter de livrer leur point de vue relativement à quelques entrées dans et à partir de ce travail ; à elles aussi, merci.

Enfin, si ce livre constitue l'aboutissement, toujours relatif, d'une étude scientifique et d'une tranche de vie, nous voudrions terminer en soulignant que s'ouvrent aussi des perspectives nouvelles de coopérations maintenues entre le PUCA et le CRESS : en 2009-2010, une équipe interdisciplinaire composée de chercheurs du CRESS et de l'Institut national des sciences appliquées de Strasbourg, ainsi que de l'école d'Architecture de Strasbourg, sous la responsabilité de Philippe Hamman et de Viviane Claude, va en effet mener des travaux conjoints interrogeant les tramways à l'épreuve de la négociation dans les projets urbains, après avoir été retenue dans le cadre de la consultation de recherche lancée par le PUCA en 2008 sur le « projet négocié ». À suivre donc…

L'équipe POPSU membre du CRESS

Préface

Viviane CLAUDE

Professeur des Universités en Urbanisme, Université Paris 12, IUP, membre du Conseil scientifique du programme POPSU

Sur le thème du développement durable (DD) urbain, on attendait depuis un certain temps un point de vue analytique, relevant à la fois de la sociologie urbaine et de la sociologie politique. On était aussi en peine de travaux tirant parti de ceux qui sont en responsabilité pour agir ou pour être actifs sur cette ligne du DD urbain. À ces deux types d'attentes, ce livre répond opportunément. Prenons date car, avec la « nouvelle crise financière », tout bouge vite et oblige à être prudent, les enjeux du DD urbain ne planant pas, ni en dessous, ni au-dessus de ce qui pourrait s'imposer comme nouvelle donne en cette matière pour les politiques, les associations, les citoyens, les professionnels et... les chercheurs.

Se situant à distance des horizons vagues, des mots d'ordre et des prescriptions qui en découlent depuis plus de vingt ans, soit des modèles pour l'action ou des références obligées (les représentations dominantes et médiatisées, les plus ou moins « bonnes » pratiques ou les obscurs organigrammes), ce livre marque une étape pour la recherche sur une question contemporaine d'importance, ceci en dépit de ce qui s'impose ordinairement comme règles ou comme principe dans l'aménagement de l'espace (on songe à l'énigmatique « confiance »)[1]. Ce livre ne saurait pour autant être audible que dans le seul conclave des chercheurs en sciences sociales ; car il puise sa matière d'expériences concrètes et de situations urbaines différenciées à partir de plusieurs cas français. Nos représentants politiques, les associations ou les professionnels auront bien des raisons de le lire, de discuter et de prolonger ses formulations. Ce livre devrait donc, pour de multiples raisons, s'installer comme une

---

1 Bourdin A., Lefeuvre M.-P. et Melé P. (dir.), *Les règles du jeu urbain. Entre droit et confiance*, Paris, Éditions Descartes & Cie, 2006.

référence obligée pour les recherches en sciences sociales et pour les acteurs de l'aménagement de l'espace.

Comme nous en informent les auteurs, cet ouvrage a pour origine une commande venue du ministère de l'Équipement (Plan Urbanisme, Construction et Architecture) dans le cadre du programme intitulé « Plate-forme d'Observation des Projets et Stratégies Urbaines », lancé il y a sept ans, dans six villes françaises. L'enquête menée par les auteurs de ce livre visait à proposer à ce ministère (qui a été depuis rebaptisé, le « développement durable » y figurant aujourd'hui de manière explicite !) une vision transversale sur le thème du DD urbain. En 2007, ils ont ainsi conduit un travail d'enquête approfondi dans six de ces villes : Bordeaux, Lille, Lyon, Montpellier, Nantes et, de façon plus ponctuelle, Toulouse. Le matériau collecté est tout à fait exceptionnel : il donne à lire ce qui est formulé ou exposé dans ces villes comme relevant du DD urbain, en donnant la parole aux acteurs locaux. La palette des personnes rencontrées est large, différenciée et souvent percutante : élus, personnels des administrations locales, de sociétés d'économie mixte, de bureaux d'études, membres d'associations, experts, etc. Ce livre nous offre donc les éléments situés et des plus instructifs sur le DD urbain à la fois *in situ* et à travers les diverses focales des sciences sociales. Ceci, par la grâce d'une demande impulsée par l'État. Car, rappelons-le, nous sommes en… France !

Les entretiens menés dans les villes citées occupent une bonne part de l'ouvrage. Les auteurs ont choisi de mettre en avant ces paroles d'acteurs locaux, tout en les resituant dans le large répertoire aujourd'hui disponible des théories, analyses et conceptualisations de la recherche en sciences sociales : celles-ci provenant, selon les thèmes et questions abordés, des disciplines telles que la sociologie urbaine, la sociologie politique, la sociologie des sciences, etc., avec quelques recours ponctuels aux sciences de la communication, à la géographie, à l'urbanisme et même à l'architecture ! Ces références étant signalées, les témoignages des acteurs ont leur propre force. Ce regard éloigné et néanmoins empathique de chercheurs en sociologie accompagne donc la voix et le regard des acteurs, sans jamais s'y substituer ou s'autoriser quelque surplomb.

Le premier intérêt de ce livre est de prendre le DD urbain non seulement au sérieux, mais comme un analyseur de l'action publique locale. Les cinq parties déclinent les grands enjeux du développement durable : autour des « compétences », de la « mobilisation », des « instruments », de la « participation » et de la « fabrication » de la ville. Elles reprennent et questionnent les trois versants convenus du DD urbain : l'environnement, le social, l'économique. Une bonne part du dernier chapitre et la conclusion réorganisent les divers résultats, en faisant appel à des concepts venus de la sociologie et de la science politique, concepts les plus travaillés depuis vingt ans, soit ceux de « traduction », de « transcodage », de « transaction sociale » et de « percolation », particulièrement instructifs à ce titre.

Le développement durable (tant le mot et la chose, que le dire et le faire) fait plus précisément office d'analyseur des transformations en cours dans l'action publique urbaine. Par suite, ce sont les effets de levier pour l'action et pour la connaissance que les auteurs dégagent, instruisent et analysent. Loin de n'être que « slogans » qui tombent dans le vide, les enjeux du DD urbain ouvrent sur des questionnements où se profilent des conditions renouvelées tant pour l'action que pour la recherche. Les simples citoyens que la question du DD urbain intrigue trouveront dans ce livre des explications, des objets à discuter, les dilemmes étant nombreux. Les chercheurs dans les disciplines citées plus haut y trouveront des sources de nouveaux programmes (ainsi le DD urbain : du « flou » à « l'investissement »). Les responsables politiques ou professionnels de l'aménagement, quels qu'ils soient, pourront y détecter l'origine de ce qui fait leur passion ou leur poison quotidiens. Car le parti tiré des entretiens effectués, comme les cadrages thématiques et théoriques dans lesquels ils sont replacés, donnent à ce livre l'allure d'un de ces dialogues, devenus rares, entre acteurs et chercheurs, entre l'espace public et le monde académique, nourrissant une joute qui n'est pas qu'oratoire. Source vigoureuse et néanmoins discrète pour nourrir de possibles débats, ce livre diffuse de quoi accompagner une possible circulation de la parole entre lesdits acteurs et chercheurs.

L'une des autres vertus du livre tient dans le fait qu'il esquisse de nouveaux objets de réflexion ou d'investigation. Trois d'entre eux peuvent tout particulièrement être retenus. Le premier a la force d'une évidence. Le cas de la France est une invite à aller voir ailleurs, ce qui n'est pas, on le sait, sans poser problème pour l'analyse (les vertus et limites du « comparatisme »). Un second questionnement sillonne ce livre. Il provient du statut et du traitement subi par le citoyen dit tantôt « acteur » tantôt « consommateur », supposé à ce second titre être ignorant et qu'il convient d'« éduquer » pour parfaire ses comportements vis-à-vis des canons du DD urbain. Si les professionnels sont soucieux de « responsabiliser le citoyen » en passant par la « pédagogie », il leur faut aussi encourager la « participation ». Entre des figures aussi différentes que le citoyen, l'électeur, l'usager, le contribuable, le résident, le pollueur potentiel, que se passe-t-il ou ne se passe-t-il pas ? On n'ose parler des SDF (12 000 à Paris en septembre 2008 !) ou des « petits épargnants » coincés par un crédit qu'ils ont contracté pour devenir propriétaire d'un logement ?

L'ouvrage soulève aussi une troisième question. Pour qui sait être attentif depuis quinze ans à l'actualité dite opérationnelle, celle des fameux « éco-quartiers », ce phénomène peut relever d'un effet de mode. Ces opérations ont jusqu'à présent assez peu innervé la culture et la pratique d'aménagement en France (à la différence de l'Allemagne, de la Suisse, de la Grande-Bretagne ou des pays scandinaves) ; néanmoins, les éco-quartiers font figure d'icônes du DD urbain. Ils concentrent de multiples et nouvelles intelligences (venant de toutes parts), croisant donc plusieurs types d'expertises et d'engagements (élus, militants politiques, associations écologistes, professionnels, les politiques restant en France fort timides même s'ils visitent les opérations se voulant les plus « exemplaires »). Ces expériences (jusqu'au printemps 2008) fascinent et, parce qu'elles ont justement cet effet, elles engagent les chercheurs à travailler à cette autre échelle, celle où le renouvellement urbain opérationnel est un autre « analyseur » des transformations de nos sociétés, celle aussi où les villes citées dans cet ouvrage regardent au-delà de l'hexagone (« bonnes pratiques » obligent !), celle enfin où la recherche peut tirer de ces horizons de quoi renouveler les termes du DD urbain.

Changement d'échelle, changement de focale : face à ces déplacements et bien d'autres, ce livre vient à son heure servir en quelque sorte à la fois de pierre d'angle et de pierre de touche.

Octobre 2008

Introduction générale

Réchauffement climatique, pics d'ozone, récent « Grenelle de l'environnement », commerce équitable, économie sociale et solidaire, mobilité partagée, mixité sociale, etc., l'actualité ne manque pas de mobiliser le répertoire du « développement durable » (DD). Cette notion « à succès » s'est d'abord construite sur la scène internationale, à partir d'institutions telles que les Nations Unies (Zaccaï, 2002). Le *Que sais-je ?* que Sylvie Brunel consacre au DD porte la trace de cette genèse, fournissant surtout une lecture des défis planétaires – ce que l'auteur appelle les « 3M » : les « menaces qui pèsent sur la planète », les « misères de l'humanité » et les « manques de la gouvernance mondiale » (Brunel, 2004, p. 6-7). C'est aussi de là que s'est diffusée la définition désormais classique, tirée du rapport dit « Brundtland » de 1987[1], qui énonce que le DD consiste à « s'efforcer de répondre aux besoins du présent sans compromettre la capacité de satisfaire ceux des générations futures ». La problématique du DD ne saurait pourtant être uniquement identifiée à un « grand objet » de niveau mondial ou européen[2]. Nous tenons pour hypothèse que le cadre « local » doit être pris pleinement en compte, parce qu'il constitue un espace premier des enjeux concrets du DD en termes de politiques publiques (Hamman, 2008), à commencer par les aires urbaines.

Une autre généalogie s'ouvre alors, correspondant à des injonctions adressées à la ville au fil des siècles : la ville classique devait être « belle » (en respectant les notions de convenance et de bienséance), la ville moderne devait être « radieuse » (suivant Le Corbusier), la ville contemporaine doit être « durable » (Monin, Descat & Siret, 2002). En cela, le registre très actuel du DD peut être rapporté à des questionnements déjà anciens, de dysfonctionnements sinon de malaises : « Le monde est malade. Un réajustement s'impose », lançait Le Corbusier en 1935 ! (1964, p. 92). De même, une entrée par les études urbaines permet d'observer comment s'opèrent des appropriations depuis la

1 Gro Harlem Brundtland, alors Premier ministre de la Norvège, a présidé de 1983 à 1986 la Commission de l'ONU sur l'environnement et le développement.

2 Perspective que retient une part significative de la littérature. Par exemple, Berny (2008) étudie « les ressources de réseau et d'information, [comme] conditions et facteurs de changement de l'action collective » dans le cas du lobbying des organisations non gouvernementales internationales d'environnement à Bruxelles (p. 97).

notion d'« écologie urbaine », bien en amont de l'apparition du vocabulaire du DD. Initialement associé aux travaux de l'École de Chicago, ce courant s'est ouvert à d'autres approches, qui interrogent la construction de l'action publique intégrant l'écologie en tant que cause, et mobilisent la notion de réseau pour dépasser la distinction courante nature/culture (Rudolf, 2008).

De ce point de vue, la thèse de Christel Bosc (2003) consacrée à l'émergence et à la négociation des politiques environnementales locales à Lyon et à Montpellier met en évidence le fait que ce n'est pas n'importe quel DD qui s'est imposé dans les collectivités territoriales. Christel Bosc y décèle la « forme néo-libérale d'une rhétorique environnementaliste », prenant la place de celle de « la nature », dont les « naturalistes » revendiquaient auparavant le monopole de l'expertise. Le terme DD traduirait ainsi la prise en compte, dans les politiques locales, de revendications écologistes ne remettant plus en cause l'ordre économique. Se penchant sur l'expression *sustainable development* et sur les avatars de sa traduction en français, l'auteur avance que le passage du développement *soutenable* au développement *durable* s'accompagne d'une mise à l'écart des revendications écologistes les plus fortes. Comme l'a relevé Maurice Wintz (2008), la construction sémantique du DD comme ses mises en œuvre ne se départissent guère d'une imposition de sens où le développement industriel et l'objectif de croissance demeurent centraux.

Dans ce contexte, ce livre traite des enjeux de la « territorialisation » du DD dans les espaces urbains[3], peu examinés à ce jour[4]. Il le fait en se situant dans le prolongement d'un rapport de recherche[5] du Centre de recherche et d'étude en sciences sociales (CRESS, EA 1334) de l'Université de Strasbourg au Plan Urbanisme Construction Architecture du ministère de l'Écologie, de l'Énergie, du Développement durable et de l'Aménagement du territoire, au sein de la Plate-forme d'Observation des Projets et des Stratégies Urbaines (POPSU)[6].

---

3 Cette focale n'exclut en rien le fait que des pratiques de DD territorialisées peuvent s'inscrire dans des espaces plus vastes, par exemple régionaux, impliquant aussi des zones rurales sur certains projets.

4 Exception faite, notablement, de l'ouvrage collectif dirigé par Da Cunha, Knoepfel, Leresche & Nahrath, 2005.

5 *Cf.* Blanc, Hamman & Henninger, 2007 et 2008a.

6 Que Maurice Blanc, professeur de sociologie urbaine à l'UFR des Sciences sociales, pratiques sociales et développement de l'Université de Strasbourg, Directeur du CRESS durant la période de cette recherche, reçoive également la marque de notre sincère reconnaissance pour l'attention permanente qu'il a accordée à ce projet… et pour tout le reste !

1. Aspects méthodologiques de la recherche

Notre étude, menée de fin 2006 à 2008, ne constitue donc pas une recherche autonome ; elle s'inscrit dans un programme existant, autour de six grandes villes françaises : Bordeaux, Lille, Lyon, Montpellier, Nantes et Toulouse, sur le volet comparatif[7] en termes de prise en compte du DD dans les projets et les stratégies urbaines. On sait qu'en urbanisme les notions de projet et de stratégie ont suscité des définitions plurielles. Le projet peut « décrire un système d'intentions, une stratégie de développement d'un territoire comportant une forte dimension politique, ou avant tout la mise en forme spatiale de ces intentions » (Bacqué *et al.*, 2007, p. 95 sq.). Fréquemment, on considère que le projet urbain est davantage l'expression d'une idée, alors que le programme traduit cela de façon détaillée – on pense à la distinction classique de Manuel Castells (1977) entre le projet et la planification urbaine, c'est-à-dire la stratégie. Nous voyons d'abord dans le projet l'idée d'élaborations collectives (par opposition à ce qui a pu être un modèle « technocratique » étatique symbolisé dans la construction des grands ensembles : Chalas, 1998), enjeu d'importance pour une analyse du DD urbain – des ouvrages récents l'ont montré (Tsiomis, 2007 ; Tsiomis & Ziegler, 2007).

Dans ce cadre, il s'est agi pour nous d'aller plus loin que la simple étude documentaire « à distance », en menant en 2007 des enquêtes de terrain dans les six aires urbaines considérées, à travers :

- l'observation ethnographique, par coups de sonde.

- la constitution par Chr. Blanc et F. Henninger, lors des séjours de terrain, d'une base de données photographique correspondant aux espaces et aux problématiques enquêtés.

- la collecte de nombreux documents sur place, de différents statuts.

---

7 Tandis que, dans chaque ville, ont été associées au POPSU des équipes locales de chercheurs, en particulier de l'école d'Architecture de Bordeaux (laboratoire Profession Architecture Ville et Environnement, en coopération avec le CERVL-SPIRIT), de l'école d'Architecture de Lille (en coopération avec l'Université de Lille 1, IAUL/Géo et laboratoire HVT, et des équipes de TRACES-INRETS, Villeneuve d'Ascq, et du CERAPS, Université de Lille 2), de l'institut d'Urbanisme de Lyon (Université de Lyon 2, en coopération avec le laboratoire RIVES-ENTPE et l'équipe Développement Urbain, UMR 5600 Environnement Ville Société), de l'Université de Montpellier 3, UMR Mutation des Territoires en Europe, GREGAU (en coopération avec le CEPEL, Université de Montpellier 1, et l'école d'Architecture de Montpellier), l'école d'Architecture de Nantes (laboratoire LAUA), et l'Université de Toulouse 2 (CIEU, en collaboration avec l'école d'Architecture de Toulouse).

- la diffusion de questionnaires auprès d'habitants et d'usagers, pour obtenir des informations sur la perception d'un certain nombre de projets et d'actions locales.

- et, surtout, la conduite d'entretiens approfondis, en ciblant différents groupes d'acteurs qui ont à connaître des questions de DD urbain : élus, personnels techniques et administratifs des collectivités, associatifs et experts[8].

Cette combinaison d'approches empiriques permet de mieux saisir des situations réticulées en pratique, s'agissant de penser le DD urbain dans la fabrique de la ville[9]. Cet ouvrage souhaite les restituer en offrant au lecteur, dont les attentes peuvent être différentes – plutôt analytiques ou plus en phase avec les questions opérationnelles ou encore le contenu des interventions concrètes en DD –, plusieurs niveaux d'entrée dans les problématiques déclinées. C'est en particulier pourquoi nous avons souhaité lier les mises en perspective et, à mesure de l'avancée des développements, l'effort de théorisation avec le rendu des matériaux de première main recueillis sur place : de larges extraits d'entretiens viennent appuyer nos interprétations, visibles à travers une mise en page spécifique ; les uns pourront s'y plonger, les autres passer plus rapidement.

2. Penser le développement durable urbain dans la fabrique de la ville

2.1. Le développement durable urbain ou le succès du flou

Le point de départ de la recherche repose sur le constat du flou qui entoure la notion de DD, et plus encore ses usages. Avec pour objectif de conjuguer les dimensions économique, environnementale et sociale, en se situant à l'intersection du « viable », du « vivable » et de l'« équitable »[10], le DD s'apparente à un « mot-valise ». Il suffit d'écouter cette chargée de mission à Nantes : « Aujourd'hui, il n'y a pas consensus sur ce qu'on entend par DD. [...] On a beaucoup de ré-

8 Le travail d'enquête et son rendu dans le cadre du rapport remis au PUCA ont été menés avec la participation de Flore Henninger, en tant que chargée d'étude contractuelle au CRESS pour des missions relatives au programme POPSU.

9 Ce livre se comprend en relation avec l'ouvrage collectif *Penser le développement durable urbain : regards croisés*, tiré des contributions de deux journées d'étude organisées à Strasbourg dans le cadre du CRESS en mars 2007 et mars 2008, sous la responsabilité de Philippe Hamman (Hamman, 2008).

10 « Viable », à l'intersection de l'économique et de l'écologique, « vivable », à l'intersection de l'écologique et du social, « équitable », à l'intersection du social et de l'économique.

flexions qui sont tous azimuts. [Mais] c'est un objet qui est intégré dans nos manières de faire » (Nantes, 22/06/07). On connaît le paradoxe de la force du flou, explicité par Luc Boltanski (1982) relativement à la constitution des groupes sociaux : loin d'être un obstacle à sa diffusion, l'imprécision qui entoure le DD rend le thème apte à fédérer des expériences peu compatibles dans leurs déterminants, par un « effet barbe à papa » relevé en sociologie de la communication (Neveu, 1994, p. 88 sq. ; la métaphore est empruntée à Erving Goffman). Parmi d'autres, le commentaire de cette présidente d'une association environnementale lilloise est saisissant :

> Le vocable a été largement utilisé, récupéré, annexé par quantité de gens, jusqu'à des marchands d'armes. En tant qu'association, on reçoit régulièrement le rapport annuel sur la conformité environnementale et sociale, que toutes les entreprises cotées en bourse sont obligées d'émettre [...]. Mais on a reçu [un tel rapport] d'une grande entreprise britannique d'armes qui nous démontre qu'elle les fabrique en toute propreté et dans le respect de ses ouvriers. On affiche soi-disant du DD parce qu'on ne rejette plus d'arsenic dans les rivières, mais on fabrique des objets de mort. Donc le vocable de DD a été récupéré, utilisé à toutes les sauces, y compris marketing, ce qui explique qu'un certain nombre de personnes ne veulent plus en parler. Moi, je ne suis pas de cet avis, je pense que le mot existe et ce n'est pas parce qu'il est détourné de son sens, c'est comme liberté et démocratie ! (Lille, 05/06/07).

2.2. L'extension du répertoire du DD, entre dimension « multi » et « inter »

Le signifiant fédérateur du DD urbain est principalement décliné sous deux aspects. D'abord, ressort la dimension « multi », soit des enjeux qui irriguent toute l'action publique locale et s'incarnent avec peine en un interlocuteur unique, tant ils relèvent d'une multiplicité d'acteurs et de services dans l'architecture des collectivités territoriales. Le propos de ces deux fonctionnaires du pôle Environnement et Transports de l'agglomération de Montpellier l'illustre :

> – Le DD, c'est un sujet extrêmement vaste. Ça commence avec les problèmes d'étalement urbain, par exemple, et ça va jusque quand on travaille un projet. [...] Le DD, c'est quelque chose en accordéon. Qu'on regarde par le petit bout ou par le grand bout de la lorgnette ; – Je dirais même que c'est l'ensemble du service public de l'agglomération [...] ; – Je pense aussi au service du développement économique, qui s'occupe de toutes les zones d'activités, et des services de l'urbanisme, qui ont aussi une vision DD ; – Moi je pense que c'est quelque chose de réellement intégré dans notre structure, vis-à-vis de l'ensemble des agents qui travaillent dans ce but de service public de proximité (Montpellier, 28/02/07).

Cette difficulté à identifier la dimension « multi » du DD urbain tient à la diversité des cadres de définition et d'action : il en va d'échelles et d'acteurs multiples, autant que de compétences, de secteurs, d'instruments qui ne sont pas moins divers. Dans la définition locale du DD urbain qu'il formule, ce fonctionnaire de la Communauté urbaine de Bordeaux (CUB) le laisse paraître :

> [Le DD,] c'est faire des actions aujourd'hui qui ne compromettent pas le développement de demain. À mon avis, ça se décline dans tous les champs de la politique urbaine, et pour ce qui est du cadre des politiques d'aménagement et de développement urbain, c'est la lutte contre l'étalement, la priorité aux transports collectifs, la ville de proximité, la densification urbaine et le développement urbain. Il y a aussi beaucoup d'autres champs : [...] des matériaux pour faire des granulats [...], comment avoir des transports économes en énergie, *quid* des véhicules électriques, de l'utilisation des digesteurs ? C'est un vaste sujet (Bordeaux, 05/03/07).

Corrélativement, se dégage un aspect « inter », selon lequel la propriété première des politiques de DD urbain tiendrait à leur transversalité, doublée de celle du profil des acteurs qui les portent :

> Moi, je suis un être à vocation transversale, puisque les directions ont des vocations thématiques : développement urbain, déplacements, projets économiques, environnement, voirie, etc. Alors, le grand problème, c'est comment on met tout ça en œuvre intelligemment sur un territoire, comment on organise la transversalité et ce qu'on appelle le projet urbain. Moi, j'ai un rôle de veille stratégique et d'animation de la transversalité. Je suis depuis très longtemps à la CUB, j'ai fait pas mal de services, j'ai fait les transports, la voirie, de l'aménagement, de l'urbanisme, donc je suis un peu transversal, note ce responsable du pôle Aménagement et Habitat de la CUB (Bordeaux, 05/03/07).

Ce sentiment correspond à une idée de passages, où le DD urbain n'est pas compartimenté, et se joue dans sa capacité à être intégré au niveau des intersections. Ceci renvoie plus largement à un changement de sens autour de la thématique du DD depuis les années 1990. Monte en puissance l'idée de retrouver des totalités, par rapport aux représentations plus « opérationnelles » forgées au cours des décennies 1960-1970 : les dimensions sociales et symboliques apparaissaient assez peu dans les approches en termes d'écosystème ou de métabolisme urbain. Au milieu des années 1980, portée par l'écologie politique dans sa diversité du moment, il y eut une tentative de mettre en œuvre une écologie urbaine. Mais la ville continuait d'apparaître comme un objet rétif à l'« écologiquement correct » ; il a fallu un certain temps pour qu'on commence à parler de « ville durable » (revue *Urbanisme*, 2002 ; Rudolf, 2008). Désormais, le DD est davantage lu comme un levier de transformations des politiques locales, à travers un effort de cohérence entre différents services, niveaux d'action et compétences territoriales (*Le Débat*, 2001 ; *Annales de la recherche urbaine*, 2002 ; Vivien, 2003 ; Émelianoff, 2004). Le défi du DD tient alors dans la production de transversalité ; un fonctionnaire du Grand Lyon le traduit, lorsqu'il invite à ne pas tout ramener au seul pan environnemental : « Je crois qu'il y a une vraie difficulté, c'est que dans la polysémie du terme DD, aujourd'hui le DD est parfois trop entendu sur son seul volet environnemental, et parfois on a du mal à mettre du contenu sur les deux autres volets, et à croiser effectivement les trois piliers du DD » (Lyon, 09/07/07).

En correspondance avec cette réalité des pratiques, les politiques environnementales occupent une place importante dans cet ouvrage, mais en restituant les dynamiques et les chaînages plus larges, socio-politiques et économiques, dans lesquels elles s'insèrent. C'est pourquoi nous privilégions, plutôt qu'une entrée par les secteurs du DD urbain[11], l'hypothèse du passage du « multi » à l'« inter » dans sa mise en œuvre. L'approche processuelle qui en découle permet de comprendre par qui et dans quel contexte est porté le DD, et non uniquement sur quoi il porte en termes de projets urbains.

Cette problématique relationnelle invite à tenir une quadruple focale portant sur les compétences et les échelles des acteurs (1re partie), sur les enjeux communicationnels et politiques d'affichages locaux (2e partie), sur les instruments et dispositifs techniques des projets (3e partie), et sur l'appréhension des dispositifs participatifs reliés aux projets urbains en DD (4e partie). Au terme de ce cheminement, le DD urbain apparaît inscrit dans un ensemble (localement fluctuant) de chaînages, qui le situent résolument dans des espaces d'interrelations, sinon des intersections, mus par des passeurs et des circulations, dont un modèle d'analyse sociologique par les traductions et les transactions sociales permet d'approcher les rapports complexes entre discours et réalités (5e partie).

11 Laquelle méconnaît les interdépendances spatiales des systèmes urbains (Voiron-Canicio, 2005).

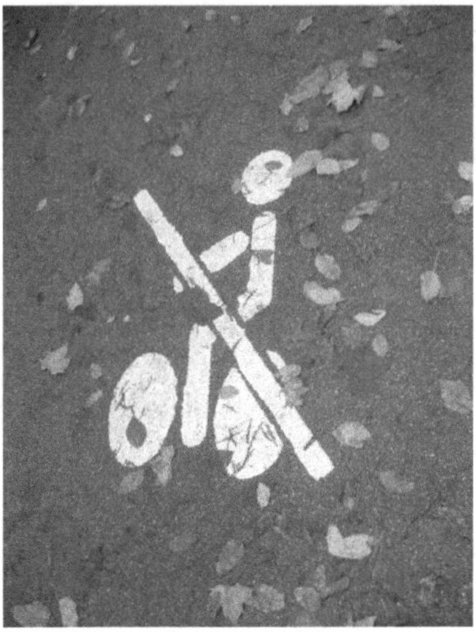

Pistes cyclables à Nantes et à Lyon
Station de Vélo'V à Lyon[1]

1 Photographies prises à Lyon par Christine Blanc et Flore Henninger.

Première partie

Compétences à agir et échelles d'action : entre développement durable de l'institution et de la ville

Introduction

L'aspect « multi » constitue une première entrée dans la problématique du développement durable (DD) urbain, qui permet d'en restituer toute la diversité et la complexité pratique. Dans cette première partie, il en va à la fois d'enjeux multi-compétences (Chap. 1), mais aussi multi-acteurs et multi-échelles (Chap. 2), ainsi que d'une pluralité de secteurs d'intervention (Chap. 3), qu'il s'agit de qualifier pour en saisir les ressorts et les interactions.

Hôtel de la Région Nord-Pas-de-Calais

Projet de réaménagement, pavage du centre de Lille[1]

Plaquette d'information disponible à la mairie de Lille (recueillie le 7 juin 2007)

---

1 Photographies prises à Lille par Christine Blanc et Flore Henninger.

CHAPITRE 1

Des enjeux multi-compétences

Le DD urbain est aujourd'hui vu par les acteurs locaux comme une totalité : « Prioriser un aspect par rapport à l'autre, je ne sais pas, parce que l'effet sur l'environnement, c'est un tout », nous dit un chargé de mission. À ce titre, ce registre suppose de détenir des compétences d'action, lesquelles ne coïncident pas directement avec les règles d'attribution et de partage qui caractérisent le paysage des collectivités territoriales françaises (Gohin, 2002).

1. Faire du DD à l'échelle de ses compétences

Les acteurs rencontrés se positionnent d'emblée par rapport aux compétences qu'ils ont à agir ; deux séries de remarques peuvent ici être avancées.

1.1. La capacité des acteurs publics de faire du DD en fonction de leurs compétences

De fait, dans les communes et les intercommunalités[1], les acteurs publics enquêtés se positionnent d'emblée par rapport aux compétences qu'ils ont à agir sur les politiques urbaines. Cet extrait d'entretien relatif à la part des espaces verts dans l'action de la Communauté d'agglomération de Montpellier l'atteste :

> – On n'a pas vraiment d'espaces verts en gestion directe [...] ; – On n'a pas la compétence « gestion de la voirie ». La compétence que l'on a est en fait extrêmement restreinte, puisqu'on finance principalement des opérations qui sont plus des contrats de plan, donc gérées par d'autres maîtres d'ouvrage, que ce soit l'État ou le Département, et on n'intervient que dans le cadre du réseau d'agglomération ; – La seule opération communautaire qu'on ait faite : il y a un beau terre-plein central planté et deux rangées d'arbres. Voilà, on a fait ce qu'on a pu ! (fonctionnaires, Montpellier, 28/02/07).

La compétence détenue par l'institution apparaît structurante des démarches engagées, sinon comme un préalable de l'investissement en

---

1 Un panorama des compétences des Communautés d'agglomération figure dans Baraize & Négrier, 2001, p. 12-16.

DD urbain ; le manque de compétences peut expliquer le choix de tel axe plutôt qu'un autre. Plus finement, on distingue plusieurs traits saillants.

– *Premièrement*, l'action publique urbaine à dimension de DD renvoie d'abord à l'exercice de compétences obligatoires, sur lesquelles vient se greffer à présent l'enjeu de la « ville durable ». À propos de la Communauté urbaine Nantes Métropole, ce salarié d'une association d'environnement locale précise :

> Dans la définition des objectifs généraux, il y a une référence au DD qui est un peu systématique, notamment à travers ce qui est légal, la rédaction des documents d'urbanisme. [...] Les collectivités doivent exercer un certain nombre de compétences, donc, de fait, elles sont impliquées dans le DD, elles sont incitées à faire les choses et à les faire le mieux possible (Nantes, 19/06/07).

Ceci met en relief la dimension normative tenant à l'état de la législation ou de la réglementation. On peut penser à la loi sur l'air[2], comme l'explique ce maire d'une commune de l'agglomération nantaise : « Maintenant, tout aménagement de voirie doit être accompagné d'un aménagement cyclable en zone urbaine. La loi sur l'air l'indique ». C'est parce que les opérations urbaines doivent intégrer la dimension d'alternative à la voiture que les sommes consacrées aux aménagements cyclables croissent ; le même élu, en charge du dossier à la Communauté urbaine de Nantes, le note : « Quand je dis 7 millions, ça veut pas dire que Nantes Métropole sort 7 millions d'euros sur une ligne spécifique Vélos. C'est que, dans le cadre d'un aménagement routier, il y a une part aux vélos » (élu Nantes Métropole, 19/06/07).

Si le droit vaut comme vecteur, la question des cadres législatifs renvoie aussi au sentiment que peuvent avoir les acteurs publics de leur compétence à agir. On sait que les Plans climat locaux ne se sont développés qu'après 2004 et la mise en place du Plan climat national, et il en a été de même des Agendas 21 locaux, qui ont surtout « pris » après qu'un cadre national a été posé. Cyria Émelianoff note que les collectivités territoriales ont en quelque sorte attendu « le feu vert » de l'État avant de s'y lancer elles-mêmes, quand bien même la possibilité était déjà ouverte auparavant (2007, p. 132).

– *Deuxièmement*, se positionner sur les enjeux de DD urbain passe par un regard croisé des acteurs publics entre les compétences de la ville et du niveau intercommunal. L'adjoint au maire de Montpellier chargé du DD y revient, par rapport à la Communauté d'agglomération :

---

2 Loi n° 96-1236 du 30 décembre 1996 sur l'air et l'utilisation rationnelle de l'énergie.

Pour la ville, il reste l'urbanisme bien sûr, il reste les espaces verts, l'espace public en général, il y a en matière de transports une compétence éco-mobilité, c'est-à-dire développement du vélo et marche à pied. Il y a aussi la propreté de la ville. [...] Il y a le bruit. Tout ça reste des compétences ville. L'agglomération a les grandes infrastructures et tout ce qui est schéma de cohérence en général. Donc il y a quand même des choses à la ville qui sont importantes (Montpellier, 01/03/07).

On en a aussi trace à la ville de Bordeaux, lorsque le chargé de mission Écologie urbaine et DD aborde les réalisations locales « modèles » : il écarte explicitement le tramway pour être de la compétence de la CUB, préférant retenir le Plan cyclable, de compétence municipale :

Évidemment, on serait tenté de dire le tram, mais ce n'est pas notre problématique, c'est la CUB qui s'en occupe. Donc on va parler de ce qui est très en place, c'est le plan cyclable à Bordeaux, le prêt de vélo – plus de 4 000 vélos prêtés. [...] La CUB s'est dotée de véhicules électriques, ce qu'on n'a pas fait nous, parce que c'est une solution locale et pas globale (Bordeaux, 06/03/07).

En cela, la création ou l'approfondissement d'une institution d'intercommunalité, à l'exemple de la Communauté urbaine de Nantes (fondée à la suite de la loi du 12 juillet 1999), constituent des épisodes localement importants, puisqu'ils induisent des transferts de compétences. Ce responsable de la société d'économie mixte SAMOA (Société d'Aménagement de la Métropole Ouest-Atlantique) n'en fait pas mystère lorsqu'il évoque l'impact sur le projet urbain de l'Île de Nantes dont il s'occupe : « Sur les maîtrises d'ouvrage, ça a un peu évolué en cours de route : 1999, c'est la ville qui lance l'étude de définition ; 2001, la CU est créée sur la base du district, et ça va être le vrai point de départ du projet puisque la CU rassemble un peu toutes les compétences qui vont permettre au projet de se lancer ». De tels processus sont alors également révélateurs de tensions ; notre interlocuteur l'explique, tout en soulignant que sur bien des projets ville et CU sont amenées à intervenir toutes deux :

Avec Nantes Métropole, ça se passe très bien. [...] Avec la ville, les discussions peuvent être parfois plus compliquées, aussi parce que c'est un projet [Île de Nantes] qui est né au sein de la ville, qui a été transféré ensuite à la Communauté urbaine, donc il y a certaines personnes à la ville qui peuvent penser qu'on leur a un peu piqué. [...] Les élus, en gros, ce sont les mêmes qu'on retrouve à la ville et à la CU. Ça se passe relativement bien. Ça se passe pas toujours complètement bien avec certains techniciens de la ville. [...] On peut avoir certains points de friction. Mais de toute façon Nantes Métropole aujourd'hui a la grande partie des compétences (Nantes, 22/06/07).

Les enjeux de compétences entre ville et agglomération peuvent donc être saisis sur différents plans. Si son constat est à l'inverse du précédent, le chargé de mission DD à la ville de Bordeaux distingue lui-aussi la dimension politique des rapports inter-institutionnels et la dimension administrative et technique, tout en donnant à voir, à travers l'exemple des chaussées, en quoi il y a des contraintes réciproques d'action en DD. Une institution ne peut tout faire à elle seule, compte tenu du partage institutionnel des compétences et alors même que les politiques de DD sont de l'ordre de la transversalité :

> Dire que ça se passe parfaitement bien malgré que chacun a ses prérogatives, ce serait évidemment faux. La CUB et la ville ne sont pas dirigées par des personnalités du même bord politique, donc ça contribue à créer quelques dysfonctionnements. Cela dit, les services essaient de travailler de concert, ce n'est pas un problème véritablement de fonctionnaires. [...] Après, il est pas du tout normal que la CUB décide d'un type de revêtement, sur une route, un trottoir, et que la ville soit amenée à en assurer la maintenance sans avoir été associée à la réflexion sur le choix de matériaux (Bordeaux, 06/03/07).

– *Troisièmement*, la définition du DD urbain reste suffisamment « ouverte » pour permettre aux différentes collectivités de s'y inscrire, même si leur domaine de compétences est *a priori* limité. La notion d'« embellissement » mobilisée par la ville de Bordeaux peut être relevée en ce sens, alors que les compétences détenues sont davantage favorables à la CUB, ainsi que l'explique cet urbaniste local :

> Entre les mains de la ville, il reste les espaces verts, point final. Mais on est très libre de mettre ce que l'on veut sous le terme DD. C'est pas breveté, c'est pas normalisé. Donc c'est un fait qu'à Bordeaux il y a une thématique forte, c'est tout ce qu'on peut appeler « embellissement ». Qui, pour l'essentiel, a accompagné la création du tramway et a été passé d'ailleurs au budget du tram (Bordeaux, 06/03/07).

1.2. Question des compétences et discours de l'efficacité

La question de la capacité à agir en DD est corrélée à un discours de l'efficacité de chaque institution, en termes d'exemplarité ou de blocages. Chaque collectivité met en avant sa propre efficacité lorsqu'elle est seule aux commandes, et rattache les « retards » possibles à un partage des compétences qui serait trop complexe ; par exemple :

> Il y a des partages de compétences qui nous bloquent quelque part. On travaille bien du point de vue de la Communauté d'agglomération [de Montpellier] avec l'ensemble des communes. [...] Mais si je prends l'eau, on n'a pas l'eau potable, on n'a que l'assainissement, on a la lutte contre les inondations, mais partiellement. [...] Le nettoyage des cours d'eau, ce n'est pas

de notre compétence, et en plus il y a le problème des berges. [...] Donc vous voyez quels problèmes se posent. En matière d'ordures ménagères, ça va un peu mieux, on n'avait que le traitement, et on a repris la collecte. Comme ça, on maîtrise toute la chaîne, c'est beaucoup plus facile ! (fonctionnaires à la comm. d'agglo. de Montpellier, Montpellier, 28/02/07).

Le sentiment de cet élu, à la fois maire d'une commune de l'agglomération nantaise et vice-président à la CU Nantes Métropole chargé des circulations douces, est également significatif de cette perception de l'importance de disposer d'un cadre d'intervention à son niveau. C'est d'abord à l'échelle de sa commune, où il a une vision d'ensemble, à la différence d'une délégation sectorielle, qu'il dit appréhender le sens des démarches de DD urbain : « En tant qu'élu communautaire ou local, quelque part, on n'a pas la même vision du territoire. Moi, je sens bien [le DD] au niveau local, je le sens moins bien au niveau... parce que je ne m'en occupe pas globalement au niveau de l'agglomération » (Nantes, 19/06/07).

On peut ainsi distinguer pour les élus compétences à agir et responsabilité de l'action publique, c'est-à-dire le processus intériorisé d'imputation qui correspond à un sentiment de compétences. Notre entretien avec une élue municipale lilloise est ici riche de sens :

> C'est une affirmation qui peut apparaître prétentieuse, mais c'est ce que pense Martine Aubry, et moi j'y adhère totalement : tout ce qui concerne les Lillois est de notre responsabilité. Ça ne veut pas dire que nous avons toutes les compétences. [...] Mais la volonté dans ce travail de DD, ce n'est pas se dédouaner sur d'autres collectivités, mais essayer de les impliquer et de faire bouger. L'eau n'est pas compétence de la ville de Lille. Pourtant, nous avons fait une campagne sur l'eau. [...] Au début, c'était un petit peu tendu avec la Communauté urbaine. C'est vrai que la distribution et l'assainissement, c'est délégation. Sauf que la source, la gestion intégrée de la ressource, ce n'est pas une délégation (Lille, 06/06/07).

2. Des compétences en DD partagées

On le saisit, si chaque institution se voit reconnaître un certain nombre de prérogatives, la ligne de partage pour agir en DD n'est pas nécessairement durcie ou unique.

2.1. Détenir une compétence ne veut pas forcément dire l'exercer

L'exercice d'une compétence par une collectivité territoriale est parfois obligatoire mais aussi parfois facultatif. De plus, il peut y avoir des compromis pratiques, liés à des rapports de force politiques et socio-économiques locaux, qui montrent que détenir une prérogative de principe ne signifie pas nécessairement l'exercer pleinement ni exclusivement. C'est la question des usages locaux des compétences qui ressort, illustrée par le « pacte de non agression » un temps en vigueur entre président de la CU et maire de la ville-centre dans l'agglomération de Bordeaux ; ce fonctionnaire de la CUB l'explique :

> En 1977, on est arrivé à un gouvernement [de la CUB] 50/50, avec présidence à gauche, avec Sainte-Marie, maire de Mérignac. C'est là qu'on parle de l'accord Chaban[3]/Sainte-Marie qui a scellé le pacte de non-agression entre la CUB et les communes : « Article 1 : le maire [de Bordeaux] a raison ; Article 2 : même si la CUB a raison, c'est l'Article 1 qui s'applique ». Ça a donné que le maire de Bordeaux a continué à faire ce qu'il voulait pendant que les autres grands barons faisaient ce qu'ils voulaient. Ça consiste à dire oui à chacun des maires. [...] La politique de développement des transports a été très coûteuse. [...] Le mouvement de rationalisation du réseau de voirie en faveur de la voiture particulière n'a pas évité la saturation, et l'autobus était perdant. [D'où] un déficit très lourd. On a essayé d'y remédier : priorisation de l'autobus sur la voirie, couloirs bus, etc. Durant toute cette période, ces politiques ont échoué parce que quand on demande à un maire de faire passer un bus qui vient des trois communes d'à côté, vous n'imaginez pas qu'il va mécontenter ses commerçants pour le réseau de la communauté (Bordeaux, 05/03/07).

Un *distinguo* s'impose donc entre la compétence détenue et les politiques effectivement menées, où apparaissent des marges d'action. Plusieurs entretiens le corroborent, à l'instar de cette technicienne de la Communauté urbaine Lille Métropole (LMCU), qui intervient sur les questions énergétiques, indirectement, même sans compétence propre : « L'énergie, on a des leviers pour notre patrimoine et sur les gros équipements, c'est important, parce que [...] c'est "agir". En privilégiant les modes doux, on agit aussi sur l'énergie. On n'a pas une compétence énergie, mais on a une action » (Lille, 05/06/07).

2.2. L'exercice partagé de compétences en DD urbain

De plus, il existe bien des domaines relatifs au DD urbain où, de fait, l'exercice de l'action publique est partagé. Il l'est d'abord parce qu'en regard des compétences dévolues et des impulsions politiques, il faut aussi tenir compte des moyens techniques et humains qui sont disponibles à un niveau plus qu'à un autre. Cet associatif souvent en contact avec les collectivités territoriales de la région de Nantes y rend attentif :

> Il y a les grandes compétences qui sont assumées par la Communauté urbaine, mais ce sont aussi un petit peu des compétences techniques, les dé-

---

[3] Jacques Chaban-Delmas, maire « historique » de Bordeaux.

chets, l'eau, etc. Donc des équipements. Sur la mise en place de politiques environnementales, c'est plus une initiative municipale que de la métropole, qui concentre plus les moyens techniques (Nantes, 19/06/07).

Par ailleurs, nombre de politiques relèvent de plusieurs collectivités. Ces compétences partagées sont nombreuses, quelle que soit l'agglomération étudiée. Un exemple tient aux domaines de l'eau et de l'énergie à Montpellier : « Il y a une délégation à l'énergie pour les bâtiments publics, mais ça ne nous empêche pas d'intervenir dans le débat public. L'eau, pour l'assainissement, c'est l'agglomération ; pour l'approvisionnement en eau potable, c'est nous », expose un élu vert (Montpellier, 01/03/07). De même, lorsqu'une intercommunalité « coordonne », cela veut bien dire qu'elle n'agit pas seule :

> Il y a les transports, qui sont une compétence stricte de Nantes Métropole. Mais si vous prenez l'habitat, c'est une compétence partagée parce que les communes délivrent le permis, et puis Nantes Métropole au motif du PLH [programme local de l'habitat] intervient en faveur du logement social avec des systèmes d'aide, [...] mais dans une acception de coordination (directeur du Renouvellement urbain à Nantes Métropole, 20/06/07).

En outre, les politiques d'urbanisme se situent souvent dans des relations d'interdépendance en raison d'incidences réciproques. La question de la continuité des pistes cyclables, condition de la portée de ces aménagements de mobilité durable, permet de le montrer ; communes membres et agglomération sont ici tenues de se concerter – comme le rapporte ce fonctionnaire intercommunal à Montpellier :

> Les aménagements cyclables qui sont faits par les communes tiennent compte [du fait] que, dans l'axe du tramway, là où nous n'avons pas pu faire de pistes cyclables, le schéma cyclable propose l'alternative, de façon à gérer les continuités. C'est toujours dans le cadre de démarches entre l'agglomération, sa propre compétence un peu spécifique aux transports, et la compétence qui reste aux communes au titre de la gestion de leur voirie (Montpellier, 28/02/07).

Fréquemment, le cas des espaces verts se révèle être un autre secteur dans lequel une compétence communale de principe se décline de façon plus diffuse dans des dossiers concrets. Il est souvent question d'une imbrication pratique ; ainsi, à Nantes Métropole : « C'est plus la ville, mais on y travaille quand on réfléchit à l'espace public, on positionne les espaces verts, on les conçoit », déclare une chef de projet (Nantes, 22/06/07). « Sur les espaces verts, Nantes Métropole en est responsable, mais c'est la ville qui les entretient, c'est une convention de gestion entre les deux », ajoute un autre technicien (Nantes, 22/06/07). Au sein de l'agglomération bordelaise, les débats autour du « Plan vert » méritent également d'être rapportés, en termes de compétences liées, à la fois en fonction des échelles (une coulée verte sur le ban de trois communes) et des instruments en jeu (la capacité technique de la ville de Bordeaux, ses pépinières) ; l'enjeu est alors de produire du compromis :

> Les espaces verts sont aux communes. Néanmoins, ce n'est pas tout à fait aussi simple, parce que les compétences du « Plan vert » de l'agglomération sont très partagées. La Communauté urbaine ne peut pas être maître d'ouvrage. D'autre part, la ville de Bordeaux est de très loin celle qui détient les compétences techniques. Elle a une très grande pépinière, un très grand parc dans le secteur de Bordeaux nord. [...] Par contre, les grands dossiers d'espaces verts de l'agglomération sont tous intercommunaux. Le campus, nous avons une coulée verte qui est tri-communale. Donc si on veut arriver à la faire investir et gérer, il faut soit que la Communauté urbaine s'en empare, ce qui n'est pas dans ses compétences en ce moment, soit qu'il y ait une sorte d'accord intercommunal entre les trois communes pour qu'il y ait une proposition de Plan vert (urbaniste, Bordeaux, 06/03/07).

C'est que l'exercice des compétences renvoie au fait d'assumer la charge financière dans les projets mis en œuvre. À Montpellier, l'appel de cet élu municipal Vert pour une approche communautaire, et non simplement municipale, du développement des pistes cyclables, l'illustre :

> Au niveau de l'agglomération, il y a un manque que l'on pointe souvent, on demande qu'il y ait une réflexion pour un schéma d'agglomération du vélo, pour relier les réseaux des villes, mais aussi pour nous aider à les financer, parce qu'on peut imaginer des portions qui sont d'intérêt communautaire, comme on a des voiries d'intérêt communautaire (Montpellier, 01/03/07).

Des relations entre collectivités peuvent alors se nouer pour assumer le coût de certaines opérations, où l'on retrouve des négociations inter-institutions en fonction des compétences et des priorités des uns et des autres ; l'exemple donné par une élue municipale lilloise est significatif :

> La notion d'éco-quartier, la Communauté urbaine aujourd'hui finance l'assainissement, par contre s'interroge beaucoup sur le financement de noues. Les noues, ça coûte beaucoup moins cher que les tuyaux, mais on est encore dans une logique de tuyaux. Donc dans l'investissement, avec la Communauté urbaine, on est d'accord pour des choses, mais pas pour le fonctionnement, en considérant que c'est de l'aménagement d'espaces verts. Il va y avoir des contradictions à ce niveau-là (Lille, 06/06/07).

CHAPITRE 2

Des enjeux multi-acteurs et multi-échelles

Ces situations montrent l'imbrication d'enjeux multi-compétences qui sont également multi-acteurs et multi-échelles : « D'abord, il y a les collectivités elles-mêmes. Après, vous avez tout ce qui est services de l'État : sur tous les projets, vous avez un contrôle de légalité, et après vous avez tout ce qui est formes d'organisation des citoyens, les conseils de quartier », résume cet élu vert de Montpellier (Montpellier, 01/03/07) – sachant que l'étendue du territoire que chacun entend contrôler est souvent une question vive (Le Saout, 1997, 2000 ; Genieys *et al.*, 2000).

1. La dimension « multi-acteurs » : comment s'incarne institutionnellement le DD urbain ?

En première analyse, la dimension multi-acteurs apparaît induire une contrainte sur l'action publique en DD, dans la mesure où celle-ci a des difficultés à s'incarner de façon unitaire dans les organigrammes. Le cas du service DD de la LMCU est parlant :

> Ce service, qui est très transversal, n'est pas rattaché au niveau qui marquerait sa transversalité, c'est-à-dire à la Direction des services. Je pense que ça reflète l'évolution de la prise en compte du DD de façon formelle, parce que, de façon informelle, il y a des pratiques qui vont tout à fait dans le sens du DD. [...] Ce service DD, [...] parce que nous sommes transversal, donc on ne fait rien à la place des autres services théoriquement, mais on appuie au niveau de la veille stratégique [...]. Par exemple, la Communauté est compétente en eau et assainissement, et je considère qu'elle le développe avec un souci du DD intéressant, mais ce n'est pas mon service (chargée de mission DD à la LMCU, Lille, 05/06/07).

Au Grand Lyon, le président de la Communauté urbaine, Gérard Collomb, a choisi de décliner la démarche de DD au niveau de tous les vice-présidents. Si l'objectif énoncé était d'en favoriser l'appropriation la plus large, l'explication de cette multiplication des référents renvoie en fait à l'histoire de l'institution, qui a préféré s'appuyer sur les acteurs en place :

> Au démarrage de la démarche de DD, comme à l'époque il y avait déjà plein de structures qui préexistaient, du conseil de développement aux conseils de quartiers, conseil de jeunes, conseil consultatif d'étrangers [...], on a préféré

proposer qu'à toutes les échelles des territoires, toutes les structures de concertation qui existent se saisissent, d'une manière ou d'une autre, de cette démarche de DD. [Et chaque vice-président] devait porter cette stratégie de DD à l'aune de sa délégation (chef de projet, Grand Lyon, 10/10/07).

À chaque fois, c'est la dimension interstitielle des démarches de DD urbain qui se donne à lire ; un urbaniste bordelais le fait remarquer : « Essayez de refaire un organigramme, et vous verrez que c'est toujours éclaté. Il ne peut pas en être autrement ! » (Bordeaux, 06/03/07). Ainsi, s'ils irriguent différentes directions (et pas seulement un service labellisé comme tel), les enjeux de DD ne remettent pas en question certains découpages relatifs à la constitution des appareils administratifs locaux, d'où des compartimentations. À Nantes Métropole, on repère une sectorisation du portage des interventions en DD par différentes missions opérationnelles rattachées à plusieurs directions :

> Sur le champ opérationnel, la mission GPV [Grand Projet de Ville] y participe. Sur le champ programmation-expertise, essentiellement la Mission Environnement et DD, qui dépend d'une autre direction générale [DG], la DG de la stratégie métropolitaine. Et puis également la mission Énergie, nouvellement créée, qui dépend également d'une autre direction, la DG des services urbains, et qui occupe vraiment le champ énergétique » (chef de projet à Nantes Métropole, Nantes, 22/06/07).

La difficulté à saisir le DD urbain par une seule entrée s'exprime clairement : des approches sectorielles demeurent, voire sont volontairement posées, comme pour l'énergie, distinguée ici en tant que telle. Du reste, une certaine segmentation institutionnelle du traitement des problèmes de DD se retrouve aussi au niveau des exécutifs. À Nantes Métropole toujours, il y a ainsi un vice-président Vélos distinct du vice-président Transports en commun : « C'est une volonté dans le cadre du Plan de Déplacements Urbains de proposer des solutions alternatives au déplacement en voiture. À partir de ce moment-là, il faut développer le transport en commun, c'est ce que fait un autre vice-président, et moi je m'occupe de développer l'utilisation du vélo » (Nantes, 19/06/07).

Mérite enfin d'être notée l'appréciation de ce technicien sur la part prise en DD par les différentes communes de l'agglomération nantaise, pour souligner que si les collectivités de taille importante ont un poids décisionnel en conséquence, les plus petites peuvent avoir pour atout la moindre complexité de leur organisation pour produire de la transversalité : « On s'aperçoit maintenant que les communes périphériques ont plus emboîté le pas et ont une longueur d'avance, parce qu'elles ont beaucoup moins de lourdeur administrative » (fonctionnaire municipal, Nantes, 19/06/07).

2. Le DD urbain comme enjeu multi-échelles

Ces exemples montrent l'imbrication d'enjeux de DD qui sont non seulement multi-acteurs mais aussi multi-échelles, selon que l'on se situe à un niveau « macro » ou davantage « micro », plutôt « stratégique » ou « opérationnel », et plus encore dans le lien entre ces niveaux, comme le rappellent ces extraits d'entretiens :

> Je pense que les collectivités territoriales ont un axe fort à développer. Et il doit se faire à la fois au niveau des États et au niveau local, avec une imprégnation dans toutes les politiques de proximité (fonctionnaire à Nantes Métropole, Nantes, 21/06/07) ; – Dans mon équipe planification et projets urbains, à l'échelle du schéma directeur, et aussi à l'échelle des projets urbains, on aborde l'aspect DD. À tous les niveaux. Sur la question de la densité, sur la question des problèmes de pollution, quand on intervient sur des projets urbains... (responsable à l'agence d'urbanisme, Lille, 08/06/07) ; – Le DD, [c'est à la fois] stratégique et par le petit bout de la lorgnette, un caractère très opérationnel au niveau de chacun des projets (fonctionnaire à la comm. d'agglo. de Montpellier, 28/02/07).

Or, les périmètres d'intervention sont des construits *de* et *pour* l'action publique locale[1], alors même que les démarches en DD ne recouvrent pas parfaitement les découpages administratifs institués, d'où l'enjeu que constitue leur (re)définition ; écoutons ces fonctionnaires d'agglomération à Montpellier :

> – Il y a une question de périmètre, qui fait beaucoup d'interférences. On a des lignes de transports qui pénètrent le périmètre, dont certaines s'arrêtent, d'autres non, c'est un peu compliqué. Sur l'assainissement, c'est la même chose, on a des projets de stations d'épuration dans des ruisseaux qui forcément sortent du périmètre de l'agglomération ; – Les bassins versants ne suivent pas les frontières administratives... ; – Et puis des regroupements de réseaux sur des stations d'épuration qui ne peuvent pas se faire pour des raisons de périmètre. Et en matière de déchets aussi, il y a des économies d'échelles, des regroupements plus judicieux à faire (Montpellier, 28/02/07).

Il convient ici de prendre garde à une lecture (courante) en termes de *continuum* des échelles spatiales (par exemple, le local – le quartier, la ville, l'agglomération, etc. –, le régional, le national puis l'européen, etc.), où le seul enjeu serait d'articuler ces niveaux-« gigognes ». Comme l'a relevé Dominique Desjeux (2004), les espaces et les rapports sociaux sont des « grandeurs », qualitatives ou quantitatives, dont la mesure varie en fonction de l'échelle, macro- ou micro-sociale notam-

1 Il suffit de penser à la quête de l'adéquation entre espaces fonctionnels et territoires institutionnels, qu'incarnent les réformes récurrentes de la carte des territoires administratifs au nom de la modernisation politique (Offner, 2006).

ment. Philippe Boudon souligne avec raison en architecture qu'il existe alors une discontinuité : « Quand la taille change, des choses changent », c'est-à-dire la part relative de chaque élément. C'est en cela que les échelles, et à chaque fois les espaces en question, représentent un point de vue, un cadre de référence, ce qu'il nomme « un désignateur souple » (1991, p. 6 et 23). Le principe des échelles est donc que, quand le point de vue change, les faits observés également : ce qui apparaît à une échelle disparaît à une autre. C'est l'image de la carte routière, selon que l'on a une carte de France, d'un département, d'un canton, le plan d'une ville, etc. La dimension opératoire de cette approche par les échelles est d'ailleurs suggérée par les acteurs eux-mêmes, à l'instar d'un chargé de mission du Grand Lyon qui expose les niveaux de pertinence des indicateurs de DD construits localement en usant de l'analogie d'une pyramide lumineuse :

> Pour donner une image, on a une pyramide lumineuse. À la base, on a 150-160 petites diodes, qui nous font chacune une petite lumière qui éclaire un aspect précis. Mais ensemble, toutes ces diodes, ça fait une guirlande lumineuse qui éclaire assez bien. Par contre, on ne voit pas toutes les ampoules d'un coup. On voit une guirlande. Par-dessus, on va mettre une trentaine d'ampoules, où on commence à pouvoir compter les ampoules, identifier, avoir une vision synthétique. Et par-dessus, on met 6 ou 8 grands projecteurs (Lyon, 07/11/07).

Cette hypothèse de discontinuité peut être critiquée, si l'on choisit de partir d'une seule échelle, macro ou micro, en la prenant comme cause première pour expliquer l'ensemble de la société. On pourrait penser, en étant un peu schématique, à l'explication par l'*habitus* chez Pierre Bourdieu (1980a, 1980b) ou, symétriquement, à Raymond Boudon (1989) lorsqu'il soutient qu'un effet social est la résultante de l'agrégation de multiples décisions individuelles. Mais c'est aussi le rôle des échelles d'observation de donner la position de l'observateur et donc d'évaluer la validité de ce qu'il dit. Ce qui suppose de se demander comment et pourquoi certains acteurs des villes et des agglomérations (plutôt que d'autres ? avec d'autres ? en concurrence avec d'autres encore ?) s'emparent du DD pour avancer des objectifs, et sur quels terrains concrets ces politiques sont mises en œuvre.

2.1. DD de la ville ou DD de l'institution ?

Une première échelle d'action correspond à la collectivité territoriale elle-même, s'agissant de se poser comme « modèle », vitrine de l'application des principes du DD, qu'il s'agit ensuite de penser en termes de possibilités techniques et d'acceptation sociale à l'échelle urbaine. On voit ainsi comment le DD rentre dans les services avant de rentrer dans les projets urbains : c'est ce que l'on désigne par le balancement « DD de la ville ou de l'institution ». S'il ne s'agit pas de penser un versant séparément de l'autre, le processus fait sens. L'établissement de l'Agenda 21 du Grand Lyon le montre : « Cet Agenda 21 local a pour vocation de porter uniquement sur les compétences de l'institution communautaire. On ne fait pas l'Agenda 21 d'un territoire. Nous, on a légitimité sur nos compétences qu'on a par arrêté préfectoral au regard de la loi » (chargé de mission, Lyon, 07/11/07).

Sensibiliser à l'interne les agents des collectivités

La mise en avant du DD urbain s'adresse à un premier niveau aux agents et aux services municipaux et intercommunaux, à partir de chargés de mission censés les sensibiliser. Nos interlocuteurs lillois l'ont fait ressortir : « Les villes ont au sein de leur service d'urbanisme, ça dépend des villes, ils ont soit un service environnement, soit un service DD, et ils mènent un certain nombre de sensibilisations auprès des autres services de la ville » (urbaniste, Lille, 08/06/07). Ainsi, le travail de la chargée de mission DD de la LMCU a-t-il d'abord consisté à faire connaître des « bonnes pratiques » :

> Je trouve qu'à Lille Métropole, une des forces, c'est que vraiment beaucoup d'intérêt a été porté au développement de la culture [de DD] auprès des agents [...], que ça rentre dans les pratiques par l'intérieur. Donc les agents, soit parce qu'ils allument [...] des moyens plus ou moins énergétivores, ils ont un impact personnel sur l'environnement, mais aussi dans les compétences qu'ils ont : l'urbanisme, l'assainissement, les logements, les transports, la voirie ; qu'ils puissent avoir le réflexe de réfléchir en amont des projets pour qu'ils soient durables (Lille, 05/06/07).

On touche ici à des aspects très concrets. Le cas des jardiniers de la ville de Nantes le fait saisir, à travers ce qui peut changer pour eux en termes de « culture » professionnelle et s'agissant du matériel utilisé :

> Certaines choses sont très faciles à mettre en œuvre, d'autres c'est beaucoup plus délicat, parce qu'on travaille avec du personnel, des sensibilités différentes, des personnes qui vont mettre plus ou moins de temps à s'adapter aux nouvelles pratiques et à raisonner différemment, simplement parce qu'elles ont des cultures différentes, et c'est ancré. Et il y a l'aspect outil de travail. Pour nous, il n'était pas question de dire du jour au lendemain : « Tout le matériel avec lequel vous avez travaillé pendant les dix, quinze, vingt ans avant, vous allez le laisser dans le coin du garage ». Ça vient petit à petit en fonction du renouvellement du matériel (fonctionnaire municipal, Nantes, 19/06/07).

Les changements de pratiques ne vont donc pas de soi ; la question de la formation des agents des collectivités est également posée.

L'exemple nantais du « zéro phytosanitaires » (ni pesticides ni désherbants) pour l'entretien des espaces publics municipaux permet de le comprendre : il s'agit de nettoyer avec un produit « bio » qui décape peut-être moins bien, ou ne plus utiliser de produits phytosanitaires pour les serres municipales, ce qui peut compliquer le travail quotidien, etc. D'où un nécessaire dispositif d'apprentissage devant accompagner de telles initiatives, afin de désamorcer de possibles réticences ; un aménageur le précise :

> Il y a nécessairement des discussions qui peuvent émerger. On a très souvent par exemple, nous, sur des questions de projets, des choses qu'on souhaite pousser, et après, en termes de gestion, ce n'est pas nécessairement facile à gérer pour les équipes techniques. Tous les espaces verts qu'on sort sont « zéro phyto ». Derrière, ça veut dire avoir des équipes renforcées et même parfois des matériaux qu'ils n'ont pas (Nantes, 22/06/07).

L'institution comme scène d'exemplarité du DD

De fait, des actions en DD se voulant exemplaires s'inscrivent d'abord à l'échelle des collectivités elles-mêmes. On pense notamment aux *commandes publiques*, pouvant servir de levier. La chargée de mission DD de la LMCU souligne « initier des pratiques nouvelles, comme par exemple les achats éthiques et environnementaux » (Lille, 05/06/07). Les achats « éco-responsables » constituent une pratique en développement. C'est aussi le cas à la ville de Lille, qui recourt exclusivement à du bois labellisé FSC (c'est-à-dire issu de forêts gérées de manière durable), après avoir travaillé sur un cahier des charges en fonction de recommandations externes : « On s'inspire souvent de propositions de la société civile. Quand on parle de bois issus des forêts durables, on s'appuie sur Greenpeace », souligne l'adjointe chargée du DD (Lille, 06/06/07). À Lyon également, « la municipalité a initié un collectif de collectivités locales en Rhône-Alpes sur la politique d'achat du bois. L'objectif est d'avoir recours au maximum à du bois certifié FSC. Un guide d'achat à l'usage des acheteurs publics et privés a d'ailleurs été publié »[2].

En outre, des démarches de *certification* des services communaux et intercommunaux sont également lancées. Le service des Espaces verts de la ville de Lyon est certifié Iso 14001 – premier du genre en France, se plaît à noter l'adjoint délégué à l'urbanisme et au DD. Cette norme certifie la mise en place d'un système de management environnemental ; par exemple, le tri sélectif a été instauré dans le parc de la Tête d'Or et l'objectif « zéro phyto » adopté par la ville (*Alternatives Économiques*,

---

[2] Site Internet de la ville de Lyon : http://www.lyon.fr/.

2007, p. 27). À Lille également, de telles initiatives sont engagées, pour valoriser des initiatives locales en termes de standards de qualité : « C'est Écocert [organisme de contrôle et de certification] qui organise, le certificateur d'agriculture biologique, et qui s'est lancé dans la certification des parcs urbains, et le parc de la Citadelle devrait avoir ce label prochainement, et le parc Matisse », note un élu vert de la LMCU (Lille, 05/06/07).

Enfin, les *bâtiments publics* sont un autre support d'application privilégié de démarches d'institution en DD. C'est particulièrement vrai de la mise en œuvre de normes de Haute Qualité Environnementale (HQE), qui se développent dans le cadre du parc bâti des collectivités territoriales : « Les projets HQE, au stade d'aujourd'hui, sont plus au niveau des bâtiments communaux. [...] J'ai en tête celui de la maison associative nord, qui s'est terminé il y a six mois et qui était un projet HQE » (fonctionnaire municipal, Nantes, 19/06/07). Le constat est clairement confirmé par les salariés de deux associations nantaises spécialisées sur les questions d'énergie :

> Concrètement, il y a X qui veut réduire les factures énergétiques de ses bâtiments publics qui consomment énormément : la mairie, les salles de spectacles. Il nous contacte pour travailler là-dessus. [...] Nantes Métropole a aussi lancé une campagne pour faire un affichage d'étiquette énergie, à l'entrée de chaque bâtiment communal (Nantes, 20/06/07) ; Autant pour les bâtiments publics, ça marche pas mal, autant pour les bâtiments privés, ce n'est pas encore ça. Le dernier que j'ai en tête, c'est la bibliothèque de Sainte-Luce, et la maison des associations à Saint-Joseph-de-Porterie (Nantes, 19/06/07).

L'enjeu tient alors à la diffusion de ces expérimentations ; un élu vert de Montpellier le reconnaît : « Il y a un travail qui a été fait sur les bâtiments publics, qui est assez intéressant, à la ville de Montpellier, mais pour l'instant ça n'a touché que les bâtiments publics. Si on veut vraiment des résultats, il va falloir s'attaquer au logement, à l'habitation » (Montpellier, 01/03/07). Revenir sur les démarches d'Agenda 21 dans l'agglomération de Lyon est intéressant pour montrer comment on peut partir du DD de l'institution pour passer au DD de la ville, en termes de territorialisation :

> On est en train de décliner l'Agenda 21 sur des territoires-tests, sur le Val de Saône et la vallée de la Chimie. [...] On ne peut pas porter les Agendas communaux des 57 communes, c'est impossible, et c'est bien aux communes de le faire. Par contre, on peut les accompagner dans cette démarche. Et là c'est très intéressant pour nous, on voit comment l'Agenda Grand Lyon, qui est un Agenda 21 d'institution, peut être territorialisé, et après, c'est l'idée d'être exemplaire dans les démarches d'urbanisme (fonctionnaire au Grand Lyon, 09/07/07).

En même temps, il convient de mentionner la démarche assumée par la municipalité de Bordeaux de se situer à titre « pilote » sur des projets concernant les services de la ville d'abord, afin d'y conduire des initiatives moins faciles à appliquer à l'échelle du quartier ou de la commune, notamment par rapport aux perceptions des habitants. Ainsi, pour passer à l'action, sans attendre par exemple le résultat de procédures de concertation, on se limite aux services municipaux, comme « modèle » susceptible d'être avancé ensuite dans une logique de légitimation par la « preuve » de la faisabilité avérée. C'est ce que donne à comprendre le chargé de mission Écologie urbaine et DD :

> Pour philosophie, objectif expliqué et réexpliqué par Alain Juppé : ne pas faire de la consultation et de la consultation des citoyens un préalable à l'action. [...] Ce qui est peut-être le plus intéressant dans cette approche, c'est que sur un certain nombre d'actions on est pilote parce qu'on travaille sur l'échelle municipale. Et donc on n'a pas de pression des riverains, ou des mécontentements qui pourraient apparaître. C'est le fait des personnels de la ville. Donc je considère que c'est important d'être pilote sur des dossiers qui sont très compliqués et vont être beaucoup plus difficiles à faire accepter socialement par la population (Bordeaux, 06/03/07).

2.2. La ville ou l'agglomération se pose-t-elle en « chef de file » du DD urbain ?

Au-delà de l'institution elle-même, on peut se demander quel niveau, de la ville ou de l'agglomération, se pose en « chef de file » des projets de DD urbain. On repère à cet égard une montée en puissance des compétences intercommunales par rapport aux municipalités. Ainsi, pour cet associatif nantais engagé sur les questions d'environnement, la CU de Nantes apparaît-elle en position de force[3] : « Il y a beaucoup de transferts de compétences vers la Communauté urbaine : l'eau, les déchets... La ville garde les espaces verts et la voirie, [mais] même au niveau urbanisme, il y a quand même une assez grande empreinte Communauté urbaine » (Nantes, 19/06/07). De façon proche, un fonctionnaire du Grand Lyon met en avant le fait que la CU est l'animateur principal des politiques de DD, exerçant à la fois de nombreuses compétences et jouant un rôle de coordination territoriale :

> C'est le Grand Lyon qui porte la démarche d'ensemble du DD à travers ses différentes politiques sectorielles. Propreté, par exemple, puisque le Grand Lyon assume complètement la compétence propreté : collecte et tri, toute la filière. Déplacements urbains, avec le concours des autorités organisatrices des transports, mais il a un rôle d'ensemblier (Lyon, 09/07/07).

---

3 La « reprise en main » de la collecte des déchets par la CU est une autre illustration de ce processus (Le Saout, 1995).

Dans l'agglomération de Montpellier, un élu vert siégeant aux deux échelons note aussi que « beaucoup de compétences importantes sont passées à l'agglomération » et va plus loin, en associant explicitement la dynamique intercommunale à une démarche de DD :

> Il peut y avoir des tensions, mais moi je considère que les agglomérations, c'est un instrument de DD, ça a été conçu comme ça d'ailleurs. Le but, c'est de prendre en compte toute la dimension du territoire dans ce qui est transports, bassin d'emploi, environnement, etc. Le projet d'agglomération, ça a bien été d'abord de développer la coopération entre les communes et de mettre de la cohérence là où il y avait de la concurrence, de la compétition (Montpellier, 01/03/07).

En même temps, on repère localement un déséquilibre socio-démographique et économique au profit de la ville-centre, dont la part est déterminante par rapport aux communes avoisinantes, ce qui se traduit dans la composition du Conseil communautaire : « C'est ce qu'on appelle des mandats liés : quand vous êtes élu municipal, vous êtes obligatoirement élu d'agglomération pour la ville de Montpellier. Ça tient au poids démographique. Pour les autres communes, non » (élu municipal, Montpellier, 01/03/07). Dès lors, les rapports villes-agglomération se résument pour les plus petites communes à « en être ou pas ». L'« épisode Palavas » le confirme :

> La décision du maire de Palavas a été une décision politique de dire : « je ne veux plus rester dans l'agglomération ». Puisque, jusqu'à son départ, il avait toujours voté à l'unanimité les projets de l'agglomération. La première ligne de tramway en 1995, c'est quand même il n'y a pas si longtemps (fonctionnaire à la comm. d'agglo. de Montpellier, 28/02/07).

Tant qu'il était membre de l'institution, le maire de Palavas votait donc « comme tout le monde », et lorsqu'il y eut un différend, il s'est retiré. Par analogie avec les travaux d'Albert Hirschman (1995), on peut noter que la *voice* ne semble pas efficace en tel contexte, compte tenu du poids de Montpellier et de la personnalité forte de Georges Frêche, président de la Communauté d'agglomération, d'ou un choix limité entre *loyalty* ou *exit*. Un associatif local est très direct sur ce plan :

> Ce sont des rapports de force. Il y a des communes qui ont quitté l'agglo. Parce que si vous n'allez pas dans le sens du chef, vous n'avez pas la parole au conseil d'agglo : il vous coupe le micro. C'est ça ! Soit vous faites allégeance, sinon vous partez. [...] Il n'y a pas de juste milieu ici. C'est soit on ferme sa gueule, soit on s'en va (Montpellier, 03/03/07).

Aussi certaines nuances doivent-elles être apportées par rapport à la montée en force des instances d'agglomération sur les questions de DD urbain. D'abord, que les institutions intercommunales se posent en « bons élèves » du DD se comprend également à travers des enjeux de légitimation pour ces instances relativement nouvelles et non issues du suffrage direct, à la différence des exécutifs communaux (Ben Mabrouk, 2007 ; Baraize & Négrier, 2001, p. 292-295). À Nantes, lorsqu'on entend auprès d'un fonctionnaire d'agglomération une voix discordante qui met la ville et non la CU en avant en matière de DD, c'est bien par rapport au principe du suffrage universel :

> Si on conçoit que le DD est l'ensemble des politiques publiques appliquées à un territoire pour faire en sorte qu'il se développe durablement, à ce moment-là c'est vraiment la ville qui est en tête de file. Parce qu'aujourd'hui [...] la représentativité au premier degré, communale, sur le territoire, c'est quand même la ville, et donc le projet urbain, c'est la ville qui le fait. Alors, il se trouve qu'on voit l'intercommunalité comme l'essentiel des grosses politiques publiques qui impactent l'environnement et le développement, elles sont de compétence métropolitaine, c'est vrai qu'il a un jeu. L'esprit du territoire, son âme restent communales parce que les élus sont élus par les communes (Nantes, 20/06/07).

De plus, et le cas montpelliérain l'a suggéré, le constat du renforcement de l'intervention publique intercommunale en DD ne doit pas masquer des variables locales en termes de poids relatif de la ville-centre par rapport à l'ensemble de l'agglomération. « C'est les grosses collectivités qui tirent la couverture », résume ce fonctionnaire nantais (Nantes, 19/06/07). Au sein de la métropole nantaise, la position centrale de la ville de Nantes s'impose comme une évidence ; le propos du responsable du Renouvellement urbain est significatif :

> La ville de Nantes représente la moitié de la population de la Communauté urbaine, donc a une puissance institutionnelle qui en fait une locomotive incontestée. Après, le tout, c'est que les valeurs qui sont impulsées par ces élus, qui sont les élus dominants, doivent être partagées. [...] Les dossiers se votent à l'unanimité (Nantes, 20/06/07).

Différente est la situation de l'agglomération lilloise, car la ville de Lille ne peut prétendre à une surface institutionnelle aussi assurée par rapport à d'autres communes comme Roubaix ou Tourcoing, qui mènent des initiatives propres, notamment dans le champ du DD :

> La Communauté urbaine s'investit de plus en plus dans les problématiques de DD. Il y a un service de DD qui s'est constitué. Un de ses premiers travaux a été de réaliser un Agenda 21. Parallèlement, des villes ont réalisé leurs propres Agendas 21. Après, une ville comme Marcq-en-Barœul, ils ont fait le guide marcquois de l'éco-construction. Il y a des villes qui s'investissent dans le DD. Roubaix et Tourcoing aussi. Il y a la CU qui a des compétences de plus en plus fortes en matière d'urbanisme, mais les villes – enfin ça dépend de la taille de la ville, il y a 87 communes à Lille [Métropole] – qui mènent des actions de promotion du DD. Alors, après, ça peut

prendre des formes assez variées (responsable à l'agence d'urbanisme, Lille, 08/06/07).

Les relations entre communes au sein de la LMCU connaissent alors des limites, pesant sur l'action publique en DD, ce qu'un élu communautaire vert concède :

> Comme Communauté urbaine, Lille a une particularité : dans une agglo d'un million d'habitants, la ville centre compte 200 000 habitants. On est une agglomération multipolaire. En termes de structure institutionnelle, c'est un facteur, pour moi, bloquant. Concrètement, sur les couloirs bus qui se font à Lille, il y a certaines communes qui ne veulent pas en entendre parler. Ce sont des politiques qui font l'unanimité, mais quand on passe à l'axe du partage effectif de la voirie, il y a des résistances communales qui viennent contrarier l'intérêt général communautaire (Lille, 05/06/07).

Enfin, les rapports ville-agglomération s'inscrivent dans des dynamiques processuelles qui ne sont pas univoques ni linéaires. La recontextualisation des relations entre la ville de Bordeaux et la CUB qu'opère un urbaniste local permet de saisir que les positions de chaque institution ne sont pas fixes :

> Il y a un effet de balancier. Sous Chaban-Delmas, c'est-à-dire pendant 47 ans, il y avait un leadership presque incontesté de Chaban sur le plan politique. Qui dissimulait la réalité économique, la perte régulière de Bordeaux par rapport à la périphérie. [...] Le fait que les activités se sont « périphisées » a progressivement eu une répercussion politique, puisqu'en 1977 le maire de Mérignac est devenu président de la CUB. [...] Juppé était très conscient de ce fait-là en arrivant au pouvoir en 1995, et donc il a incontestablement renversé la vapeur. Donc pendant 8 ou 9 ans, c'est la ville de Bordeaux qui a regagné des parts de marché, à travers le tram, à travers les espaces publics. [...] Les communes périphériques ont commencé à s'émouvoir, et depuis 2004, avec Rousset [président socialiste de la CUB], la barque repart dans l'autre sens, c'est plutôt les communes périphériques qui revendiquent des parts de budget communautaire. On n'est pas dans un rapport simple centre/périphéries (Bordeaux, 06/03/07).

À l'heure actuelle, la ville de Bordeaux met en place une « charte de l'Écologie urbaine et du DD », alors qu'à l'échelle de la CUB il existe déjà une « charte de l'Environnement vers le DD ». La charte municipale fait l'objet d'un affichage local (magazine municipal, mobilier urbain, etc.) avec le slogan « Ma planète, ma ville et moi » ; les responsables communaux montrent ainsi leur volonté de prendre part, à leur propre niveau, à ces thématiques, signe parmi d'autres que l'« appropriation » des compétences de DD au niveau des agglomérations n'est pas complète, loin s'en faut.

Plaquette d'information disponible à la mairie de Bordeaux (recueillie le 6 mars 2007)

2.3. Le DD urbain, révélateur de transformations des scènes locales de pouvoir

La dimension du DD fait ici écho à des transformations des scènes de pouvoir locales, c'est-à-dire des modes d'organisation politique et institutionnelle des aires urbaines. On peut y voir un marqueur de changements des normes, pratiques et techniques de la gestion urbaine et, plus particulièrement, de la coopération intercommunale et interinstitutionnelle (Montané, 2001 ; Baraize & Négrier, 2001 ; Négrier, 2005 ; Ben Mabrouk, 2007 ; Da Cunha *et al.*, 2005). Autant les formes que les espaces de partenariats demeurent toujours objet de recompositions possibles. Cet extrait d'entretien le fait comprendre, où un cadre de la société des transports de l'agglomération montpelliéraine regarde en direction de Sète : « L'agglomération ne s'est pas étendue comme il était prévu qu'elle le fasse, jusqu'à Sète. Là on aurait pu avoir quelque chose de plus intéressant en termes d'intermodalité [...]. Mais ce n'est même pas un regret, c'est l'avenir, je crois » (Montpellier, 02/03/07). Les périmètres d'action demeurent un enjeu fort, où il est question d'atteindre la « bonne » taille de l'institution en rapport à l'exercice de ses compétences. Ce questionnement se laisse mesurer à différents échelons territoriaux : entre ville et agglomération, on l'a vu, mais aussi dans le cadre de démarches plus vastes de métropolisation, en lien avec les collectivités départementales et régionales, et même dans le cadre de déclinaisons transfrontalières.

Le DD urbain dans les enjeux de métropolisation

De plus en plus, les préoccupations de DD urbain sont affichées au sein des démarches de métropolisation. La mise en place à la CU de Nantes d'une « direction générale de la Stratégie métropolitaine » témoigne d'une institutionnalisation de la nouvelle échelle en termes volontaristes. De même, alors que la ville de Nantes le portait initialement, le projet d'aménagement de l'Île de Nantes a été réinscrit dans une logique métropolitaine : « Il y a cette idée que le projet n'est pas un projet à l'échelle de la ville, c'est un projet à l'échelle de la métropole. L'Île de Nantes, quand on considère la ville, c'est un peu un territoire périphérique, au sud de la ville. Par contre, par rapport à l'agglomération, c'est vraiment un territoire au centre-même de l'agglomération. C'est un projet qui a une ambition pour toute la métropole », insiste un technicien (Nantes, 22/06/07). Dans ce contexte de changement d'échelles des politiques locales, le DD est construit comme un répertoire possible de légitimation. Pour preuve, on commence à afficher aujourd'hui à Nantes une notion nouvelle *d'éco-métropole*, sans que le contenu soit tout à fait stabilisé. Ce cadre de la société d'économie mixte porteuse du projet Île de Nantes en restitue la genèse politique :

> Éco-métropole, c'est un terme qui a commencé à sortir doucement. Nous on a une petite mission d'étude pour le compte du syndicat mixte Nantes-Saint-Nazaire, un peu de débat, de réflexion, avec notamment l'organisation de conférences métropolitaines qui réunissent les grands décideurs politiques, économiques, sociaux de la métropole, et à cette occasion, le terme éco-métropole a commencé à sortir, sans avoir aujourd'hui une vraie concrétisation, si ce n'est cette volonté de dire que l'épine dorsale de la métropole de Nantes Saint-Nazaire, c'est l'estuaire de la Loire et qu'il y a sur l'estuaire une diversité écologique et environnementale qu'il s'agit de préserver et de mettre en valeur (Nantes, 22/06/07).

Dans le cas du Grand Lyon également, « la démarche Lyon 2020 qui met en avant la notion de métropole est totalement exprimée en ce sens [du DD] », souligne une chargée de mission (Lyon, 09/07/07). Ces exemples montrent qu'on est en présence de périmètres en mouvement. Mais les dynamiques d'élargissement ne passent pas uniquement par des projets métropolitains construits en tant que tels. On repère aussi des échelles *ad hoc*, moins intégrées et débordant le cadre d'une communauté d'agglomération, à l'exemple du SAGE montpelliérain (Schéma d'Aménagement et de Gestion des Eaux) : « [La communauté d'agglomération] a une partie de la compétence lutte contre les inondations. Sachant qu'il y a un syndicat mixte à qui on a délégué la compétence des études générales et la cohérence des projets. Puisque le SAGE qui a été fait sur le bassin Lez-Mosson [cours d'eau] dépasse les limites de l'agglomération », note un fonctionnaire intercommunal (Montpellier, 28/02/07). Un autre exemple de ces cadres étendus qui demeurent dans la logique fonctionnelle des syndicats de communes est celui de l'Espace Naturel Métropolitain (ENM) lillois : « C'est un outil, un syndicat mixte qui fédère plusieurs anciens syndicats mixtes locaux, d'espaces verts, de parcs. Donc ça fédère pas mal de communes », note un vice-président de la LMCU (Lille, 05/06/07). C'est là une marque d'évolutions toujours pendantes.

Département et région, acteurs d'un DD urbain multi-échelles

Le DD urbain doit également être pensé en relation à d'autres niveaux d'organisation publique, en particulier les collectivités départementales et régionales. C'est notamment le cas du Conseil général du Rhône relativement à un projet incluant non seulement des espaces urbains de l'agglomération lyonnaise mais aussi des territoires ruraux voisins ; ce fonctionnaire du Grand Lyon y revient :

> Le « Projet Nature » [fait] référence à la politique protection-valorisation de l'ensemble des espaces naturels et agricoles de l'agglomération lyonnaise. C'est la mission Écologie urbaine qui a piloté ce chantier, qui est intégré également par le Conseil général du Rhône, qui a pris la compétence des territoires ruraux et qui met en œuvre un plan d'action pour protéger et valoriser la fonction agricole sur l'ensemble de l'agglomération lyonnaise. Donc ça, c'est un partenariat (Lyon, 09/07/07).

La Région est aussi fréquemment impliquée dans les enjeux de DD, en liaison avec les intercommunalités et les villes. En cohérence avec ses champs de compétences, c'est plus spécialement le cas dans le domaine économique – « Sur les questions économiques, on est sur des compétences qui sont plutôt portées par la région », déclare cet aménageur de l'Île de Nantes (Nantes, 22/06/07) –, par rapport aux énergies renouvelables – « La Région intervient dans la politique d'énergie, avec des aides aux énergies renouvelables », souligne l'adjoint au DD de Montpellier (01/03/07) – ainsi qu'à la mobilité durable et aux transports. Ce dernier point ressort dans les différentes agglomérations étudiées, dont Montpellier, comme le souligne ce fonctionnaire intercommunal : « On a toutes les relations possibles avec l'ensemble des partenaires de transports, donc le Conseil régional dans le cadre de sa compétence TER : on vient de mettre en place une tarification combinée, TER/réseau urbain » (Montpellier, 28/02/07).

Qui plus est, d'autres instances viennent complexifier le paysage institutionnel, à la fois du côté des services de l'État et, localement, de délégataires de services publics. Cette chargée de mission à la CU de Lyon en donne un aperçu : « Il y a la DIREN (Direction Régionale de l'Environnement), tout le volet éducation au DD, l'ADEME [Agence de l'Environnement et de la Maîtrise de l'Énergie] sur le volet énergie, et puis des délégataires de service comme Onyx pour la propreté, Véolia sur l'eau, le SYTRAL [Syndicat Mixte des Transports pour le Rhône et l'Agglomération Lyonnaise] sur les déplacements… » (Lyon, 09/07/07).

Le DD, enjeu de la coopération urbaine transfrontalière

Les enjeux de DD urbain se posent même, dans certaines configurations, en termes transfrontaliers. On pense au projet d'Eurodistrict en train d'être mené à Lille avec la Belgique voisine, sur lequel viennent se greffer des dimensions d'aménagement durable. Par exemple, concernant la réduction « à la source » de la production de déchets, la ville de Lille conduit une initiative transfrontalière de sensibilisation des citoyens, qui s'inscrit dans la déclinaison franco-wallonne du programme européen Interreg IIIA ; l'adjointe au DD la met en avant : « Je travaillais avec Éco-emballages il y a quelques jours. On a une campagne transfrontalière sur la réduction des déchets. Ça a été initié par la ville de Lille, mais sur une partie du territoire de la Communauté urbaine. Alors, on n'est pas en conflit, mais en bon travail, et avec deux intercommunautés belges » (Lille, 06/06/07). D'autres expériences sont avérées, comme l'enquête Déplacements qui a inclus une dimension transfrontière ; cette fonctionnaire de la LMCU le note :

> On travaille au niveau de l'Eurodistrict mais aussi de l'aire métropolitaine […] Un exemple, l'enquête Déplacements s'est faite de façon transfrontalière et pas seulement sur l'agglomération. Alors, c'est déjà un sacré enjeu de le faire à l'échelle de l'agglomération et là on a en plus réfléchi au niveau transfrontalier, wallon et flamand (Lille, 05/06/07).

On l'aura compris au fil des périmètres et des institutions égrenés, les échelles d'action du DD urbain apparaissent plurielles et, pour une part au moins, fluctuantes, mais toujours imbriquées.

Ligue des champions
Losc Lille Métropole
Manchester United
150 places offertes !

Un faubourg très "fashion"

LE JOURNAL DES HABITANTS DE LILLE MÉTROPOLE

LilleMétropoleInfo

lillemetropole.fr

N°39 - Février 2007

Quel avenir pour les friches ?

Les lignes de bus de demain

Hors cadre repousse les murs

Eurasanté distingue la société Biolume

A chacun son pétrin !

Rendez-vous à la bibliothèque

Lille Métropole

Journal de la Communauté Urbaine Lille Métropole (collecté le 6 juin 2007)

CHAPITRE 3

Des enjeux multi-sectoriels

L'action publique locale en DD englobe des domaines d'intervention pluriels. On peut se demander à la fois en quoi certaines approches sectorielles (transports, espaces verts, logement, etc.) vont manifester du DD et, en les pensant en relation, si se dégagent des déclinaisons sur lesquelles l'effort est plus particulièrement porté. Pour cela, nous chercherons à évaluer la part relative des dimensions environnementale, socio-politique et économique, voire culturelle, rapportées au DD urbain, tout en restituant, parfois par touches et par la description de quelques actions, la diversité des contenus concrètement repérés.

1. La part de la dimension environnementale dans les projets de DD urbain

La dimension environnementale est évoquée en premier lieu et le plus longuement par nos interlocuteurs lorsqu'il est question d'urbanisme et d'aménagement durables. Cette directrice d'études à l'Agence d'urbanisme de Lille est très explicite :

> Le problème, c'est que les domaines, enfin, tout doit être DD ! Le DD, c'est aussi une démarche. Ça, on a du mal. [...] Alors, on met plutôt en avant l'aspect environnemental, c'est sûr. Alors que l'aspect social et économique, on est plus dans le développement tout court que dans le DD. Dans le domaine de l'environnement, on avance (Lille, 08/06/07).

Au-delà de ce constat général, nous souhaitons questionner la place relative prise par différents domaines d'action. La gestion de l'énergie et de la qualité de l'air apparaissent globalement en retrait, derrière la végétalisation et la gestion « raisonnée » de l'eau et de l'espace, et tout cela est supplanté par les modes de transports « durables », à commencer par le tramway.

1.1. La consommation et l'occupation de l'espace

Un premier enjeu se dégage de nos enquêtes autour de la consommation et de l'occupation de l'espace, spécialement en termes d'étalement urbain. À Lille, l'adjointe au DD est très claire : « Une ville durable, c'est une ville qui se rénove sur elle-même. Pas la ville étalée. [...]

L'enjeu, c'est d'éviter de s'étaler, de prendre de nouvelles terres agricoles, de grignoter l'espace, etc. Quand j'entends parler d'un éco-quartier à 20 km d'une ville, c'est un contre-exemple » (Lille, 06/06/07). De façon proche, à Nantes, même s'il y a localement moins de pression foncière en ce sens, la démarche d'élaboration des nouveaux quartiers comme l'Île de Nantes ou la zone d'aménagement concerté Bottière-Chênaie incluent fortement cette problématique :

> Il y a un gros travail sur l'habitat. L'habitat individuel dense. Vous voyez, genre des maisons individuelles superposées. [...] Toute la problématique est de trouver quelque chose de satisfaisant pour la population. Que les gens qui souhaitaient avoir un espace individuel et une intimité, qui souhaitaient partir de l'agglomération pour aller plus en périphérie, puissent trouver une réponse satisfaisante. [...] Une des premières actions DD, c'est de retenir de la population qui irait vivre dans le périurbain et donc de contribuer à la maîtrise de l'étalement urbain. C'est pour ça qu'on est vigilant sur les densités des nouveaux quartiers, Bottière-Chênaie et l'Île de Nantes (fonctionnaire à Nantes Métropole, 21/06/07).

La consommation d'espaces péri-urbains dans le développement des villes présente en effet des incidences sur les terres agricoles à l'entour (Serrano, 2005). Dans l'agglomération montpelliéraine, le « Mas du IIIe Millénaire » se veut une tentative de réponse : des logements se répartissent sur un hectare en configuration de hameau resserré, là où la forme pavillonnaire aurait consommé une dizaine d'ha. Ce traitement se comprend en rapport au contexte agricole environnant intégré au sein d'un schéma de cohérence territoriale (SCOT) dit « inversé »[1].

Cependant, il est une voix *a priori* quelque peu étonnante à Montpellier, celle d'un administratif de la communauté d'agglomération qui se pose contre la densification urbaine, parce qu'il n'y voit pas de corrélation nécessaire avec un objectif de DD :

> Une volonté de densifier la ville, moi je trouve que c'est pas DD. Et même les Verts défendent ça. Les architectes aussi, d'ailleurs. Ils disent que ça évite les déplacements. Le problème, c'est que toutes les enquêtes montrent que quand vous demandez aux familles où elles veulent vivre, dans 90 % des cas elles vous parlent d'une petite maison, avec un petit jardin. [...]

---

[1] L'étude menée par Younès, Marcillon & Rebois (2007) l'a montré : « Pour répondre à une croissance urbaine forte et lutter contre les périls de l'étalement en termes écologiques, sociaux et économiques, le SCOT pour la communauté d'agglomération de Montpellier se présente comme une "inversion du regard" pour orienter le développement urbain. [...] Partant du centre de la ville, en se diffusant dans la périphérie, la figure en étoile s'inverse en une autre figure "en négatif" de constellation "d'îles rurbaines" disséminées dans la nature, créées à partir des fragments de développement greffés autour des anciens villages, en leur donnant des limites précises face au paysage revalorisé ».

> Mais aujourd'hui, on bourre le centre-ville, et les gens prennent leur voiture pour aller faire leurs courses à l'extérieur. [...] À côté de chez moi, ils ont fait des immeubles neufs, il y en a deux qui sont en train de s'écrouler. Parce que ça a été fait tellement vite et tellement mal... et ils sont neufs, ils n'ont jamais eu d'habitants. [...] Voilà un axe fort de la communication des élus de Montpellier, et vraiment, avec la densification, ils croient faire du DD ! [...] Moi, la densification, je suis totalement contre (Montpellier, 28/02/07).

Ce sentiment invite à une réflexion plus large sur la « ville compacte » et la « ville diffuse », qui constituent de longue date des modèles auxquels se réfèrent urbanistes et aménageurs, mais qui – cet exemple le suggère – ne permettent pas de répondre pleinement à l'allongement des distances-temps. L'émergence de la notion de « gestion économe de l'espace » peut se saisir de la sorte, afin notamment d'articuler les politiques urbaines de l'échelle de la commune à celle de la métropole régionale (Zander, 2007).

1.2. La maîtrise énergétique

Dans le domaine des énergies renouvelables, se dégagent des initiatives autour des réseaux de chaleur et des centrales photovoltaïques. Dans le premier cas, un aménageur nantais souligne l'intérêt porté localement à de telles installations : « On a la particularité depuis un certain nombre d'années d'avoir un réseau de chaleur, principalement sur la partie ouest de l'Île, et qui est alimenté par l'incinération des déchets. Donc sur toutes les opérations, on travaille à raccorder les opérations au réseau de chaleur ». À cette première piste s'ajoute celle des installations photovoltaïques, à l'exemple du site d'un grand hypermarché nantais :

> Le système tel qu'il est aujourd'hui, c'est Nantes Métropole qui en a fait le choix, c'est qu'il y a plus d'intérêt de revendre l'électricité produite à EDF, plutôt que d'alimenter un bâtiment. On commence à réfléchir à d'autres centrales photovoltaïques portées soit par des privés, soit par les [bâtiments] publics, on a notamment ici un projet de parking public de 800 places environ et on a travaillé pour que sur la toiture du parking une photovoltaïque puisse venir (Nantes, 22/06/07).

Le Plan Lumière de la ville de Lyon, qui date de 2004, montre également une prise en compte du DD dans le domaine de l'énergie : « Éclairer sans compter n'est plus acceptable. L'écologie de la lumière et le DD ont fait l'objet d'un atelier de réflexion spécifique », insiste la municipalité[2], qui intègre l'utilisation plus régulière de sources lumineuses vertes. L'aspect d'économie en ressource est conjugué, de façon

---

2 Site Internet de la ville de Lyon : http://www.lyon.fr/.

originale, avec certains aspects à caractère social, tel le travail sur la perception et l'impact de la lumière sur la population des mal-voyants, ou encore la recherche portant sur la sensibilité des habitants aux différents types de lampes (température de couleur) utilisées en éclairage public.

1.3. Le traitement de l'eau

La gestion des réseaux de collecte des eaux usées constitue un autre enjeu d'importance en DD urbain. Dans l'agglomération nantaise, elle est abordée en termes d'assainissement mais aussi de réduction des rejets d'eau à traiter :

> Le règlement d'assainissement de l'eau de Nantes Métropole est relativement drastique, puisqu'il dit en gros que toute opération immobilière qui vient s'implanter ne doit pas rejeter au réseau d'eaux pluviales plus de flotte que ce qui existait avant. L'idée, c'est d'être dans une logique d'économie du tuyau, c'est-à-dire que la volonté DD doit permettre d'éviter de multiplier les réseaux. [...] Ça impose des dispositifs de traitement qui sont un peu alternatifs, des traitements tampons, avant de rejeter l'eau au réseau, des dispositifs de stockage avec évaporation, des toitures terrasses (aménageur, Nantes, 22/06/07).

Cette expérience nantaise est d'autant plus significative qu'elle donne à voir concrètement à quoi correspond l'idée de cycle fermé, en pensant ensemble la récupération de l'eau et sa réutilisation :

> Sur l'Île [de Nantes], il y a beaucoup d'actions ponctuelles. Bâtiment par bâtiment. On a un jardin qui est autonome au niveau du cycle de l'eau, la pépinière de biotechnologies qui a aussi tout un système de récupération des eaux. [...] Et puis les grands espaces publics comme le site des chantiers qui a des drains qui filtrent l'eau. Même si on a la Loire juste à côté, on veut éviter qu'il y ait un gros débit et des gros tuyaux à mettre en œuvre. Donc dans les aménagements, il y a plutôt des dispositifs de noues ou de gros fossés, quand c'est possible (fonctionnaire à Nantes Métropole, 21/06/07).

1.4. Les déchets, enjeu de DD : entre tri, valorisation et réduction à la source

La question des déchets se pose à la fois quant aux initiatives de tri sélectif puis de « valorisation » qui sont menées (*Illustrations 19 à 21, cahier central*), suivant des techniques plus ou moins novatrices en direction de la fameuse « boucle fermée », et quant à la réduction « à la source » des déchets produits (*Revue durable*, 2006). L'adjointe au DD de la ville de Lille fait bien la distinction : « Je travaillais avec Éco-emballages sur la réduction des déchets. Ce n'est pas que de mieux recycler... » (Lille, 06/06/07). Cette précision se justifie par comparaison avec le cas bordelais. La CUB a atteint et même dépassé l'objectif de tri fixé dans son plan « Trier, recycler, incinérer, valoriser, communiquer » (Trivac) adopté en 1993 : plus de 90 % des déchets ménagers sont à présent recyclés ou valorisés, tandis qu'au niveau national pas moins de 38 % des ordures ménagères sont encore stockées par enfouissement. Par contre, on ne repère pas d'actions particulières visant à réduire leur production, et on recourt toujours à un incinérateur – même si la production d'énergie est utilisée pour alimenter un système de chauffage (*Alternatives Économiques*, 2007, p. 38).

Sur ces questions, la construction d'une usine de méthanisation est souvent mise en avant à Montpellier (*Illustration 22, cahier central*). Porté par la Communauté d'agglomération, ce projet veut être une innovation technologique pour le traitement des déchets, permettant de réduire les gaz à effet de serre et de valoriser une plus grande quantité de déchets en compost et en méthane, susceptible de servir pour le chauffage urbain. En même temps, il s'agit, par le tri sélectif, de réduire la quantité produite de déchets. Néanmoins, un reproche a d'emblée été soulevé par une association locale : cette technique ne serait pas adaptée pour traiter un volume de déchets aussi conséquent que celui d'une ville de la taille de Montpellier ; elle demeurerait donc de portée limitée. Cela n'empêche pas un élu vert montpelliérain de parler avec fierté de ce projet « pilote » pensé de façon globale :

> On a choisi la méthanisation d'abord parce que c'était un mode de traitement naturel et non polluant, contrairement à l'incinération. Deuxièmement, parce que ça permet de valoriser davantage de déchets. La filière complète qu'on met en place : recyclage, méthanisation, etc., on va avoir 60 % du contenu de la poubelle qui sera valorisé. Avec la méthanisation, vous attaquez toute la partie organique des déchets, qui va produire du compost, qui sera réutilisé, et des biogaz, qui sont une source d'énergie renouvelable et qu'on va utiliser pour chauffer les quartiers. [...] Parallèlement à cette usine de méthanisation en construction, on a développé le recyclage, de deux façons : d'abord, sur un plan géographique, parce que toute l'agglomération n'était pas desservie par les deux poubelles, et puis on a développé des tris spécifiques comme la collecte des toxiques, des déchets électroniques, des emballages des commerçants. [...] La méthanisation, il y aura huit digesteurs, dont certains seront en mélange et d'autres avec des déchets triés chez l'habitant. Et au fur et à mesure que le tri va progresser, on va mettre de plus en plus de chaînes affectées aux déchets organiques et moins aux déchets résiduels. C'est un système évolutif. Un résultat obtenu dès l'année dernière, la quantité des déchets produite a diminué dans l'agglomération de 5 %. C'est pas mal en comparaison à la hausse démographique (Montpellier, 01/03/07).

1.5. L'extension du végétal et les espaces verts

Les « espaces verts » représentent une dimension forte des politiques de DD urbain (Blanc, Hamman & Henninger, 2008b). La multiplication des projets qualifiés de « trame verte » à Bordeaux, Lille et Lyon, de « poumon vert » ou de « ville verte » à Montpellier, ou encore de « métropole verte » à Lille en est un signe. Il en va à la fois des choix de réalisation et de plantation ainsi que des modes d'intervention de la collectivité quant à l'entretien des parcs urbains : utilisation ou non de pesticides, hauteur de la tonte des pelouses permettant de préserver une faune et une flore diversifiée, etc. En particulier, le principe de ne plus employer de produits phytosanitaires se développe ; comme d'autres, ce fonctionnaire en charge des éco-quartiers à Nantes Métropole le fait remarquer : « Il y a une charte ou un cahier des charges qui, sur certains territoires, interdisent d'employer le moindre produit phytosanitaire. C'est le cas sur l'Île de Nantes » (Nantes, 21/06/07). Les communes communiquent beaucoup dans leurs journaux et plaquettes d'information sur ce thème des espaces verts, qui renvoie directement aux représentations de la nature dans l'imaginaire social, alors même qu'on ne se situe pas sur un plan unique : si le problème de départ du DD est la nature, les solutions sont situées dans l'ordre du social (Wintz, 2008 ; Rudolf, 2008). De fait, c'est toute une variété de déclinaisons unifiées derrière le label de parcs et espaces verts que nous avons pu observer :

– Des bandes végétales ou forestières peu structurées, où il est question de laisser la nature « telle qu'elle », à l'exemple du parc des Coteaux à Bordeaux (*Illustration 1, cahier central*). À Nantes aussi, il est question de se rapprocher de la végétalisation spontanée, comme le mentionne ce vice-président de la CU :

> On a décidé de faire sur l'agglomération trois forêts urbaines, comme exemple d'environnement. [...] Là, on ne fait plus de constructions, on laisse des espaces naturels se développer, on plante des espaces qui sont un petit peu dégarnis... Et le tout ne sera pas un espace aménagé en parc, mais un espace naturel de forêt. 180 ha. Et les autres, 480 et 758 ha. Il y aura des promenades au bord de l'eau, de la manière la plus naturelle, l'intervention de l'homme sera réduite à son strict minimum (Nantes, 19/06/07).

– Des parcs au contraire très structurés, organisés autour d'un ou plusieurs thèmes, avec des choix d'essences diversifiées : ainsi du parc de Borderouge à Toulouse, du jardin des Plantes de Montpellier ou celui de Nantes (*Illustrations 2 à 6, cahier central*).

– Enfin, on repère également des parcs à dominante minérale, comme dans le cas du Peyrou à Montpellier (*Illustration 7, cahier central*).

Transversalement, se dégage la question du rapport entre « qualité » et « quantité » dans l'aménagement urbain végétalisé, c'est-à-dire entre les objectifs visant à proposer des sites « de premier ordre » et des espaces verts de proximité ; cet élu vert de Montpellier en charge du dossier l'explique concrètement :

> Dans beaucoup de quartiers, les gens revendiquent la création d'espaces verts, ce qui fait un espace de respiration, et je pense que c'est la contrepartie à la densification de la ville. Donc j'ai fixé deux choses. D'une part, créer et développer de grands poumons verts comme le zoo de Lunaret, le parc Marianne, le parc Malbosc, et vous avez des grands espaces naturels comme la vallée de la Mosson et la vallée du Lez. [...] Et à l'intérieur, avoir des espaces verts de proximité, et essayer d'avoir un réseau pour qu'en gros à 500 m. de chaque habitation il y ait un espace vert (Montpellier, 01/03/07).

Une préoccupation identique est avancée à Nantes, où la « qualité » (de vie) est définie à travers la multiplication de petits espaces, suivant une même « règle des 500 m. » qu'à Montpellier :

> Ça fait partie de notre plan d'action, d'améliorer la qualité de vie des usagers nantais [...], de mettre à disposition des Nantais un parc à moins de 500 m. des habitations. On a environ mille sites d'espaces verts répartis sur toute la ville. Après, ce ne sont pas forcément des jardins des Plantes. [...] Quand on dit un parc, ça peut être un petit square avec une aire de jeu tout simplement (Nantes, 19/06/07).

La recherche d'une continuité végétale dans la ville est un autre aspect saillant. Cet objectif est particulièrement prégnant dans le projet des « Berges du Rhône » à Lyon, où une « voie verte » a été créée sur la rive gauche. Ici également, il est question d'agir sur le « cadre de vie » et de réintégrer la nature au sein de la ville, à travers « un espace propice au repos, aux loisirs, au divertissement »[3], censé conjuguer aspects environnementaux et sociaux du DD, comme le souligne la chef de projet DD du Grand Lyon :

> Une démarche exemplaire de DD en centre ville, c'est sur 5 km, le long du Rhône, la décision du Grand Lyon d'enlever tous les parkings de voitures et de reconquérir ces grands espaces, qui en plus permettent de joindre au nord le parc de la Tête d'Or (*Illustration 8, cahier central*), au sud le parc de Gerland. Cet espace est devenu un espace de rencontres, de convivialité, de diversité culturelle et sociale, et surtout de rapport à la nature en plein cœur de ville (Lyon, 10/10/07).

---

[3] Site Internet : http://www.lyon.fr/.

1.6. Enjeux des déplacements durables : les transports collectifs, les modes de circulation douce et l'intermodalité

La thématique des déplacements apparaît aujourd'hui comme un enjeu central des politiques de DD urbain (Jouve, 2003 ; Le Breton, 2002 ; Zentelin, 2000 ; Meunier & Zeroual, 2006) ; nos enquêtes le confirment pleinement. C'est d'abord le cas parce qu'on rejoint la problématique de la consommation ou de l'économie d'espace. De plus, les circulations peuvent être lues en termes de nuisances et d'atteintes à l'environnement, mais aussi de flux, donc potentiellement de ségrégation spatiale, rejoignant des aspects socio-politiques. En cela, la « mobilité durable » fait sens sous plusieurs angles complémentaires (*RISS*, 2003) ; cet urbaniste bordelais y insiste :

> Les faits nouveaux en matière de DD, c'est d'abord dans le domaine de la mobilité. C'est là qu'on a vu les prises de conscience [...]. Bien sûr, on continue à se déplacer en automobile. [...] Mais le fait est que dans les ressorts stratégiques, dans les cultures techniques et dans les comportements d'investissement, c'est la mobilité qui est le pilier du DD (Bordeaux, 06/03/07).

De nouveaux questionnements apparaissent ainsi : se déplacer mieux et plus vite, est-ce synonyme de déplacements moins longs ou, au contraire, de plus de déplacements, ces derniers étant facilités ? Un responsable de la société des transports de l'agglomération de Montpellier associe à une lecture de DD le fait de veiller à ne pas augmenter les déplacements urbains en valeur absolue, et de les rapporter davantage à l'usage de modes collectifs : « On n'a pas un objectif de vouloir accroître la mobilité individuelle. Les objectifs, c'est de l'accroître par rapport aux transports en commun, c'est de gagner des parts de marché » (Montpellier, 02/03/07). Dans l'agglomération lilloise, le projet de construction d'un périphérique permet également de mettre en lumière cette problématique de la mobilité durable : l'offre d'infrastructures anticipe-t-elle des déplacements futurs en les régulant, ou crée-t-elle au contraire des circulations nouvelles (et donc *in fine* de la congestion, à la façon d'une vis sans fin) ? C'est ce débat auquel prend part la responsable d'une association locale d'environnement :

> Nous sommes fortement opposés à la construction du périphérique urbain, parce qu'un périphérique, ça apparaît pour certain élus comme un moyen de résoudre les problèmes de congestion automobile, mais certaines expériences antérieures montrent que quand on construit une route, elle est occupée, donc si on résout à un moment donné un problème de congestion automobile, il va se reposer cinq ans plus tard. Construire des routes, c'est inciter à prendre la voiture, alors que dans une zone d'habitat dense, comme l'est la

métropole lilloise, il est nécessaire de mettre en place plutôt des transports en commun pratiques, fréquents, commodes, pas chers (Lille, 05/06/07).

À Bordeaux également, se pose la question de la place de la voiture par rapport aux transports en commun (TC), avec le même arrière-plan : s'agit-il de se déplacer avec des moyens plus respectueux de l'environnement, ou en se déplaçant mieux (par exemple en évitant les bouchons) se déplacer plus ? Ceci permet de comprendre la concomitance de modes de TC qui fonctionnent bien au centre-ville mais sont en déficit budgétaire chronique, et de circulations automobiles dont les flux ne baissent guère ; le DD ne permet pas de sortir de tout paradoxe, ce qui rappelle qu'en termes de solutions pratiques DD et écologie ou encore nature ne sont pas des synonymes parfaits. Un urbaniste libéral note à ce propos :

> Dans la configuration de l'agglomération, [...] le réseau des bus, il va à peu près partout. On a un très gros déficit des transports en commun, 100 000 euros, ce qui est quand même énorme. Et ce déficit est encore accru depuis le tram. [...] Mais ça, on l'a observé dans toutes les villes. Il n'y a pas de doute que de plus en plus de gens abandonnent leur voiture pour aller au centre ville, mais la demande de déplacements s'est accrue, et l'un dans l'autre, au moins en périphérie, la part de marché de la voiture n'a pas vraiment diminué. C'est la mobilité qui s'accroît (Bordeaux, 06/03/07).

Ces interactions conduisent à interroger les politiques relatives aux transports collectifs, aux modes de « circulation douce » et à la question transversale de l'intermodalité.

Les modes de transports collectifs

On peut distinguer les transports collectifs usant de la voirie commune (comme les bus) et le développement des transports en commun en site propre (TCSP). Les bus représentent un premier levier pour réduire les déplacements routiers, moyennant un réaménagement de la voirie ; cet élu vert à la LMCU le souligne :

> On augmente l'offre bus de 30 %, on a une flotte de 300 qui va passer à 400 véhicules, et l'embauche entre 2006 et 2009 de 300 chauffeurs de bus. [...] Pour moi, le meilleur indicateur, c'est le partage de la voirie. Lille se trouve très généreuse sur le trafic auto. [...] Le boulevard de la Liberté qui est en cœur de ville et qui comptait quatre voies dans le même sens, pour les voitures, on est passé à deux voies et deux voies pour les bus, de part et d'autre. [...] Alors la part de la voiture a reculé (Lille, 05/06/07).

À côté de cela, une place particulière est dévolue aujourd'hui dans les grandes agglomérations au métro et plus encore au tramway, ce qui n'exclut pas des expériences locales spécifiques, comme les bus en voie propre.

Le choix d'un métro comme mode de TC est partagé par les villes de Lille, Lyon et Toulouse. À Lille, le réseau comprend deux lignes d'une longueur totale de 45 km, l'une mise en service en 1983 et l'autre en 1999 (desservant la ville de Roubaix) ; il a la particularité d'être entièrement automatisé. À Lyon, le réseau comprend quatre lignes d'une longueur totale d'environ 20 km, dont la première mise en service dès 1974, et une autre automatique (ouverte en 1992) ; il permet de traverser la ville ainsi que les communes de Villeurbanne et Vénissieux. À Toulouse, le réseau de métro se compose de deux lignes : l'une construite en 1993 et l'autre mise en service en juin 2007. La première est longue de 12,5 km et emprunte un axe sud-ouest/nord-est, la seconde de 15 km suivant un axe nord-sud, desservant les quartiers de Borderouge et de Ramonville. Concrètement, cet élu vert de la LMCU souligne l'imbrication des enjeux – sécurité, tarifs, moyens en personnel – qu'il convient de tenir pour rendre l'utilisation du métro attractive, connectant questions environnementales, économiques et sociales :

> On a d'abord dû agir sur la sécurisation du réseau. On a dû travailler sur une présence humaine massive dans les stations pour créer un climat de confiance. J'ai engagé ensuite en 2004 une profonde réforme de la tarification pour qu'elle soit plus équitable et on a essayé de copier les avantages que pouvait offrir une voiture individuelle, de les reporter sur un titre de transport : la possibilité de voyager à plusieurs, donc a essayé de trouver un titre permettant de voyager en famille, en groupes, etc. (Lille, 05/06/07).

Plus encore, la mise en place de lignes de tramway représente un enjeu de taille pour les différentes aires urbaines considérées (*Illustrations 9 à 16, cahier central*). À un premier niveau, l'importance des sommes engagées permet de le comprendre : « Une ligne de tram, c'est à peu près 600 millions d'euros… entre 400 et 450 millions d'euros pour les deux premières », note l'adjoint au DD à Montpellier (Montpellier, 01/03/07). Le tracé du réseau constitue un enjeu non seulement technique mais également politique. Un urbaniste bordelais l'explique : aux trois « piliers » qui correspondent à la conception technique, s'ajoute la problématique des dessertes de sites emblématiques, mais aussi, à l'inverse, de quartiers délaissés (dimension sociale) et de l'ensemble des communes de l'agglomération :

> Il y a une méthodologie pour faire un tracé ! C'est, d'un côté, les modèles, fondés sur les grands émetteurs, les gros récepteurs, c'est les matrices. Le 2ᵉ pilier, c'est l'insertion : ça passe ou ça casse. Et puis le 3ᵉ, c'est la mise en valeur de la ville : quitte à perdre un peu de clientèle, si ça passe dans un endroit emblématique, ça permet de transformer la ville, on l'accepte. C'est le cas des quais. Parce qu'il n'y a qu'un seul côté de clientèle. L'autre côté, c'est le fleuve. Mais on a dit : c'est l'axe majeur de la ville de Bordeaux, ça serait inconcevable alors que tous les lieux emblématiques sont égrainés

comme un chapelet le long des quais. [...] Il y a d'autres débats de ce type : est-ce que l'on va vers les quartiers pauvres, même si le ratio de clientèle n'est pas très bon ? On fait une perte de rentabilité pour avoir un gain de symbole et de désenclavement social. Bien sûr qu'on le fait. Et ensuite on arbitre dans une agglo entre les 27 communes. Parce que le principe c'est qu'il faut que les principales communes aient leur bout de tram. Et dès la première tranche. Ce qui est le cas (Bordeaux, 06/03/07).

Le tramway bordelais en site propre, ligne B, arrêt Gare routière

Extension du réseau de tramway le long des berges, sur la rive gauche, rue Latour[4]

On ne s'étonne pas alors qu'à Montpellier également, le tramway est présenté comme un, sinon le grand projet urbain, incluant une vision prospective, comme il ressort d'un entretien avec un cadre de la société des transports de l'agglomération :

4 Photographies prises à Bordeaux, les 6-7 mars 2007, par Christine Blanc et Flore Henninger.

Les grands projets sur Montpellier, c'est clair, c'est tramway et restructurations liées au tramway. Les grandes phases, c'est 2000 pour le lancement de la première ligne. Donc ça veut dire qu'on travaille en amont au moins deux ans sur la restructuration de bus, le tram arrive, et après, pendant 6 mois-1 an, on adapte le réseau. Ensuite, la 2e ligne a été mise en place en 2007, pareil, et là on est sur la 3e ; on a eu une réunion hier, déjà sur les noms des stations (Montpellier, 02/03/07).

De même, au sein de la métropole nantaise, une place importante est dévolue au tram, devenu un référent de DD urbain quasi-obligé. En la matière, Nantes se prévaut du bénéfice de l'antériorité : « Nantes a toujours été un exemple. Aujourd'hui, un grand nombre de villes, même moyennes, mettent en place un tram, donc je pense que de ce point de vue Nantes a été un petit peu un précurseur », déclare une chef de projet à Nantes Métropole (Nantes, 22/06/07). Mais la précocité est à double tranchant : le tram a été introduit plus tôt qu'ailleurs, il peut apparaître à présent moins « innovant » (*Illustrations 12 et 13, cahier central : ancien et nouveau modèle*), alors même qu'il s'agit de demeurer « pionnier » en matière de TCSP. On peut comprendre ainsi les expériences nantaises relatives à des TC sous d'autres modalités, avec en particulier des exigences de souplesse et de dessertes étendues :

Nantes a été l'une des premières à mettre en place le tramway. Aujourd'hui, elle développe son réseau. Elle a pris le parti de ne pas retenir le tram pour les dernières lignes, mais plutôt le Busway, et on réfléchit aujourd'hui à une nouvelle ligne. L'objectif est de couvrir un territoire le plus large possible avec des cadences commerciales les plus satisfaisantes pour faciliter l'usage des transports collectifs et limiter la part de l'automobile (chef de projet à Nantes Métropole, 22/06/07).

Le Busway revient schématiquement à appliquer le « modèle » des lignes et services de tram à un matériel de type bus. Même s'ils sont consommateurs d'espace, ces aménagements sont valorisés parce qu'ils permettent de maîtriser les coûts de nouvelles lignes, donc de relier les périphéries moins denses :

C'est une particularité de Nantes, qui a été la première à remettre le tram. [...] Avec des expérimentations originales comme le Busway, qui coûte moins cher, mais qui bouffe pas mal d'espace, mais qui est un succès. [...] C'est parce qu'on n'avait pas les moyens de payer le tram. Et puis ce n'était pas dans un milieu très urbain, il va très loin au sud (responsable du renouvellement urbain à Nantes Métropole, 20/06/07).

Busway en TCSP à Nantes[5]

Les modes de « circulations douces »

Est désignée sous ce terme, dont la diffusion est désormais avérée, la place faite dans les politiques urbaines de déplacements aux modes alternatifs à la voiture et aux TC : piétons et cyclistes en particulier.

Le plus souvent, il s'agit de promouvoir l'usage urbain du vélo. L'élu chargée du sujet à Nantes Métropole le souligne d'emblée : « Je suis vice-président des "circulations douces". Jusqu'à présent, je ne travaille que sur le vélo ! Parce que la circulation douce, c'est aussi la marche à pied. Moi je travaille sur tout ce qui a trait au vélo sur l'agglomération ». L'exemple d'un aménagement cyclable autour de la Loire est significatif des budgets conséquents engagés :

> Nantes va être traversée également par « Loire à Vélo », qui fait partie de l'Eurovélo n° 6, c'est-à-dire un trajet à travers l'Europe, [qui] rejoint la côte atlantique à la mer Noire. [...] Sur la partie Nantes Métropole, ça correspond à 60 km à aménager d'est en ouest sur l'agglo. [...] C'est sur des budgets hyper-importants. Quand on prend tout ce qui est prévu sur Nantes Métropole en 2007, on arrive à 7 millions d'euros ! C'est la première année qu'on a un montant aussi important (Nantes, 19/06/07).

Le Grand Lyon favorise également ce mode de déplacement doux, en prenant en compte plusieurs aspects : l'amélioration du réseau de pistes cyclables, le développement d'axes sécurisés et la multiplication des places de stationnement. Quatre-vingt dix sites de stationnement vélo de courte durée ont été implantés au centre ville et dans chaque arrondissement, à proximité des équipements culturels ou sportifs, et la société Lyon Parc Auto autorise aujourd'hui les cyclistes à stationner gratuitement leurs vélos. Ces aménagements ont permis de mettre en place le système de prêts et locations de vélo appelé Vélo'V – dénomination

[5] Photographie prise à Nantes, le 20 juin 2007, par Christine Blanc et Flore Henninger.

suggestive de « l'amour et [du] désir de vélo : vélo-love ». Un parc de 2 000 vélos existe depuis 2005, accru depuis et réparti sur 340 stations, notamment à Lyon et Villeurbanne. « C'est une action aujourd'hui bien connue, l'incitation à la pratique du vélo en ville. Avec mise à disposition quasi-gratuite d'un vélo en libre service pour l'ensemble des habitants du secteur central de l'agglomération. Ça a permis de booster l'utilisation du vélo en ville, dans ses déplacements quotidiens », se réjouit une chargé de mission (Lyon, 09/07/07).

Le succès du « modèle » lyonnais est avéré : l'expérience se diffuse à d'autres métropoles – Paris récemment, des projets sont avancés à Bordeaux et Nancy, etc. – et le passage en phase opérationnelle est en cours à Nantes. On saisit bien de la sorte en quoi le « petit » objet de la pratique cycliste se rattache à la question plus large des modes alternatifs à la voiture en ville et, au-delà encore, à celle du partage de l'espace public, à travers les aménagements cyclables, de voirie d'abord, mais aussi des éléments très matériels comme les arceaux mis à disposition ou encore les locaux pour le stationnement des vélos, afin d'éviter les vols. On est ainsi loin des discours du cela-va-de-soi qui accompagnent parfois le DD ; le vice-président aux circulations douces à Nantes Métropole l'expose :

> La part que représente le vélo dans les déplacements, sur Nantes, c'est quand même très faible. Et c'est une volonté de proposer des solutions alternatives au déplacement en voiture. [...] Alors, pour développer l'usage du vélo, il faut que les habitants disposent d'aménagements cyclables nombreux, performants. Il faut qu'ils disposent d'endroits où ils puissent stationner leur vélo en toute sécurité, donc ça suppose de réaliser des aménagements nouveaux, sur l'ensemble de la ville. [...] Ensuite on multiplie les arceaux, on est à plus de quatre mille bientôt, sur l'agglomération. J'ai poussé pour qu'on intègre dans les règles d'urbanisme : à chaque fois qu'on fait un collectif, qu'on prévoit obligatoirement un local pour le stationnement des vélos qui soit accessible, qui ne soit pas situé au sous-sol ou au 4e. À raison d'1 m^2 de local par 50 m^2 de SHON [Surface hors œuvre nette], fermé et sécurisé, pas un local à tout vent. [...] Parce qu'il n'y a rien de pire pour quelqu'un qui veut se lancer sur le vélo, qui l'utilise déjà un peu, et puis qui se fait voler son vélo une fois, il ne recommence pas après (Nantes, 19/06/07).

Une station vélo à Montpellier : « Moi je crois qu'il faut développer le vélo-tram, avec des parkings vélo parce qu'il n'y en a pas assez, il y a quelques modèles qui se sont installés, ils sont pas mal, ce sont des vrais cages protégées où on met les vélos et on rentre avec une carte magnétique » (élu municipal, Montpellier, 01/03/07)[6].

La mise en place de zones piétonnes en centre-ville est une autre dimension récurrente avancée en termes de DD urbain pour permettre à la fois l'appropriation de ces espaces publics sous un autre jour, un désengorgement des flux routiers, et une diminution de la pollution atmosphérique : « C'est pour moi un enjeu de qualité de vie, de qualité de l'air, il y a moins de bruit, il faut y tendre », souligne un élu vert de la LMCU (Lille, 05/06/07). Cette action, devenue courante, est révélatrice de la diffusion d'un « socle » partagé d'initiatives en DD urbain ; ainsi, à Nantes : « Il y a déjà des zones piétonnes au centre-ville, notamment autour du château qui draine beaucoup de piétons. Et quand elles ne sont pas piétonnes vous avez des cheminements piétonniers qui sont facilités » (chef de projet à Nantes Métropole, 22/06/07). Même des villes « en retrait » s'y lancent désormais, comme Lille ; une responsable de l'Agence d'urbanisme le rapporte : « C'est très récent, la place de la République, qui était traversée par des voies de circulation, est maintenant piétonne, en tout cas dans un sens » (Lille, 08/06/07). Il ne faut pas l'oublier, derrière le principe, la piétonisation suppose d'engager des aménagements souvent conséquents, à l'exemple de la largeur des trottoirs à Montpellier mentionnée par cet élu vert : « La circulation du piéton dans la ville, c'est un vaste sujet puisqu'il y a des choses très importantes qui ont été faites dans le centre historique. Mais, par contre, dans le reste de la ville, il y a un chantier énorme. Les trottoirs ne sont pas adaptés, vous ne passez pas en poussette » (Montpellier, 01/03/07).

6 Photographies prises à Montpellier, le 1er mars 2007, par Christine Blanc et Flore Henninger.

La piétonisation place de la République à Lille

Corrélativement, la neutralisation ponctuelle de la circulation sur un certain nombre d'axes routiers intra-urbains se développe aussi actuellement. Chaque premier dimanche du mois est organisé dans l'hypercentre de Bordeaux le « Dimanche sans voiture », qui se traduit par la fermeture aux automobiles des voies débouchant sur le centre ville. Ce moment de déambulation piétonnière est, nous l'avons constaté, apprécié par les habitants, qui en profitent pour sortir les rollers et les poussettes ! Ce type d'action se retrouve dans d'autres agglomérations, comme à Lille ou à Nantes : « Tous les week-ends, ils ferment les "50 Otages" [une des artères principales de Nantes], il y a une zone sans voiture » (associatif, Nantes, 19/06/07).

« Dimanche sans voiture » à Bordeaux : promenades en rollers[7]

[7] Photographies prises à Lille, le 6 juin 2007, et à Bordeaux, le 4 mars 2007, par Christine Blanc et Flore Henninger.

Les déclinaisons de l'intermodalité

À partir de ces différentes initiatives de déplacements durables, c'est la pluralité des définitions locales de l'intermodalité qui mérite d'être soulignée : elle peut en effet, selon les cas, viser un mode de coordination entre les véhicules personnels et les TC, ou entre divers modes de TC – notamment entre bus et TCSP ou liaisons ferroviaires –, ou encore entre les TC et les modes de circulations douces. Ainsi, à Montpellier, l'explication de l'intermodalité donnée par deux fonctionnaires de l'agglomération en charge des transports renvoie aux trois pôles conjugués (voiture-TC, entre TC et TC-modes doux) :

> – L'intermodalité entre les modes voitures particulières et TC, c'est le fait d'inciter les automobiles à se rabattre vers des parkings d'échanges, qui sont à des nœuds importants. Ensuite, l'intermodalité entre les TC eux-mêmes, ce sont des aspects d'harmonisation de l'offre de transports, de billetterie conjointe [...] ; – Et puis l'intégration des cycles. Dans les parkings d'échanges, il y a également des parkings vélos adaptés aux besoins ; – Actuellement, on est sur une réflexion d'un service public, de manière que tout usager puisse combiner un déplacement TC, deux roues, un peu dans tous les sens possibles, de manière à lui offrir le plus grand panel, selon les usages qu'il peut avoir, que ce soit du loisir, du domicile-travail, des déplacements de proximité de très courte durée pendant sa journée de travail (Montpellier, 28/02/07).

Dans ce schéma d'ensemble, des priorités sont posées, où le tram est présenté comme particulièrement efficace pour favoriser un report modal :

> On a créé des pôles de correspondance intermodaux où on a parking tram pour les voitures, on a bus, tram et vélo en plus, ça c'est important. Occitanie était un parking dimensionné pour 200 voitures à la base du projet et on l'a fait passer à 600, et aujourd'hui il est plein. [...] Les parkings tram, c'est la meilleure façon d'amener des gens qui ne prennent jamais les TC. Ils ont le sentiment réel de garder leur liberté et sa rapidité. Le tram, ça n'a rien à voir avec le bus, ça a une autre image. C'est un super levier pour amener les gens aux TC (cadre de la société des transports de l'agglomération de Montpellier, 02/03/07).

Mais la médaille peut avoir son revers : s'agissant de l'intermodalité bus-tram, un associatif montpelliérain pointe une disparité : le report modal apparaît plus ou moins aisé selon le mode de TC, et on peut alors se demander si le primat accordé au tram correspond à l'image de modernité que la collectivité y associe, quitte à « reléguer » le bus :

> À Montpellier, il y a un réseau à deux vitesses. Quand vous avez la correspondance bus-tram, ça va, vous avez un tram toutes les 7 minutes, mais quand vous avez la correspondance tram-bus, c'est plus aléatoire, parce que

vous avez certaines lignes tracées à 20 minutes, et même à 1 heure ! Quand vous ne pouvez pas faire le trajet direct, vous êtes pénalisés. Et bien souvent, c'est les villages, et le retour du soir qui est pénalisant ! [...] Vous avez une perte de qualité de service entre le tram et les lignes de bus (Montpellier, 03/03/07).

Ce choix du rabattage des lignes de bus sur les trams permet d'appréhender dans sa complexité la question de l'efficacité des TC, l'adjoint au DD à Montpellier ne le cache pas :

> Il y a eu un gros débat, parce qu'avec la 2e ligne de tram, il y a eu une réorganisation des bus, qui a consisté à rabattre systématiquement sur le tram, et parfois ça a eu un effet négatif parce que des gens qui avaient une bonne desserte en bus se sont retrouvés avec des temps de trajet, des correspondances. [...] Il y a pas mal de gens qui ont râlé. Aujourd'hui, ils commencent à corriger et à remettre des dessertes de bus supprimées. Le tram ne doit pas se faire au détriment du bus, il doit se faire au détriment de la voiture, ça c'est important (Montpellier, 01/03/07).

Précisément, les déclinaisons larges de l'intermodalité sont à présent promues, n'associant pas seulement voiture et TC, mais aussi différents TC entre eux et avec des modes doux. La réflexion sur un titre unique de transport à Lyon l'atteste : « C'est l'intermodalité sous toutes ses formes, en fait, exploitation réseau et gestion, gestion et tarification et titres de transport. [...] C'est-à-dire que quand vous prenez votre abonnement bus ou métro, vous avez l'abonnement Vélo'V qui est intégré » (fonctionnaire au Grand Lyon, 09/07/07).

2. La part de la dimension socio-politique dans les projets de DD urbain

En relation avec les actions « environnementales », apparaissent aussi des interventions d'ordre « socio-politique » au sein des projets urbains en DD, notamment quant aux politiques sociales urbaines et aux rapports centre-périphéries.

2.1. L'intégration du DD dans les politiques sociales urbaines

Deux questionnements ressortent plus particulièrement en termes de développement social urbain : la « mobilité partagée » et l'accessibilité du bâti en regard de la qualité environnementale des réalisations.

Au-delà des aspects environnementaux, les TC constituent un enjeu social rattaché au DD du point de vue de l'« accès à », comme il ressort du propos de cette chargée de mission à Lille Métropole : « Ça va être renforcé, une réflexion sur l'accessibilité des TC, non seulement pour des catégories spécifiques comme les jeunes, les vieux, les handicapés, mais aussi la facilité pour tout le monde d'aller aux stations de métro, avoir un bus rapide, donc au niveau du service à l'habitant » (Lille, 05/06/07). Dans ce contexte, la « mobilité partagée » désigne le fait que les modes collectifs de déplacements urbains ne doivent pas exclure les habitants qui sont dans une situation plus fragile que d'autres ; au contraire, l'objectif est de favoriser leur fréquentation par des tarifs minorés, pour les étudiants, les chômeurs, etc. Ainsi, à Lille, ont été développés des tarifs préférentiels, sur lesquels l'élu vert en charge du dossier à la LMCU porte son attention :

> C'est plus ciblé vers les familles, les jeunes et les boursiers, parce que les jeunes représentent 70 % de notre trafic. On a simplifié les gammes, réduit les prix pour les boursiers et facilité les déplacements pour les familles : un titre unique pour voyager à cinq, toute la journée à 3,50 euros, on a créé un petit titre de transport, le ticket ZAP à 60 cents, pour voyager sur deux ou trois inter-stations, qui se vend très très bien (Lille, 05/06/07).

Un autre questionnement se pose aussi en termes de coûts : si construire des bâtiments en suivant une démarche de Haute Qualité Environnementale (HQE) revient plus cher, dans un premier temps du moins, comment conserver du logement social accessible ? La tension latente entre une préoccupation de qualité environnementale et la gestion de parcs sociaux est un problème d'importance pour un urbanisme durable. Un fonctionnaire de la CU de Nantes le met en exergue :

> Au niveau des politiques d'habitat, on est confronté aujourd'hui à un vrai problème, par un habitat de plus en plus cher, un habitat social qu'il faut aider de plus en plus, et quand on introduit après des politiques thématiques, que les bâtiments suivent la RT 2005 [réglementation thermique de haute performance énergétique], c'est des surcoûts. Quand on dit que ça doit être accessible aux handicapés également. Donc il y a un surenchérissement qui fait qu'entre le fait de loger les gens, nécessité sociale, et les loger dans quelque chose qui sera durable, on peut se poser la question. Après, on fait jouer la qualité, mais il y a une limite économique à la production de logement social (Nantes, 20/06/07).

Les performances énergétiques du bâti constituent un enjeu de taille en DD pour sortir des seules opérations sur les bâtiments publics et passer à l'échelle du quartier. Mais, en normes HQE, les coûts à la construction sont supérieurs, et même s'ils sont moindres par la suite, encore faut-il que les entreprises et les bailleurs intègrent des amortissements de long terme :

> Vous avez encore des logements sociaux qui sont livrés avec des chauffages électriques, mal isolés, etc. Si on veut vraiment des résultats, il va falloir s'attaquer à l'habitation. [...] À Montpellier, la priorité est donnée au social, pas au durable. « Le problème, c'est le coût », on nous dit ça sans arrêt.

« On ne peut pas faire du social si en plus on impose aux promoteurs une meilleure isolation », ce qui est un mauvais calcul parce qu'après il y a des coûts de maintenance très importants. Il y a des factures de chauffage tellement importantes que les gens achètent des chauffages à pétrole, d'appoint, pour économiser. Donc c'est un calcul à court terme. On est en train de mener une bagarre sur ce thème pour obtenir du durable, l'emploi des énergies renouvelables, parce qu'un chauffe-eau solaire c'est la facture divisée par deux (élu vert, Montpellier, 01/03/07).

La « coloration sociale » et pas seulement environnementale des projets urbains en DD est très nette au sein de l'agglomération lilloise. Significative est la promotion de la « déconstruction-reconstruction DD » et de l'éco-quartier comme dispositif de réhabilitation de logements, et non pas uniquement d'aménagement de nouveaux espaces : « Ça change de l'idée du nouveau éco-quartier tout neuf ou flambant neuf à la périphérie d'une ville », nous dit-on. Le rapport entre qualité environnementale et accessibilité des logements, avec un arrière-plan économique, est alors d'autant plus complexe qu'il en va du bâti existant. L'adjointe au DD à Lille expose cette action qui lui tient à cœur :

Notre objectif, c'est de faire la ville durable, on n'est pas seulement dans une notion d'éco-quartier. [...] Pour moi, c'est la recherche du vivre ensemble qui est extrêmement importante. Qui appelle une mixité sociale, une mixité de fonctions. [...] Pour faire ça, on travaille sur la notion de déconstruction avec du recyclage, récupération des matériaux. Ça fait émerger de nouvelles filières, de nouveaux emplois. Les déchets des chantiers, il faut savoir que c'est encore plus important que les déchets ménagers, en termes de quantité. Et ça évite aussi des camions, il y a un camion sur dix qui transporte des déchets à Lille. Donc déconstruction-reconstruction : 3 000 logements réhabilités sociaux, et 1 300 logements anciens privés à réhabiliter. En considérant, je le dis, fortement, que l'enjeu principal, c'est sur la réhabilitation. C'est bien de faire de la construction nouvelle sur des bases de 120, 140 KW à 90 [consommation énergétique]. C'est mieux encore de faire du logement social qui passe de 300 à 150 (Lille, 06/06/07).

C'est par la prise en compte du contexte local de paupérisation de certains quartiers d'habitat avec la crise économique que connaît le Nord que des projets urbains en DD rejoignent les préoccupations de la politique de la ville[8], et notamment du logement, sous une focale liant social et environnemental (par analogie, en Moselle, Sinigaglia-Amadio, 2008). Sur ce plan, l'élue déléguée au DD se réfère explicitement au programme électoral de Martine Aubry, c'est-à-dire à un choix politique : « C'est une forte volonté de Martine Aubry, l'amélioration de la

8 Certaines analyses ont d'ailleurs lu la politique de la ville française comme une stratégie de DD de quartiers en difficultés (Brodach & Goffi, 2005).

ville dans toute la ville, dans tous les quartiers. On voit bien aujourd'hui à travers tous nos grands projets : c'est Lille Sud, c'est Moulin, c'est Wazemmes, avec la volonté de faire dans chaque quartier un pôle d'excellence, pour permettre la circulation entre quartiers. [...] La volonté, c'est que ça profite. Le DD, si ce n'est pas les plus défavorisés, c'est qu'on ne fait pas du DD » (Lille, 06/06/07). Aussi notre interlocutrice ne parle-t-elle pas de qualité environnementale, contrairement à nombre d'élus rencontrés, et fait une lecture non pas technique du DD, mais sociétale et, à ce titre, proprement politique :

> Moi, je parle en qualité de vivre ensemble, c'est très important. On n'est pas dans ce monde où on affiche un peu trop les valeurs individuelles, les valeurs de consommation pour soi, y compris quand on est dans la HQE. Ce n'est pas les valeurs que je défends. Je pense que le DD, c'est des valeurs collectives, des valeurs de bien vivre, de solidarité, de partage, de mutualisation, et non pas de concurrence et de chacun pour soi. Ça redonne du contenu, y compris à un projet politique (Lille, 06/06/07).

2.2. Le DD urbain resitué dans les enjeux centre-périphéries

Dans le cadre des dynamiques d'agglomération, les préoccupations de DD urbain prennent place dans des enjeux de polycentralité, à l'exemple des aménagements en logiques centripètes ou centrifuges par rapport à la ville-centre (ou aux différents centres-villes), si on pense aux rapports Bordeaux-Pessac, Toulouse-Blagnac, Lille-Roubaix-Tourcoing, Montpellier-Palavas, etc. Le « projet d'agglomération » se compose en relation avec les priorités de chaque commune membre, dans des processus de négociations qui se jouent à travers des actions redistributives. Un responsable de la CU de Bordeaux donne l'exemple des parkings en souterrain : « On a construit pas mal de parkings souterrains au centre ville, et à partir de ce moment il fallait que les grandes communes périphériques en aient aussi, même si elles n'en avaient pas vraiment besoin : on a construit des parkings souterrains à Mérignac, on a fait la même chose à Pessac » (Bordeaux, 05/03/07). De plus, ces rapports s'inscrivent dans un référentiel socio-politique toujours évolutif. Par exemple, si un fonctionnaire du Grand Lyon évoque des initiatives d'abord tournées vers la ville-centre, c'est pour relever les changements en cours, tenant aux transformations du fait urbain :

> Entre la commune centre et les communes périphériques, les choses évoluent... Pendant une longue période, la ville centre pouvait apparaître comme hégémonique, où on bénéficiait de quelques faveurs en matière d'investissements. Aujourd'hui, la croissance urbaine dépasse largement les frontières de la ville-centre parce que les besoins sont ce qu'ils sont, et que les capacités du territoire-centre à absorber la croissance urbaine ne sont pas sans limite. Donc le Grand Lyon a réorienté une partie de ses politiques et

de ses investissements en faveur des communes périphériques (Lyon, 09/07/07).

En regard, l'exemple du projet « Grand Cœur » à Montpellier mérite que l'on s'y arrête, car il renverse la lecture courante du délaissement des « quartiers » (par exemple Sinigaglia-Amadio, 2008). En l'espèce, des investissements publics conséquents vers les territoires périphériques ont ensuite amené la municipalité à lancer un projet sur le centre-ville, comme un rééquilibrage en direction des habitants qui y résident. Cet élu vert l'explique :

> La première motivation était électorale sûrement, le fait qu'on avait beaucoup investi dans les quartiers nouveaux. Il y a eu une prise de conscience des gens qui disaient « Et le centre ville, on le laisse mourir », etc. Donc ça a été une réponse apportée à ça. [...] Il y a eu dedans des vraies politiques, notamment le tram, la rénovation, un effort sur les aménagements, sur la protection du patrimoine, des opérations d'amélioration de l'habitat (Montpellier, 01/03/07).

Ces dynamiques centre-périphéries renvoient tout particulièrement aux aménagements de mobilité urbaine, notamment par les TC. Le maire d'une petite commune de l'agglomération de Nantes le note sans détour :

> En général, chaque commune est toujours vigilante sur la place prise par la ville centre. Ça, quelles que soient les couleurs politiques et les communautés urbaines. [...] Les transports, en général, ils sont forcément plus importants dans le centre, personne ne le conteste. Mais chacun cherche à avoir tout près de chez lui les transports périphériques performants. C'est à chaque ville d'être vigilante (Nantes, 19/06/07).

Dans ce contexte, le registre du DD peut être convoqué précisément pour justifier la nature de l'offre de bus plus ou importante en milieu urbain ou périurbain, en fonction de la fréquentation et donc de coûts différents de desserte. Un responsable de la société des transports de l'agglomération de Montpellier y fait référence :

> Il y a la notion de service public, mais ça ne veut pas dire faire n'importe quoi. La volonté, pas du tout de rentabilité, mais d'avoir une productivité qui soit minimale, qu'on ne mette pas de bus à rouler à vide. Il y a Montpellier, il y a les autres communes. Là, c'est sûr qu'on n'a pas une fréquence de bus à 2 min. Alors, on est à l'heure, au 3/4 d'heure, à la demi-heure, ça dépend. Il y a des tas de gens qui disent : « Il n'y a pas assez de bus ». Mais quand on fait nos comptages, [...] à part la ligne de tramway qui nous permet d'équilibrer, sur les autres lignes suburbaines, quand on est à 10, 20 % de taux de couverture, c'est déjà beaucoup. Donc l'offre est différente, mais je pense relativement équitable au sens d'équité par rapport au nombre de voyageurs. Mettre plus serait une aberration économique. Et le DD, ce n'est certainement pas de mettre un bus toutes les 10 min. partout (Montpellier, 02/03/07).

3. La part de la dimension économique dans les projets de DD urbain

Divers indicateurs peuvent être mobilisés pour attester la place prise par la dimension économique dans les projets urbains en DD, à la fois quant à la charge financière que recouvrent ces initiatives pour les institutions locales, quant à un certain nombre d'actions menées en matière de développement économique durable, et par rapport à ce que représente aujourd'hui le DD comme marché pour des prestataires de services.

3.1. L'intégration du coût des démarches en DD par les collectivités

Changer les pratiques pour intégrer une dimension de DD a un coût pour les villes et les agglomérations qui s'y engagent. La gestion des espaces verts est particulièrement confrontée à cette problématique, comme le mentionne ce technicien nantais :

> Aujourd'hui, les techniques alternatives, même si on voit des ratios au m^2 qui paraissent dans les revues, quasiment équivalentes, [...] c'est honnêtement encore plus coûteux que les produits chimiques. D'où la volonté de dire qu'il faut vraiment accepter un environnement autre, accepter l'herbe en ville, ce qui veut pas dire tout laisser à l'abandon, c'est de maîtriser ce qu'on va vouloir enherber, et puis économiser par des choix de plantes différents, moins consommatrices d'eau (Nantes, 19/06/07).

C'est en même temps l'enjeu d'un mode renouvelé d'approche budgétaire en DD qui se pose. Le cas des constructions HQE est éclairant. Elles sont plus coûteuses à l'origine, mais plus économiques par la suite, ce qui suppose, pour les promouvoir, de revoir les modes de calcul des amortissements, en s'inscrivant sur le long terme. Ceci concerne les promoteurs privés, dont il s'agit de modifier les façons de raisonner, mais aussi la comptabilité publique : la notion de *coût global* contrarie la division fonctionnement/investissement qui structure les comptes des personnes publiques. Une associative lilloise l'explique :

> [Le DD] débouche sur une nécessité d'évaluer autrement les coûts, en coût global sur la durée de vie de l'équipement. Ce qu'on est obligé de mettre au départ, parce que la construction est plus chère, on le regagne durant toute la vie du bâtiment parce que les consommations sont moins importantes. C'est aussi un problème de comptabilité publique, parce qu'il y a deux budgets séparés, investissement et fonctionnement, et les deux sont étanches. Casser cette rigidité, ce n'est pas encore entré dans les mœurs. Pour ce qui est des investisseurs privés, ça c'est encore une autre paire de manche ! (Lille, 05/06/07).

Un exemple d'action concrète donné à la ville de Lille concerne le marché public de l'éclairage. Les coûts sont resitués en DD, afin que les entreprises prestataires modifient leur structure d'offre. L'adjointe au DD parle ici d'« éco-efficacité » :

> On a un marché public sur l'éclairage, où on a obtenu la mise en place de ce qu'on appelle le « cercle vertueux » : une économie d'énergie de 42 %, 25 % d'énergie renouvelable, la mise en place de lampes basse consommation longue durée, donc moins de déchets, etc. Toute une logique de DD, tout en assurant au mieux les besoins de la population. Parce que ce n'est surtout pas réduire les besoins de la population, mais au contraire partir de la demande, pour avoir une offre économe et forte. [...] Toutes les économies qu'on fait en fonctionnement – dès la première année, on a économisé 1,3 million d'euros –, on les reporte sur l'investissement, qui produit à nouveau de l'éco-efficacité (Lille, 06/06/07).

De la sorte, entre « demande » et « offre » respectueuse du DD, ressort la question de la formation, c'est-à-dire comment faire en sorte que les acteurs privés intègrent des normes de DD pour répondre aux appels d'offres mentionnant de telles clauses ? La dimension économique est centrale, mais passe aussi par l'acquisition de savoir-faire par l'ensemble des intervenants. L'adjointe au DD à Lille le pointe :

> La question qui se pose, c'est comment on prépare le marché à pouvoir répondre à ces exigences. Aujourd'hui, les promoteurs disent : on ne sait pas sortir du logement à un coût acceptable, parce que c'est expérimental, à RT-30 maximum [performance énergétique]. À Fribourg[9], on construit des maisons à 15 KW, ici on est à 90 KW, on ne sait pas descendre en-dessous. Donc on voit bien qu'il y a encore des efforts à faire (Lille, 06/06/07).

3.2. Les Plans de Déplacements Entreprise

Les Plans de déplacements entreprise (PDE) témoignent de l'intégration du développement économique territorial dans les politiques de mobilité durable, à la fois car ils s'adressent aux acteurs économiques et parce que les collectivités proposent des aides. C'est le cas à Montpellier, ainsi que le souligne un élu vert : « Les PDE se développent, avec une prise en charge de l'abonnement moitié par l'entreprise et moitié par l'agglomération. La condition, c'est que les gens laissent la place de parking travail qu'ils ont, qu'ils renoncent vraiment à prendre la voiture » (Montpellier, 01/03/07). Une initiative du même ordre se retrouve au sein de la CU de Nantes : « On a des plans de mobilité entreprise, des entreprises avec lesquelles on passe des contrats pour des aides s'il y a

---

9 Ville allemande ayant réalisé un éco-quartier souvent cité comme « modèle » (Rudolf, 2007).

X personnes qui s'engagent à venir au travail en vélo. [...] Toujours pour proposer une alternative à la voiture » (vice-président de la CU Nantes Métropole, 19/06/07). Dans l'agglomération lyonnaise, il est plus largement question de mesures transversales, en liaison avec le développement de pôles de compétitivité, qui marquent aussi la prise en compte d'une dimension économique en DD :

> Je pense qu'on est très innovant au niveau de l'accompagnement des entreprises, on a créé des [dispositifs de] développement économique, qui prennent en compte la notion de DD et qui permettent de financer la mise en place des plans de déplacements inter-entreprises, et tout ce qu'on fait sur le pôle de compétitivité nous permet de faire le lien entre collectivités, recherche et entreprises (fonctionnaire au Grand Lyon, 09/07/07).

3.3. Les commerces de proximité

Un autre enjeu économique du DD tient au maintien des commerces de proximité, par rapport aux extensions de super- et hypermarchés en périphéries des villes, où entrent en relation le développement local et la maîtrise de l'étalement urbain. L'action publique est souvent discrète en la matière, mais un élu vert adjoint au DD à Montpellier pose bien la question :

> Autour de Montpellier, la zone de chalandise, toutes les communes voulaient créer leur supermarché. Donc on a commis beaucoup de dégâts. Il y a un moratoire sur l'implantation des grandes surfaces, qui date de cette année. Mais on est loin d'avoir corrigé le tir. Globalement, il y a un urbanisme qui a détruit le commerce de proximité au profit de ces zones très spécialisées, des grandes surfaces, et ça au profit de la bagnole (Montpellier, 01/03/07).

3.4. Le DD, un marché économique pour des prestataires de services

Un autre indice de prise en compte croissante de la dimension économique du DD en tant que « marché » est sensible dans le tiers-secteur, autour d'associations spécialisées sur ce « créneau », qui ne se construisent pas comme des pôles de militance écologique, mais comme des prestataires de services, à destination des collectivités territoriales d'abord, et désormais aussi d'un public plus large. Significatif est le cas de l'association Alisée à Nantes, reconnue en tant que Centre Point Info Énergie : « L'espace Info Énergie, c'est un service public, c'est pour ça qu'on reçoit les financements », précise un salarié. Dans le rapport entre les activités propres d'Alisée et celles assurées en qualité de CPIE, ressort l'importance des financements publics et l'inscription économique de la structure :

On a deux postes différents : le poste de conseiller énergie et le poste de chargé de projets. [...] Le travail ne change pas tellement. [...] On essaie de se répartir à peu près équitablement les accueils physiques, téléphoniques de l'espace Info Énergie. Ensuite, on a une ou plusieurs thématiques qui nous sont imparties sur les actions IE [Information Énergie], qui vont se retranscrire sur les actions Alisée, qui sont toujours un peu parallèles. Moi, je suis responsable de tout ce qui est communication, éducation à l'énergie, visite de sites. Mes actions qui sont sur le Point IE sont aussi reportées sur l'action Alisée, c'est-à-dire que je suis aussi chargé de communication de l'association Alisée. C'est un peu compliqué de comprendre qu'il y a deux entités. Mais quand on fait une action qui n'est pas financée sur le plan d'action IE, il n'y a aucune raison qu'on mette le logo IE. On ne peut pas faire un truc gratuit comme ça, on redevient Alisée (salarié d'Alisée, Nantes, 20/06/07).

Qu'Alisée travaille prioritairement comme prestataire se traduit aussi par les liens qu'elle entretient avec les clients potentiels, à commencer par les personnes publiques : « Ça va de l'ADEME (Agence de l'environnement et de la maîtrise de l'énergie) à tout ce qui est Qualisol[10], tout ce qui est collectivités locales, professionnels aussi. [...] De toute façon, on est en contact avec tout le monde. [...] Il y a le diagnostic énergétique auprès d'entreprises, de particuliers, de collectivités locales » (salarié d'Alisée, Nantes, 20/06/07). Dans le même sens, toutes les interventions de l'association sont payantes, y compris pour des groupes scolaires :

Ce sont des actions qui sont financées par les personnes qui les perçoivent. Donc le cas de l'éducation à l'énergie, ce sont les écoles, les lycées qui payent. Ou alors pour le collège parfois, c'est le Conseil général qui fait un petit financement. Ça peut être dans le périscolaire, dans les centres, dans des camps d'été, c'est relativement vaste. Mais la prestation est payée intégralement.

L'explication fournie par un salarié est entrepreneuriale – diversifier l'activité, obtenir des salaires supérieurs et pérenniser la structure :

C'est que l'ADEME et nos partenaires ne nous financent pas l'espace Info Énergie à plein temps, ça fait 80 % de notre temps. Donc si on gardait seulement ce financement-là, on serait payé au SMIC. Ce qui n'est pas forcément acceptable pour des Bac+3, et j'ai des collègues qui sont à Bac+5 largement. Si on veut pouvoir garder du monde, il faut pouvoir offrir un certain salaire, et une certaine diversité dans le travail. Pour ne pas trop être dans la monotonie avec IE. Et pour renflouer bien sûr un peu les caisses. Et ça dé-

10 Créée par l'ADEME en 1999, l'appellation QUALISOL est aujourd'hui gérée par l'association Qualit'EnR. Elle fédère un réseau national de près de 10 000 installateurs de systèmes solaires thermiques.

pend aussi de tous les choix politiques : si demain ils décident que l'espace IE ils vont moins le financer, on se retrouve avec la moitié de l'équipe à la porte. Donc le fait d'offrir un service à peu près équivalent à ce que fait une entreprise, ça nous permet de pouvoir pérenniser nos emplois et mieux se développer (Nantes, 19/06/07).

Cette part pour laquelle des associations spécialisées s'adressent notamment à des particuliers touche surtout au créneau porteur de la maîtrise de l'énergie dans le bâti, vis-à-vis d'un public qui demeure une frange aisée ; ce chargé de mission à l'association Alisée ne le cache pas : « C'est des gens qui vivent bien qui viennent nous voir. Il faut de l'argent. Généralement, ce sont des couples en zone pavillonnaire, parce qu'on fait peu de travaux sur les appartements. On a quelques syndics qui viennent nous voir, mais assez peu » (Nantes, 20/06/07).

4. La part de la dimension « culturelle » dans les projets de DD urbain

Enfin, parmi les différents acteurs que nous avons interrogés, la culture a fréquemment été évoquée en liaison au DD urbain – en tant que « culture de DD » à faire évoluer et en tant que dimension propre. C'est le cas à Nantes, dans ce que nous rapporte un fonctionnaire municipal : « Tout le monde connaissait les trois points principaux du DD. Nous, on en a mis un quatrième, le culturel, qui a été repris aujourd'hui par beaucoup de collectivités. [...] Parce qu'il y avait un patrimoine, il y avait la culture locale, donc c'est d'abord une prise de conscience pour aller aussi vers des pratiques différentes » (Nantes, 19/06/07). Il est notamment question d'animer par une programmation culturelle certains sites identifiés comme de futurs éco-quartiers. Un cadre de la société d'économie mixte portant le projet de l'Île de Nantes l'expose :

> Sur l'ancien site des chantiers navals, l'idée a été de profiter de l'espace extrêmement vaste pour créer un grand parc public urbain, mais un peu nouveau, c'est-à-dire qu'on ne va pas être sur un « jardin des Plantes », mais sur un lieu extrêmement ouvert à des manifestations culturelles, à des activités temporaires, et tout ça sera alimenté par des activités plus pérennes, avec différents programmes culturels. On veut animer et redonner une activité à ce site, [avec] un ensemble de salles de musiques actuelles (Nantes, 22/06/07).

Une élue lilloise affirme encore plus clairement son désir conjoint de promouvoir une culture du DD et un volet culturel aux actions en DD : « Quand je parle de cohérence, c'est vraiment une nouvelle culture collective qu'il faut faire émerger, avec pour nous un rôle essentiellement d'animation de cette cohérence. [...] Il faut qu'on change de culture et de logique. [...] L'accès à tous à la culture, à l'éducation, la culture fait partie des besoins fondamentaux fortement affichés par la ville » (Lille, 06/06/07). À ce titre, une dimension culturelle a été explicitement ajoutée à l'Agenda 21 local, valorisée comme un quatrième pan du DD au sens plein :

> On va faire un salon du livre, je crois qu'il faut à la fois alimenter le vécu, en essayant de rencontrer, et alimenter les aspects culturels de débats. Je crois d'ailleurs que la ville de Lille est la seule en France à avoir rajouté à son Agenda 21 un volet culture, en 2004. Et c'est très important. Alors, est-ce que la culture c'est un volet supplémentaire [du DD] ou est-ce que c'est le tout ? Moi je parle volontiers de culture du développement qui donne la cohérence, même si l'aspect culturel n'est pas seulement le théâtre et le cinéma, mais bien ce qu'il y a dans la tête, la notion-même du vivre ensemble (Lille, 06/06/07).

Les sites des anciens chantiers navals à Nantes[11]

[11] Photographies prises le 21 juin 2007 par Christine Blanc et Flore Henninger.

Deuxième partie

Le DD urbain comme lieu de mobilisation : de la compétence institutionnelle au portage politique, enjeux locaux d'affichage du DD urbain

Introduction

Panneau d'information à Montpellier relatif à l'inauguration
de la 2e ligne de tramway en décembre 2006[1]

Le répertoire du DD a aujourd'hui des capacités de mobilisation avérées et à ce titre attractives pour les élus. Cet urbaniste le souligne dans le cas de la CU de Bordeaux : « [Les élus] ont fait des discours… ils adorent ça ! Ils ont des conseils de DD locaux, communaux, ils inondent leurs canards locaux. Le DD, ils adorent tous ça ! Ils mettent des tartines

[1] Photographie prise le 28 février 2008 par Christine Blanc et Flore Henninger.

de vert, la moindre plantation d'arbre est inaugurée, le petit bout de piste cyclable. C'est un thème hyper communicant ! » (Bordeaux, 06/03/07). La « ville durable » devient-elle alors une référence « obligée » des politiques urbaines ? Cette question renvoie à l'acceptation technique et sociale du DD, ce qui en fait aussi un enjeu de communication locale pour « faire passer le message ». Le processus de légitimation de l'action publique se voulant « durable » s'établit en effet dans un rapport dialectique qui permet la construction même du problème et non simplement sa justification *a posteriori*[2] – d'où des enjeux d'affichage (*Illustrations 18 et 23, cahier central*) et de portage.

Les politiques de DD urbain sont limitées par le niveau d'adhésion des habitants, qui ne saisissent pas nécessairement les motifs de certaines opérations, soit pour s'impliquer eux-mêmes (dans le tri sélectif, etc.), soit par rapport à l'image qu'ils ont de l'action municipale. Le cas des tontes de pelouse est caractéristique : la perception du « bon » entretien des espaces publics ne va pas forcément de pair avec la vision « durable », et il en est de même des espaces de biodiversité que d'aucuns verront comme des friches urbaines. On comprend ainsi qu'à Nantes la municipalité recourt à une association d'environnement pour communiquer sur les interventions « zéro phyto », qui laissent en place de l'herbe jusque-là éliminée avec des produits chimiques :

> Les plans de désherbage, concrètement, ça veut dire qu'on ne désherbe plus. Il n'y avait pas l'herbe avant. Maintenant, il y en a. Donc le citoyen, quand il se promène, il ne comprend pas. Il va avoir tendance à mettre en cause la gestion municipale : « Cette ville est mal gérée, le bas des immeubles n'est plus désherbé, il y a un souci ». Alors que si on lui explique que l'herbe, c'est de l'environnement, il va comprendre et il va l'approuver. Donc on essaie d'avoir des actions un peu innovantes sur ces sujets-là, de faire de la communication, de distribuer des feuilles dans les boîtes aux lettres pour expliquer ce que c'est que le désherbage naturel, pour leur expliquer qu'on ne désherbe pas tout le temps et partout (associatif, Nantes, 19/06/07).

Un autre exemple, concernant cette fois le volet économique et social du DD, apparaît au détour de notre conversation avec une salariée de l'association nantaise Écopôle qui assure un point d'information au public : « Ça m'est arrivé une fois, une personne qui ne comprenait pas que l'on refuse les publicités dans la boîte aux lettres, parce qu'elle disait qu'on enlevait du travail à une personne. Alors, il y a l'aspect social à intégrer ». S'il est question d'un consensus sur les principes du DD, c'est de la part de ce que son collègue nomme un « public non-initié bienveillant », qui n'exclut pas des attitudes divergentes lorsqu'on

---

[2] En cela, ce rapport dialectique s'apparente au concept de justification développé par Boltanski & Thévenot, 1991.

aborde des modes d'action concrets : « Si on va au-delà de ce public, il reste encore des gens qui pourraient polémiquer sur le DD. [...] Après, il y a les querelles, où les gens sont convaincus de l'intérêt du problème énergétique, mais qui ne vont pas être d'accord sur les solutions. Des gens qui considèrent le nucléaire comme un moindre mal, etc. Là, il y a du conflit » (Nantes, 19/06/07). Un autre associatif nantais ajoute : « Tout le monde dit l'environnement, c'est super. [...] Là où notre métier est très important, c'est un gros travail de communication, de dire aux gens "voilà ce qu'il faut faire pour être en phase avec votre accord". Parce que ça ne suffit pas d'être d'accord » (Nantes, 20/06/07).

Sous cette contrainte, l'élu ne va pas rechercher ce qui peut faire polémique ou nourrir l'incompréhension. Ainsi, le président d'un collectif montpelliérain regrette-t-il ce qui serait de la stratégie électorale : « Je crois que les élus vivent dans un moment, et que le moment, c'est la date de l'échéance de leur mandat. C'est de le renouveler. Sortis de là, malheureusement, pour que les gens changent... » (Montpellier, 03/03/07). Dans le même sens, on comprend que ce qui est affiché en DD correspond aussi à l'image que les décideurs se font de la perception sociale des enjeux, et pas seulement à ce qui serait le plus innovant : « L'aspect le plus sympathique, c'est le respect de la biodiversité sur la Loire ! Je pense que ça c'est la plus belle image. Après, le plus efficace, c'est l'action sur l'énergie, c'est peut-être ça aussi qui serait à afficher », relève par exemple ce fonctionnaire de la CU de Nantes (Nantes, 21/06/07).

Dès lors, en termes de communication locale, certaines actions, jugées plus percutantes, sont davantage données à voir que d'autres ; cet associatif nantais le fait comprendre :

> C'est une communication nécessaire, puisqu'il faut expliquer aux citoyens comment va se passer la collecte des déchets, mais ce n'est pas affiché comme un axe, pas valorisant en tout cas. [...] Même sur les bâtiments, quand il y a un bâtiment HQE, ils le disent, mais pas plus, il n'y a pas de documentation institutionnelle sur ce type de choses (salarié d'un CPIE, Nantes, 19/06/07).

Nos enquêtes ont aussi montré que les éco-quartiers ne sont pas forcément les plus accentués. Le constat est intéressant, aujourd'hui où ce type d'initiative tend à se développer dans les aires urbaines françaises : on ne saurait associer une stratégie de « ville durable » au seul fait qu'il existe un éco-quartier. Le cas nantais est suggestif : le terme y a été avancé car jugé « parlant », à l'intention des agents publics comme des habitants, liant DD de l'institution et DD de la ville. Pour autant, parler d'éco-quartier est à présent considéré comme plus orienté « environnement » que ne le souhaitent les acteurs locaux ; ce chargé de mission à Nantes Métropole l'explique :

> Il y a un affichage. Mais, il est relié à la notion de « quartier durable », vraiment, et ce qu'on en a déduit, c'est l'inconvénient des éco-quartiers. Il y a un côté très environnemental, alors que ce n'est pas que ça. Il y a une réflexion urbaine, sociale derrière, économique, etc. Mais le gros avantage, c'est que ça parle. Il y a de la communication entre nous en interne et par rapport à l'extérieur. On est parti de ce principe-là, pour l'instant on garde seulement éco-quartier, parce qu'on a tous un peu une idée de ce qu'il peut y avoir derrière. Mais on vise vers l'aménagement durable de quartier (Nantes, 21/06/07).

C'est toute la place d'une politique de communication qui se saisit de la sorte : autant pour informer et faire progresser la perception des enjeux de DD que pour légitimer l'action publique entreprise, en lien avec un portage politique. Le chargé de mission DD à la ville de Bordeaux résume bien ces enjeux :

> L'acceptation sociale de l'évolution des comportements, y compris les missions des services municipaux, ça demande énormément d'information, de communication, parce que c'est un électorat qui peut être insatisfait, les politiques y sont sensibles. Ils veulent faire du DD, ça demande une conviction permanente. [...] Sinon on a tendance à aller vers ce qui est le plus facile et le moins polémique (Bordeaux, 06/03/07).

Le point apparaît particulièrement sensible lorsqu'il s'agit de modifier des comportements relatifs à l'usage de la voiture. De telles initiatives nécessiteraient une pédagogie adaptée auprès de la population, loin des « cela-va-de-soi ». Le vice-président délégué aux transports à la LMCU le souligne :

> Parfois [le DD] remet en cause des modes de vie : partager l'espace en commun entre les piétons et la voiture, ça fait râler. Et les gens qui y trouvent leur compte ne s'expriment pas souvent dans le courrier des lecteurs de *La Voix du Nord* [quotidien régional]. Donc c'est polémique [...]. C'est peut-être ce qui nous a manqué dans ce mandat, notamment sur la politique des transports, un volet sur la pédagogie, pourquoi on le fait, les enjeux planétaires. Je pense qu'on n'a pas été assez communicants sur le pourquoi de chacune des réalisations (Lille, 05/06/07).

Dans ce contexte, l'investissement en DD des décideurs communaux et intercommunaux présente deux principales dimensions, qui éclairent le degré de publicisation de l'enjeu : elles tiennent de l'engagement des élus et de la personnalisation du traitement de ces questions (Chap. 4) et de leur « labellisation » en termes de communication locale (Chap. 5).

CHAPITRE 4

L'investissement des élus dans le DD urbain

Portage politique ou référence obligée ?

La question du portage politique des projets de DD urbain renvoie à l'analyse de processus décisionnels, où il convient de ne pas tomber dans le piège de l'acteur tout puissant (Sfez, 1984). Le jeu des acteurs et des instances dans les interrelations qui se nouent montre qu'il y a à la fois l'institution qui porte et une dimension d'engagement politique. C'est l'occasion de repérer comment s'hybrident des pratiques autour de modes de co-production entre scène technique et scène politique, suivant des logiques de « transaction tacite » ou « implicite », pour reprendre le concept de Maurice Blanc (2006, p. 29-30) : derrière le discours – qui est une parole d'institution – selon lequel « les techniciens ont livré un éclairage » et « les élus ont décidé », on décèle une régulation conjointe de l'action publique locale, qui doit rester cachée pour être efficiente, alors même que l'avis des techniciens emporte une dimension proprement politique (également Ledrut, 1976, p. 98).

On ne s'étonnera donc pas que, quelle que soit l'échelle, ville ou agglomération, les affichages du DD sont couramment imputés aux positions prises par les élus. Mais là n'est pas tout. Le discours des fonctionnaires et chargés de mission va dans le sens d'enjeux techniques qui se sont aujourd'hui diffusés avec l'intervention des élus. À partir des entretiens réalisés et de nos observations, on peut souligner l'importance d'un portage politique au plus haut niveau des exécutifs locaux pour impulser des opérations en DD, y compris au niveau de l'institution et de ses services, en particulier afin que les personnels dédiés ne se sentent pas isolés. Ceci explique aussi que le fait ces derniers parlent beaucoup du rôle des élus, qui vaut légitimité de leur posture tant à l'interne que vis-à-vis de l'extérieur, mais traduit aussi parfois une certaine personnalisation du portage des projets.

1. Un enjeu écologiste ? La place des militants et des élus verts

On peut d'abord se demander si le portage sur la scène publique des questions de DD urbain est le fait de militants et d'élus engagés spécifiquement sur le sujet, en particulier en lien à l'écologie, et si ce sont alors des élus « verts » qui se retrouvent aux commandes des délégations municipales ou communautaires relatives au DD. On se propose de le tester dans le cadre de coalitions de gestion Parti Socialiste-Verts. Le cas de Montpellier est éclairant de ce qui se révèle être moins une place « naturelle » que la marque d'une construction politique des partis écologistes autour des enjeux d'environnement. L'adjoint en charge de la « ville durable » à la municipalité de Montpellier est un élu vert :

> Je me suis engagé dans la vie politique la première fois chez les Verts en 1998. [Avant, j'ai eu des responsabilités] au sein du parti à partir de 1994. [...] Je suis président du comité des Verts, à la ville et à l'agglomération [...], et je suis également en charge de la commission qui s'appelle « ville durable », qui comprend tout ce qui est environnement.

De même, ce sont des élus verts qui exercent les délégations en rapport au DD au niveau de la Communauté d'agglomération : « À l'agglomération, on est un groupe de neuf élus verts, qui a 3 vice-présidents. [...] On a une vice-présidente en charge de l'environnement, c'est essentiellement les déchets. Et puis on a un vice-président en charge de l'assainissement, et la troisième d'une sorte d'"écolothèque" ». De fait, c'est un accord électoral qui reconnaît aux Verts ces positions :

> C'est l'histoire politique à Montpellier. Il y a eu en 2001 une liste socialiste-communiste, tenue par Georges Frêche [PS]. Nous, on a fait notre propre liste, on a fait un bon score, 12,5 %, et on a fusionné entre les deux tours en signant des « contrats » sur [...] des parcs, le traitement des déchets, etc. [...] Nous, on n'a jamais une place confortable au sein de la majorité, c'est une majorité où l'union est un combat. On est parti de listes séparées, l'alliance avec nous était un peu un passage obligé (Montpellier, 01/03/07).

On se situe ainsi dans l'ordre des équilibres partisans et des rapports de force arbitrés par le suffrage. Ceci se vérifie à Nantes, dans une configuration de gestion « à gauche » également : si le portage des enjeux de DD traduit un primat des élus verts, c'est aussi lié à une coalition locale avec le PS, suivant ce responsable d'une association d'environnement : « Les deux référents pour nous, c'est les Verts. Mais c'est aussi cette culture de la collaboration entre le PS et les Verts à Nantes. L'un, c'est un des quatre députés Verts. Sa circonscription lui a été laissée localement. Il y a une espèce de répartition des compétences qui se fait de façon implicite, mais après ils travaillent ensemble » (Nantes, 19/06/07).

2. La diffusion de l'enjeu du DD parmi les élus locaux ou la production d'un consensus de principe

2.1. Un enjeu qui « prend » parmi les différents courants politiques

Que l'on ne s'y trompe pas : loin d'être l'exclusivité d'une formation politique, la promotion de projets urbains en DD apparaît comme un registre commun à l'ensemble des élus locaux, quelle que soit la « couleur politique » de l'équipe en place. Ces extraits d'entretiens le confirment :

> Il y a un élu vert qui s'occupe de l'éco-mobilité, la partie transports qui est dans la commune, et par contre les TC au niveau de l'agglomération, c'est un élu socialiste (élu municipal, Montpellier, 01/03/07) ; Ce sont essentiellement les élus qui ont en charge les politiques d'aménagement et d'urbanisme, les politiques des déplacements, et le volet politique des espaces naturels et agricoles. [...] Je dirai que ça croise l'ensemble des familles politiques présentes sur le territoire du Grand Lyon ou au sein de l'institution communautaire (fonctionnaire au Grand Lyon, 09/07/07).

La préoccupation du DD se diffuse au-delà de ceux qui y trouvent un intérêt militant ou de conviction personnelle (les Verts...) ou une correspondance fonctionnelle avec leur mandat (vice-président ou adjoint à l'environnement, au logement, etc.), même si la portée de l'engagement peut varier en fonction de ces critères ; les remarques du responsable du Renouvellement urbain à Nantes Métropole le traduisent :

> Les vice-présidents chargés de l'habitat, des transports, ces gens-là sont obligatoirement et particulièrement impliqués, et en général toujours. Après, c'est des questions de tempérament, mais je pense que c'est une politique, un état d'esprit qui est assez partagé dans la municipalité et auprès des élus communautaires. Après, les Verts sont plus branchés que les autres, c'est une manière de voir (Nantes, 20/06/07).

De façon générale, nos enquêtes montrent que le DD urbain devient une « évidence » de l'action publique locale dans un contexte de promotion national et international. Un urbaniste bordelais le note :

> C'est parti d'un principe d'émulation d'élus voulant rafraîchir leur image, étendre le spectre de leurs valeurs. Convaincus ou pas convaincus. Mais ayant senti le vent, et s'étant dit : « c'est une mode, vaut mieux que je monte dans le train en marche ». Et les élus ont fait assaut d'Agendas 21, de chartes environnementales... Il faut dire qu'ils ont été aidés par différents

ministères. Depuis 1993, la Conférence de Rio [...], ils ont commencé à arroser les études locales qui mettaient en évidence les circulations alternatives, les réseaux verts et tout. Donc c'était partout à la même époque en France. Et on a tous décollé de l'Agenda 21 européen (Bordeaux, 06/03/07).

Émergent alors des « figures locales » mettant en avant le DD, signe de l'importance prise par l'enjeu ; des élus investissent ce répertoire pour fonder leur position politique, jusqu'à, dans un exemple nantais, produire une posture de spécialisation du portage entre échelles et institutions :

Il y a des élus locaux qui basent leur campagne, un peu tout là-dessus. Notamment le maire de Bouguenais, qui s'appelle Françoise Verchère, qui est aussi vice-présidente de Nantes Métropole, et vice-présidente du Conseil général, et qui est « Madame DD » du département et de l'agglo. À Bouguenais, elle a mis en place la ZAC de la Pierre Blanche. C'est 160 logements qui sont construits avec une meilleure qualité énergétique, et ils donnent des aides pour tout ce qui est achat de matériel à économie d'énergie (salarié d'une association, Nantes, 20/06/07).

En même temps, avoir construit une position « en pointe » oblige par la suite les équipes municipales ou communautaires à « tenir leur rang » en termes d'expériences innovantes en DD. Le cas nantais est très caractéristique, qui se veut pionnière en matière de réintroduction du tramway, et où ont été lancées depuis d'autres initiatives de TC. Un aménageur du projet Île de Nantes y revient :

Je pense que la ville a montré, depuis 15-20 ans, elle n'était pas DD à l'époque, mais qu'elle était soucieuse d'une espèce de « bon vivre ensemble ». C'est la première ville de France qui a réintroduit le tram en 1985, qui, sur cette question des transports, a une politique assez forte de créer une armature de TC lourd, avec du parc relais au bout, de l'animation au sein des entreprises, par exemple avec des systèmes de PDE, là aussi une des premières villes en France à réintroduire cet angle (Nantes, 22/06/07).

De plus, on relève fréquemment une gestion politique locale du DD privilégiant un certain consensus. Ainsi, le chargé de mission DD de la ville de Bordeaux fait-il comprendre l'attention de la municipalité d'Alain Juppé pour susciter l'assentiment large des élus[1], en particulier autour de l'implantation du tram :

La charte [de l'Écologie urbaine et du DD] a été adoptée à l'unanimité du Conseil municipal moins deux abstentions [...]. Donc on voit qu'il y a une certaine volonté commune d'action, quels que soient les clivages politiques.

1 Sur le caractère consensualiste des modes de régulation politique à Bordeaux et à la CUB, et la continuité relative des compromis politiques pratiqués, *cf.* Arpaillange *et al.*, 2001.

> [...] [A. Juppé] a été élu en 1995. En gros, on dit qu'il faut sept ans pour réfléchir et sept ans pour réaliser un tram, lui il a réussi à faire en moins de dix ans ce qu'on arrive habituellement à faire en quinze, et les trois lignes en même temps. Ce qui a été une période particulièrement dure, parce qu'il y avait des chantiers partout. Alors qu'est-ce qui a fait cette unanimité, c'est que évidemment, trois lignes en correspondance deux à deux sur 42 km, ça permet d'aller partout et d'arranger tout le monde (Bordeaux, 05/03/07).

En même temps, que le registre du DD s'impose parmi les décideurs locaux n'est, dès lors, pas forcément synonyme d'innovation ou de changement de référentiel de politique publique. Sous certains aspects, la configuration dans laquelle le DD est avancé dans les débats peut aussi conduire à des réponses qui confirment des priorités classiques d'action. Plutôt que d'attester une perception accrue de la transversalité du DD, chacun continuerait à privilégier son domaine « traditionnel » d'intervention dans l'arène politique : les élus verts plutôt dans une version environnementale, et le parti socialiste ou le parti communiste lorsqu'il en va d'un enjeu social. Une responsable de l'agence d'urbanisme de Lille le laisse paraître :

> C'est beaucoup les élus verts [...], parce qu'on parle environnement et transports. Mais si on parle habitat et habitat social, alors ce n'est pas DD avec l'entrée environnement, mais sur l'aspect social, l'obligation de mettre un certain nombre de logement sociaux, là c'est le vice-président chargé de l'habitat qui a fait ça, et lui est PS. Il n'a pas la fibre environnementale, mais par contre l'aspect social, oui (Lille, 08/06/07).

2.2. La réalisation de projets de DD urbain passe par un portage politique

De façon récurrente, les techniciens et les administratifs rencontrés soulignent que l'engagement des élus est décisif pour la concrétisation des opérations de DD urbain. L'exemple des bus circulant au gaz que donne une urbaniste lilloise est parlant : « Il y a eu un fort investissement de la part de la Communauté urbaine pour effectivement que ça soit du gaz naturel qui alimente… Et ça a été quelque chose de très fort, qui a poussé, c'est le vice-président, en particulier ». On peut alors faire l'hypothèse selon laquelle il faut que l'enjeu du DD se politise localement pour qu'il « prenne », si on suit notre interlocutrice : « Je me souviens, j'avais réalisé le projet de Lille centre en 1994-1996, c'était dans le cadre d'une concertation, je m'étais fait interpeller par une dame : "Madame, vous présentez de beaux projets qui ne se réaliseront jamais !", et puis il y a eu un changement de municipalité, avec Martine Aubry, et les Verts ont été très présents, et ce projet s'est réalisé » (Lille, 08/06/07).

L'absence d'investissement des élus de premier plan est au contraire source de difficultés pratiques. À Nantes, le salarié d'un CPIE souligne, par rapport à la démarche d'Agenda 21, un portage en retrait, limité au seul adjoint délégué, ce qui lui apparaît insuffisant. Quant à l'adjointe au maire de Lille chargée du DD, elle y insiste également, face aux difficultés que ces actions peuvent induire dans leur mise en œuvre :

> L'Agenda 21 de la ville de Nantes mériterait dès le départ d'être un peu plus soutenu, de mettre plus de poids politique dans la démarche. [...] Je suis un peu surpris du portage politique, c'était un petit peu faible. [L'adjoint au DD], la plupart du temps, j'ai l'impression qu'il est tout seul. Le maire est totalement absent de la démarche (Nantes, 19/06/07) ; Je pense qu'il faut un fort engagement au plus haut niveau de la collectivité. Un engagement politique, un affichage très fort. De ce point de vue, Martine Aubry soutient parfaitement la démarche, je dois dire. Il faut que le message politique soit fort. Bien sûr que ça amène des changements fondamentaux et que la société n'est pas prête. Donc il faut y travailler (Lille, 06/06/07).

En cela, c'est aussi la portée du soutien politique aux chargés de mission DD des collectivités qui se donne à comprendre. Ainsi, ce fonctionnaire qui a pris ces fonctions récemment à la ville de Bordeaux semble-t-il trouver dans l'intensité du positionnement de la municipalité une marque de sa propre légitimité, la justification de son poste d'expert en DD et la perspective de développements futurs :

> L'impulsion forte est le fait du premier élu de la ville, Alain Juppé, ça c'est certain. Après, il y a ses adjoints qui sont particulièrement attentifs. [...] Et puis grâce au portage politique fait par Alain Juppé qui, quand même, s'est fait entendre sur le plan national et international sur ces questions, vous comprenez que le portage politique est assuré, c'est à peu près évident que ça va déboucher sur la création d'une direction (Bordeaux, 06/03/07).

Ceci n'exclut pas d'être attentif à la diversité des contextes territoriaux, qui peuvent s'avérer plus ou moins favorables, au-delà d'un « volontarisme » des élus. Le cadre nantais le révèle. D'après ce salarié d'une association environnementale, la configuration locale permettrait de compenser un portage politique qui pourrait être plus appuyé :

> Nantes ne force pas son talent. [...] Il n'y a pas de résistance, et du coup il n'y a pas d'affrontement. Il n'existe pas une forte volonté politique. Dans un contexte un petit peu apaisé, on pourrait en profiter pour aller plus loin, plus vite. Il y a une qualité de vie à Nantes, il y a une ambiance assez favorable, et du coup j'ai l'impression que les choses se font un peu sans se forcer. [...] Le bilan est un petit peu au-dessus de la volonté, parce qu'il y a des atouts un peu naturels (Nantes, 20/06/07).

3. La dimension de personnalisation de l'enjeu du DD urbain

Signe supplémentaire de l'importance d'un engagement des responsables des exécutifs locaux, la dimension de personnalisation de l'enjeu du DD apparaît dans bien des cas comme un élément prégnant de sa mise sur agenda et de sa diffusion. Ceci est particulièrement net dans l'agglomération de Montpellier, autour de la forte personnalité du président Georges Frêche, quand on écoute cet associatif : « Ici, ils sont vraiment une structure, pyramidale, il y a un seul au pouvoir, et si vous ne flattez pas le chef, vous êtes exclu ». Très présent, G. Frêche suivrait personnellement les chantiers mis en route :

> Georges Frêche décide tout. Je le vois venir sur des chantiers. Pour l'ancien hôpital, je l'ai vu arriver avec un bout de papier où il avait redessiné la position des bordures dans un virage, en disant « Messieurs, faites ça ! » [...] Et sur le chantier du tram, ça a été constamment ça. Le soir, il faisait la visite, et le lendemain il faisait refaire les choses. [...] Le pouvoir s'exprime par la mise en scène de la ville. C'est le côté visionnaire du chef, voilà (président d'association, Montpellier, 03/03/07).

Cet exemple relativise toute une tradition d'analyse tenant à la dépolitisation dans les processus de décision locaux, selon laquelle la construction d'un dispositif technique bien pensé permettrait de faire l'économie de la dimension politique. Les choix de dessertes du tram montpelliérain ont été opérés avec une part de lecture politique, ainsi que le souligne un élu vert :

> C'est très simple, ça a été le résultat de copinages politiques. Frêche a décidé d'aller là-bas, parce que c'était un maire de son bord et qu'il voulait lui faire plaisir, et qu'il ne voulait pas aller de l'autre côté parce que ce n'était pas un copain ! Comme certains quartiers sont desservis parce qu'il a considéré que c'étaient des quartiers qui votaient comme il fallait et qu'il fallait les remercier (Montpellier, 01/03/07).

À Bordeaux également, le chargé de mission DD évoque explicitement un clivage droite-gauche dans le choix de la municipalité de privilégier une charte d'Écologie urbaine plutôt qu'un Agenda 21 : « Pour le DD, entre ça et l'Agenda 21, la différence, c'est aux politiques qu'il faut demander. Je crois que globalement il y a plus de collectivités de gauche qui ont voté les Agendas 21, et à droite, pour ne pas faire comme les autres, ils ne l'ont pas fait » (Bordeaux, 06/03/07).

Panneau d'information à la gare de Lille[2]

Plaquette de l'Agenda 21 lillois (recueillie à la mairie de Lille le 7 juin 2007)

[2] Photographie prise à Lille, le 6 juin 2007, par Christine Blanc et Flore Henninger.

CHAPITRE 5

Les affichages du DD urbain

Un enjeu de communication locale ?

S'il s'est affermi, on ne saurait conclure trop rapidement à un portage politique fort du DD urbain. Encore faut-il saisir plus précisément de quelle manière ces enjeux sont construits. On repère une communication locale axée sur le DD, avec la promotion de slogans ; s'intéresser aux discours officiels permet en même temps de voir que sont à présent données des figures d'énonciation.

1. En quoi le DD urbain est-il l'objet d'une politique de communication locale ?

Des politiques locales de communication se développent sur les enjeux de DD urbain. Au Grand Lyon, une chargée de mission y voit une part importante de son activité, à côté de la dimension technique : « Avec la société civile, c'est comment arriver à formuler des enjeux de manière simple et communicante » (Lyon, 09/07/07). Différents vecteurs et supports sont mobilisés à cet effet : « La ville de Nantes communique beaucoup sur ces aspects, par le biais de petits journaux internes, par le biais d'expositions, par la mise en place de chartes locales, de chartes citoyennes, de chartes désherbage » (fonctionnaire municipal, Nantes, 19/06/07). Plus encore, cet enjeu d'affichage s'incarne aujourd'hui dans le travail du service communication des collectivités, avec l'embauche de personnels dévolus à cette tâche. Un associatif nantais du domaine environnemental le note : « Ils ont des [personnes] spécialisées à Nantes Métropole. Ils ont fait des campagnes aussi, avec des associations. C'est tout ce qui est déplacements. [...] Il y a un axe aussi de remettre de la verdure dans la ville. Il y a une bonne part de comm[unication], d'affichage, le service comm, on le connaît pas mal, d'ailleurs » (Nantes, 20/06/07). Impliquer la population passe en effet par une sensibilisation des publics cibles, à l'exemple des plus jeunes : « C'est plus de la communication, mais derrière tout ça, c'est aussi la pédagogie dans les écoles, on a une ferme d'éveil à la ville, avec des animaux, des potagers, où participent les écoles. C'est en fait une forme d'éducation des enfants, parce que demain c'est eux qui sont porteurs de tous ces éléments fondamentaux » (responsable des Espaces verts, Nantes, 19/06/07).

Cette dimension pédagogique se marque aussi, pour les collectivités territoriales, dans le recours à des structures spécialisées ; ce salarié d'une association environnementale de Nantes y trouve son activité principale : « On n'est pas vraiment des techniciens purs. Nous, on fait un conseil. C'est vraiment la partie comm du domaine énergies renouvelables, de domaines techniques, en fait » (Nantes, 20/06/07). Un collègue de la fédération associative Écopôle le confirme :

> On est sur une mission d'information et de sensibilisation. [...] C'est pour des projets d'animation, de formation, pour la mise en place de Vélobus et Pédibus : le trajet domicile-école, mais accompagné. Et sur les animations, la qualité de l'air en ville, on montre la trace laissée sur les bâtiments, c'est un parcours dans la ville pour des groupes. [...] On explique aussi pourquoi il y a des politiques de transports en commun, pourquoi on réduit la voiture en ville, on parle d'éducation à l'environnement (Nantes, 19/06/07).

Il s'agit ici de rendre concrètes et palpables pour les habitants les problématiques du DD urbain, en jouant notamment sur la présentation des chaînes de causalité. Ceci passe par le fait de donner à voir les chaînages – au sens de la sociologie des sciences de M. Callon (1986) et B. Latour (1984), en introduisant de nouveaux acteurs comme les produits phytosanitaires. Ceci revient aussi à ne pas enfermer les enjeux dans le seul domaine environnemental mais plutôt les présenter en relation (par exemple avec les questions de santé) :

> Le phyto en général, avec tous les produits, c'est quand même quelque chose d'important, parce que derrière tout ça il y a un souci de protection humaine, de santé tout simplement. Donc il faut absolument le faire savoir et puis essayer de mettre en œuvre des pratiques nouvelles, et puis aller vers des non-applications pures et simples pour certains produits, insiste ce responsable des Espaces verts à Nantes (Nantes, 19/06/07).

Preuve de l'importance que revêt cette dimension de communication, certaines tensions peuvent apparaître entre collectivités voisines, relativement à l'organisation de manifestations spécifiques ; un associatif nantais le fait comprendre :

> Il y aura toujours des moments où [les élus] vont se marcher un peu dessus, parce qu'il y a des événements où il faut être mis en avant, comme la « semaine du DD », la « semaine de l'énergie ». Là, il faut sortir tous les drapeaux et, forcément, Nantes Métropole vient en premier avec toutes les bannières. Là-dessus certains vont un peu grincer des dents pour essayer de garder leur visibilité (Nantes, 20/06/07).

Au final, la portée de l'affichage du DD ressort d'autant plus de ces exemples que souvent elle précède l'action : on communique d'abord, avec une dimension d'énoncé performatif – « quand dire, c'est faire », pour reprendre la formule de John Austin (1970). Car, Pierre Bourdieu l'a bien noté, la seule volonté du locuteur ne suffit pas ; une forme de connivence des destinataires est requise, et il s'agit de la favoriser : « Le langage d'autorité ne gouverne jamais qu'avec la collaboration de ceux qu'il gouverne, c'est-à-dire grâce à l'assistance des mécanismes sociaux capables de produire cette complicité » (1982, p. 113).

Peut-on alors remarquer au fil du temps des changements dans les affichages ? Les modes d'énonciation retenus s'inscrivent dans la diversité des contextes locaux, y compris en termes de temporalités. Ainsi, à Bordeaux, s'est-il agi de rompre avec une affirmation qui serait désormais du passé, celle de « Ville ouverte à la voiture », en avançant à l'appui du « Dimanche sans voiture », organisé une fois par mois, le slogan « Ma ville sans voitures » et, très récemment, dans le cadre de la valorisation de la charte de l'Écologie urbaine, une nouvelle déclinaison, élargie :

> « Ma planète, ma ville et moi », c'est le grand slogan de la ville sur son site Internet, et qui est son support de communication sur l'aspect DD [...] et le support du Power Point que le maire va utiliser dans tous les conseils de quartiers. Ça c'est pour la comm de la ville sur cette question. Après, il y a des slogans plus anciens, « Ma ville sans voitures », tous les premiers dimanches du mois, depuis des années maintenant (fonctionnaire municipal, Bordeaux, 06/03/07).

De même, si la part des espaces verts peut sembler quelque peu en retrait à Bordeaux, on repère, comme à titre compensatoire, la mise en place d'une communication locale axée sur les arbres, avec pour slogan : « Un arbre, un banc », qui veut indiquer que la municipalité agit, sur un domaine qui nécessairement s'inscrit sur le temps long. Le chargé de mission DD de la ville l'explique :

> Peut-être qu'on est trop minéral sur beaucoup d'espaces publics, ce qui pose quand même des problèmes. Un arbre ce n'est pas un grand arbre du jour au lendemain, ça s'anticipe. On est en train de faire une charte de l'Arbre, de mettre des garde-fous pour l'avenir, mais avant qu'on ait « un arbre, un banc » – puisque c'est ça le slogan –, avant d'avoir des arbres qui ont un rôle clé dans le rafraîchissement d'été, il va s'écouler quelques années (Bordeaux, 06/03/07).

2. Quel affichage du DD urbain ? Entre slogans, labels et instances

Si le référentiel du DD urbain[1] devient l'objet d'une politique de communication locale (il suffit de penser à la particule « éco » aujourd'hui accolée à de nombreuses désignations de l'action publique : « éco-quartier », « éco-citoyenneté », consommateur « éco-responsable », etc.), encore faut-il voir plus précisément quelles en sont les déclinaisons effectives. Parle-t-on de DD urbain en tant que tel ? Avance-t-on plutôt d'autres déclinaisons ? Qu'en est-il de la promotion de scènes institutionnelles spécifiquement dédiées ? Enfin, y a-t-il des épisodes particuliers de « mise en scène publique » de ces enjeux ? Comme l'a souligné Michel Foucault (1971), il convient en effet de s'intéresser non seulement à « des représentations qu'il peut y avoir derrière des discours mais [aussi à] des discours comme des séries distinctes et régulières d'événements ».

C'est somme toute assez récemment que la thématique du DD a pris de l'importance sur les agendas locaux, qui la consacrent à présent : « Le terme est arrivé il y a environ deux ans », note un responsable administratif qui suit les éco-quartiers à Nantes (Nantes, 21/06/07). À Bordeaux également, l'expression DD a « pris » très récemment, à la demande du nouveau chargé de mission : « Je pourrais vous montrer ma première carte de visite comme chargé de mission d'Écologie urbaine. J'ai fait rajouter DD, ça m'a pris deux mois ! [...] Ce n'était pas affiché comme tel. On a introduit la notion DD, c'est important, elle est là » (Bordeaux, 06/03/07). On peut alors se demander ce qu'apporte le label de DD. Un urbaniste bordelais, qui est également universitaire, livre son sentiment :

> Il y a des débats sur l'épargne des ressources que sont les nappes profondes, puisque Bordeaux a une eau de remarquable qualité, mais si on pompe trop, les nappes prennent le sel de l'estuaire, elles se polluent progressivement. Mais ce ne sont pas des débats tellement neufs. A-t-on besoin du DD pour ça ? Il suffit de constater qu'on a des difficultés à se procurer de l'eau. Alors est-ce qu'on gagne à incorporer cette vision-là dans une vision plus globale ? Moi je crois que oui. À condition [...] d'avoir une vision globale, transversale, multi-partenariale, qui s'assimile *grosso modo* au DD, c'est assez sain (Bordeaux, 06/03/07).

Mais il n'y a pas que le terme de DD urbain qui soit mobilisé par les pouvoirs publics locaux, loin s'en faut. La qualification des enjeux est variable en fonction des configurations et des priorités d'actions rete-

---

[1] C'est-à-dire « une représentation du problème, de ses conséquences et des solutions envisageables pour le résoudre », au sens de Muller, 2004.

nues localement. Parmi d'autres, les exemples de Lyon et de Lille le montrent. On voit que des ciblages ont été opérés dans le premier cas sur les questions de mobilité urbaine, et sur la dimension sociale du DD dans le second. Une leçon s'impose : il peut y avoir des pratiques de DD sans affichage de DD. « Ce que je peux dire, c'est qu'avant que le Grand Lyon affiche l'idée d'agir en matière de DD, il faisait beaucoup de choses à mon avis qui étaient respectueuses de l'environnement », note une chargée de mission de la CU de Lyon (Lyon, 09/07/07). Le choix y a été fait de privilégier dans la communication des déclinaisons censées davantage parler aux habitants, au quotidien :

> Le Grand Lyon a décidé de ne pas communiquer sur le terme de DD, considérant que c'était trop technocratique ou trop conceptuel. Donc vous allez très rarement trouver des plaquettes d'information sur le sujet DD, et plus sur des objets particuliers. Par exemple, il y a une volonté forte de communiquer sur le thème air-mobilité-santé, c'est démontrer que lorsqu'on agit sur un objet, comme la mobilité, on travaille de manière systémique, c'est-à-dire que ça participe à l'amélioration de la qualité de l'air, donc à l'amélioration de la santé des habitants (fonctionnaire au Grand Lyon, 09/07/07).

Dans le cas lillois, c'est le thème du « vivre ensemble » qui est présent comme fil rouge de la politique municipale : « Ce que Martine Aubry indique : "un nouvel art de vie, un nouvel art de vivre ensemble", pour moi c'est assez fondamental, c'est cette recherche du "vivre ensemble" qui est extrêmement importante ». Les déclinaisons du DD prennent alors une coloration plus « sociale ». L'adjointe en charge l'explique en évoquant la précédente campagne municipale, dont un slogan fort était « co-produire un développement durable et solidaire ». Le développement solidaire est généralement compris comme intégré au DD ; aussi est-ce bien d'une marque de priorité qu'il s'agit : « Même si on peut comprendre que dans le DD il y a la solidarité, on l'oublie un peu trop souvent en route et c'est pour ça que j'insiste sur ce point-là ». De la même façon, la « co-production » est l'énoncé local correspondant à la dimension participative du DD : « Je parle de co-productions : des idées innovantes, décoiffantes, viennent souvent de la société civile. Et tout l'enjeu de la politique, c'est de sortir ces idées pour les rendre crédibles, faisables, et non pas de rester dans la marginalité, l'expérimental » (Lille, 06/06/07).

L'établissement de « commissions » ou « conseils de DD » peut alors s'apparenter à des modes d'affichage du DD urbain par les élus : l'institutionnalisation attesterait « matériellement » leur engagement ; on peut comprendre ainsi la création d'une commission de DD à Lille Métropole, la constitution du conseil de DD de la CU de Bordeaux ou encore celle d'une commission « ville durable » à Montpellier. Par exemple, si une première lecture de la mise en place du conseil de DD de la CUB est juridique – « Le conseil, c'est une obligation légale. Je ne suis pas sûr que ça existerait s'il n'y avait pas l'obligation légale », nous dit un urbaniste local qui y siège –, en même temps, c'est aussi un outil de communication qu'il dépeint, à la fois par sa fonction et son animateur :

> C'est un petit fer au feu qu'on a et qu'on réchauffe quand il y a une opération publique à lancer, la presse à mobiliser. Le principal animateur des groupes de travail était un journaliste. C'était le représentant du *Moniteur*, qui est maintenant passé à *Sud Ouest*. Donc pour signifier qu'il y a un échange, qu'il y a un débat, ce n'est pas inutile (Bordeaux, 06/03/07).

Enfin, les processus de mise sur agenda des thématiques du DD urbain peuvent renvoyer à des épisodes de mobilisation particuliers, mais aussi d'offre politique[2]. L'orchestration des inaugurations de lignes de tramway l'illustre bien, sinon même le choix de la décoration du matériel dans l'agglomération de Montpellier (*Illustrations 9 et 10, cahier central*, sur les correspondances de couleurs entre le tram lui-même et le mobilier urbain dédié), si l'on écoute ce cadre de la société des transports :

> C'est une façon de se démarquer. C'est extrêmement subjectif, mais je trouve ça d'un goût extraordinairement bon et efficace. [...] Et avec le tram on a changé tous les bus. Avant, c'était blanc et bleu à carreaux, c'était vieux. Tout a été relooké, en 1999-2000. En termes d'enquête, on voit : les gens, avant, c'était une image vieillotte, on est passé à une image très bonne. [...] Et la 3e ligne, c'est Christian Lacroix qui s'en occupe, c'est encore plus impressionnant, je trouve (Montpellier, 02/03/07).

Preuve de sa portée dans l'imaginaire local, la couleur des trams fait l'objet de tout un argumentaire de la part d'un associatif critique membre du Collectif Tramway :

> Moi j'étais contre ! Les hirondelles, je n'aimais pas ! Le bleu déjà... [ligne 1] Mais le problème, c'est que les marchés ont été placés sur des artistes qui ont été payés chèrement. 300 000 euros pour les hirondelles, 300 000 euros pour les fleurs [ligne 2]. [...] Moi je crois que sur un réseau il faut une seule couleur. Parce qu'il faut montrer l'unité, sinon vous avez l'impression d'avoir un réseau à deux vitesses. Vous avez la couleur [du tram] du Mans qui va être mis en service là, orange cuivré. Ça c'est bien ! Ça, ça a l'air d'un tram ! Pas d'un carnaval ! (Montpellier, 03/03/07).

---

2 L'offre politique constitue avec la mobilisation sociale et la médiatisation les trois principaux « modèles » de mise sur agenda relevés par Philippe Garraud (1990). Voir aussi Cobb & Elder, 1975, 1984.

L'idée du « coup » de communication est relevée, notre interlocuteur dénonçant l'appel à un « grand nom » de la couture, Christian Lacroix, pour *designer* la dernière ligne en date : « Un autre fait médiatique, le dernier qu'ils ont fait, c'est de donner la ligne à Christian Lacroix. Il a encore touché 350 000 euros. Il a vraiment besoin de ça ! Sur le dos des contribuables ! Ce qu'ils veulent, c'est valoriser par rapport à la presse nationale » (Montpellier, 03/03/07).

Tramways montpelliérains : lignes 1 (hirondelles) et 2 (fleuri)[3]

Cet éclairage par les processus communicationnels et d'affichage locaux du répertoire de DD urbain évite finalement de laisser accroire qu'il y aurait toujours de « beaux discours » et, derrière, une réalité en retrait. Les choses se révèlent plus complexes, notamment lorsqu'on observe les modalités de mise en œuvre des projets. En un mot, les collectivités peuvent agir en DD sans l'afficher ou énoncer une politique de DD sans la mettre en œuvre de façon très aboutie ; pour autant, le « dire » produit des effets sociaux, avant même le « faire ». Même à Nantes, où les actions menées en DD sont nombreuses, ce salarié d'une association environnementale attire notre attention :

3 Photographie prise à Montpellier, le 1er mars 2007, par Christine Blanc et Flore Henninger.

> C'est un outil de comm, [les élus] se mettent en avant, et disent qu'ils vont faire quelque chose. Concrètement, il faut vraiment faire une grosse part de différence entre ce qu'une commune fait pour dire qu'elle fait des choses concrètes, avec le petit papelard collé à chaque coin de rue, et une action concrète qui est faite, avec une mauvaise comm là-dessus. [...] La finalité en termes de comm est quasiment la même : que vous ayez fait quelque chose ou que vous le dites, les gens vont le voir. Mais c'est pas pareil ! (Nantes, 20/06/07).

Aussi, dans l'agglomération nantaise comme ailleurs, peut-on repérer des démarches de DD urbain mises en pratique sans qu'elles soient nécessairement affichées ; l'exemple de la qualité énergétique du bâti que donne cet aménageur de l'Île de Nantes le montre : « On est en moyenne à 10 % au-dessus de la réglementation thermique en vigueur, donc on est sur une norme de haute performance énergétique sans même afficher la norme » (Nantes, 22/06/07). Et, de l'autre côté, certains énoncés mis en avant ne correspondent pas à des réalisations effectives. Pour preuve, ce fonctionnaire de Nantes Métropole en charge des éco-quartiers ne semble guère connaître ce que recouvre le terme d'éco-métropole promu par les élus locaux : « Éco-métropole ? C'est un beau projet ? Non, on n'a pas parlé d'éco-métropole à ma connaissance » (Nantes, 21/06/07).

TROISIÈME PARTIE

INSTRUMENTS, DISPOSITIFS ET OUTILS : LE DD URBAIN PAR L'EXPÉRIMENTATION

Introduction

Du point de vue de son caractère opérationnel, la mise en œuvre du DD urbain correspond à un passage de la logique de l'institution à la logique de projet. Un fonctionnaire du service des transports de l'agglomération de Montpellier met en avant la transversalité de la démarche :

> Nos élus sont en permanence dans une logique de projet urbain de développement complètement intégré. C'est pas une vision de politique sectorielle en disant : « Là, je fais un morceau de voirie », et puis l'autre qui dit « Là, je fais un peu de transports en commun, de logement social ». Tout ça se fait bien dans une vision de DD qui intègre l'ensemble des données (Montpellier, 28/02/07).

Le champ de l'urbanisme rejoint celui des théories de la gouvernance pour énoncer le projet comme une logique de « coproduction » de la ville (Arab, 2001). On peut ici mobiliser les travaux de Gilles Pinson, qui définit les projets de ville comme des « processus de mobilisation territoriale visant à transformer la forme physique, l'économie et l'image des villes dans un contexte de compétition interurbaine ». Cette focale présente un double intérêt :

> D'une part, en tant qu'unités d'analyse, ils permettent de prendre la mesure de la pluralisation des espaces politiques urbains, caractérisée par l'ouverture des agendas urbains, la multiplication des acteurs impliqués dans les politiques urbaines et la dispersion des ressources. D'autre part, en tant qu'instruments d'action, ils permettent de comprendre comment les acteurs des politiques urbaines font prospérer ces situations pluralistes et comment, sur la base de modes d'action interactionnistes et incrémentaux, une capacité d'action collective se reconstitue à l'échelle des villes (Pinson, 2006, p. 651).

La notion de projet urbain correspond donc à un contexte de renouvellement des pratiques de la planification urbaine, en particulier dans le cadre de la décentralisation et du passage des décisions d'urbanisme de l'État vers les collectivités territoriales, avec, corrélativement, des processus d'élaboration collective. Dans ce cadre, on recourt à de nouvelles méthodes d'action et de nouveaux outils, à la fois techniques et participatifs, où le projet urbain devient lui-même un instrument de coordination, de mobilisation et de mise en cohérence (Bacqué *et al.*, 2007, p. 95-96). Concrètement, il est de plus en plus question de s'inscrire dans une logique de « management de projets », comme l'explique cette chargée de mission DD à la LMCU :

> C'est un point qui a été mis en évidence lors de l'élaboration de l'Agenda 21 dans ce mandat, il y a tout un management par projet qui a été mis en place et on s'est rendu compte que les chefs de projets en charge du management des gros projets de Lille Métropole avaient besoin de meilleurs outils de concertation. [...] Le service DD et le service Management de projet ont élaboré des outils de concertation pour qu'ils puissent répondre (Lille, 05/06/07).

C'est aussi que l'articulation des projets entre eux constitue un enjeu d'importance pour peser sur la fabrique de la ville ; les propos du directeur du Renouvellement urbain à Nantes Métropole le font saisir, parlant du projet de l'Île de Nantes :

> Les projets, c'est des réseaux qui fonctionnent, qui sont créés dans la circonstance du projet. Et c'est un peu notre philosophie de développement, c'est donner du sens, créer un réseau plus que celui qui serait créé par l'institution, faire en sorte que tous les réseaux qu'on connaît existent et créer des liens entre les réseaux. [...] En aménagement, ce qui est important, ce sont les interstices, les rapports entre les secteurs (Nantes, 20/06/07).

De plus, derrière un discours de DD souvent englobant, il s'agit d'opérer localement des arbitrages pour la mise en œuvre des projets, y compris entre les pans environnemental, économique et social. Parmi d'autres, nos observations du terrain nantais permettent d'éclairer cette nécessaire priorisation d'actions, en termes de coûts à assumer. Un vice-président de la CU pose bien l'enjeu en tant qu'élu :

> Personne n'a envie de se dire opposé à l'évolution des choses, mais c'est quand on commence à parler sous que ça peut entraîner des divergences. [...] Si je dis aux habitants : « Écoutez, tel projet, du fait qu'on adopte un certain nombre de normes environnementales, va coûter plus cher, donc le renouvellement des locaux pour la petite enfance se fera plus tard », c'est pas sûr que je gagne des voix aux prochaines élections ! (Nantes, 19/06/07).

De fait, certaines initiatives d'aménagement sont définies comme de première importance, socialement et politiquement, et obtiennent alors l'attribution de crédits particuliers :

> Le GPV [Grand projet de ville Malakoff] et l'Île de Nantes, il y a des outils dédiés, on est un peu hors droit commun. Là, on met des moyens un peu exceptionnels. [...] Il y a plus d'argent, on est moins économe parce que c'est des secteurs un peu prioritaires. Donc le raisonnement est plus souple, mais c'est parce qu'il y avait des enjeux sociaux sur le GPV, d'image sur l'Île de Nantes, qui fait qu'on considère que c'est quand même du DD de mettre ces moyens-là (fonctionnaire intercommunal, Nantes, 20/06/07).

À Nantes toujours, les incidences croisées entre la question de la pollution de l'air et l'objectif « zéro phyto » dans l'entretien des espaces verts montrent bien comment s'organise en pratique la hiérarchisation des enjeux de DD : donner la priorité au non-emploi de produits phytosanitaires veut dire accentuer le traitement mécanique, donc consommer du carburant et polluer potentiellement plus ; un choix est donc fait, et le DD version « espaces verts » peut être contraire au DD côté « pollution de l'air » :

> Quand on a choisi volontairement de moins polluer le sol, donc l'eau, aujourd'hui en termes de bilan écologique on ne va pas dire qu'on va moins polluer l'air. Dans la mesure où on va mécaniser et éventuellement consommer plus de carburant, donc de ressources premières, là en termes de durable il n'est pas démontré que ce soit la meilleure solution. [...] En fait, ça a un prix, quand on va travailler sur un axe, on va s'apercevoir qu'on va pénaliser un autre (responsable des Espaces verts, Nantes, 19/06/07).

Le rabattage des bus sur les lignes de tram au sein de l'agglomération de Montpellier fournit une autre illustration de choix opérés, ici à la faveur du tram, avec en arrière-plan le répertoire de l'intermodalité. En effet, le maillage des transports en commun n'est pas forcément un jeu à somme nulle lorsqu'on opère des modifications du schéma de déplacements ; il peut y avoir des « gagnants » et des « perdants » parmi les usagers. Car si le tram est régulier en cadence, un cadre de la société des transports reconnaît que, selon les cas, le temps de trajet peut se raccourcir ou s'allonger par rapport aux anciennes liaisons de bus :

> Les lignes des communes et de Montpellier, on les rabat systématiquement quand on rencontre le tram, de façon à éviter les kilomètres inutiles. [...] Et éviter pour toutes les communes extérieures que les bus rentrent à l'intérieur du centre-ville, pour qu'il y ait moins de pollution. L'inconvénient, les petits accrocs qu'on peut avoir, c'est que les gens avant avaient l'habitude de prendre leur bus et d'aller jusqu'au centre-ville de Montpellier en bus. Maintenant, il faut faire une correspondance 10 min avant le centre ville pour finir en tram. [...] Les gens, il faut qu'ils s'habituent à voyager comme ça. Parce qu'on ne gagne pas forcément du temps, on peut en perdre, on peut en gagner, mais ce n'est pas systématique (Montpellier, 02/03/07).

Autre exemple, dans le cas des chartes développées par la ville de Bordeaux, on voit comment les principes de DD sont progressivement traduits à une micro-échelle d'action, à travers le sens du faisable et du prioritaire – ce qui est éminemment un mode de sélection. Un chargé de mission l'énonce comme guide d'action, à l'intersection entre dimensions environnementale et économique du DD, plutôt que sociale :

> Théoriquement, la charte [du DD] ne devrait contenir que des actions au croisement du triptyque environnemental, économique et social. [...] Le

> croisement économique, ça c'est bon. Dès qu'on regarde quelque chose, on regarde évidemment en coût global ; on essaie d'internaliser les coûts environnementaux systématiquement. Par contre, le paramètre social, les indicateurs sont plus difficiles à identifier. [Ils] font effet de retardateurs aujourd'hui. [...] Le fait d'avoir pris l'action sur le plan environnement et économique nous permet d'aller sur le terrain pilote, expérimental, à l'issue duquel on pourra faire du *lobbying*, c'est-à-dire montrer qu'un certain nombre de choses sont possibles et que d'autres peuvent s'en emparer sans craindre – je pense à des entreprises, des associations – de se mettre dans le rouge sur le plan économique. [...] Moi j'ai tendance à lire le DD comme ça, c'est avant toute chose hiérarchiser les priorités, d'abord faut qu'on arrive à changer un certain nombre de comportements et agir avant tout (Bordeaux, 06/03/07).

Ces hiérarchisations pratiques parmi les développements possibles de projets urbains « durables » passe dès lors par le recours à des logiques expérimentales (Chap. 8), lesquelles supposent elles-mêmes de produire des instruments (Chap. 7) – pour mettre en œuvre, mesurer, évaluer –, et ceci requiert la production d'expertise au service des collectivités (Chap. 6).

CHAPITRE 6

L'enjeu de la production d'expertise

La production d'expertise en DD constitue d'abord un enjeu pour les services des villes et agglomérations qui souhaitent monter de tels projets. Outre cette dimension « interne », on repère également le recours à des prestataires externes. C'est que la production d'expertise passe d'abord par la production d'acteurs sociaux identifiables que sont les experts.

1. Produire de l'expertise en DD au sein des services communaux et intercommunaux

La constitution d'expertise apparaît nécessaire pour produire des instruments et outils, eux-mêmes préalables à la mise en œuvre de politiques de DD urbain ; par exemple, à Nantes : « On a un groupe de travail, je pense aux phytosanitaires par exemple, sur pourquoi, comment, quels sont les objectifs » (fonctionnaire municipal, Nantes, 19/06/07). Le point est également net au Grand Lyon, que ce soit à travers le rassemblement de collectifs publics d'énonciation des projets d'aménagement (Toussaint, Vareilles & Zimmermann, 2004) ou la mise en place d'une direction de la Prospective :

> La direction de la Prospective, c'est un exercice d'incubation des politiques publiques. Nous travaillons à la fois à accompagner le changement des pratiques en interne et aussi comment formuler les messages pédagogiques vis-à-vis de la société civile. On a un gros travail de veille pour suivre un peu les tendances sociétales en France, et localement, et les analyser pour leur donner du contenu d'un point de vue collectivité publique (fonctionnaire au Grand Lyon, 09/07/07).

Dans le même sens, à Bordeaux, le chargé de mission DD a mis en place des groupes de travail : « Moi, je constate à la ville de Bordeaux qu'il y a des compétences partout dans les services, mais elles ne se parlent pas toujours, c'est trop vertical. D'où la transversalité de ma mission, et la possibilité d'entrer dans tous les services pour mettre en communication les gens. [...] Le plus important, c'est de construire l'expertise qui puisse peser », résume-t-il. Lorsqu'il en va d'opérations urbaines d'ampleur, ceci se comprend notamment, on le devine, par rapport aux entrepreneurs privés :

> Il y a des grands chantiers, sur les Berges du Lac, on n'a pas eu la main. C'est un projet Bouygues [grand groupe privé], qui a fait quelques efforts, mais qui aurait pu être plus performant au niveau environnemental. Par contre, il y a des aménagements rive droite et dans le quartier Saint-Jean Bastide, en éco-aménagement, où il va y avoir des enjeux importants. D'où l'intérêt d'avoir une expertise solide, interne, transversale qui a déjà travaillé sur la question (fonctionnaire municipal, Bordeaux, 06/03/07).

Travaux d'aménagement des berges ouest
et d'extension du réseau de tramway à Bordeaux[1]

2. Le recours à des instances externes d'expertise en DD

Les compétences constituées « à l'interne » ne sont cependant pas toujours suffisantes sur des problématiques qui se complexifient, d'où l'appel à des prestataires externes. Un exemple lillois tenant à la HQE

---

[1] Photographie prise à Bordeaux, le 3 mars 2007 par Christine Blanc et Flore Henninger.

est d'autant plus intéressant qu'il fait ressortir la valorisation de dispositifs mixtes privé-public :

> HQE, on a une grande action qui se renforce de plus en plus, au point qu'on est en train de réfléchir pour prendre un prestataire extérieur pour venir en appui des différentes directions qui nous sollicitent, parce qu'un chargé de mission ne pourrait pas suivre ce renforcement des sollicitations qu'on a, et parce que, d'autre part, ça permet de solliciter aussi cette ouverture à la HQE chez les prestataires privés (fonctionnaire à la LMCU, Lille, 05/06/07).

À Nantes Métropole, c'est la constitution de réseaux élargis avec des instances expertes qui retient l'attention :

> La mission Énergie travaille beaucoup avec l'ADEME, évidemment. Avec les associations qui portent le Point Info Énergie. Et puis des tas d'autres acteurs : un laboratoire sur le bioclimatique, le laboratoire LAUA [Langages, Actions Urbaines, Altérités] de l'école d'Architecture, et aussi la faculté de Géographie. Mais on a aussi des volontés de travailler avec le CAUE [Conseil d'Architecture, d'Urbanisme et d'Environnement] et d'autres organismes. Et on travaille avec le CETE [Centre Technique de l'Ouest], qui est lié au ministère de l'Équipement, dans le cadre de l'atelier éco-quartier (Nantes, 21/06/07).

Ce recours à l'expertise se comprend notamment pour les acteurs publics dans la contrainte visant à rendre tangibles des démarches de DD pouvant paraître parfois décalées des perceptions quotidiennes des habitants. Ainsi, d'après un aménageur chargé du projet, l'Île de Nantes n'évoque-t-elle pas une réalité pour tout le monde, car elle ne renvoie pas dans les mémoires à une toponymie vécue : « Pour beaucoup, l'Île de Nantes, c'est un concept qu'ils ont du mal à appréhender parce que chacune de ces îles avait un nom particulier, donc la partie la plus à l'est, c'était l'île Beaulieu, etc. ». La configuration du nouveau projet passe de ce fait par toute une activité de production de liens cognitifs, menée durant les années 1990, pour laquelle est il est notamment fait appel à deux architectes-urbanistes, François Grether et Dominique Perrault. Les études commandées fournissent des pistes pour penser ensemble un territoire jusque-là vu comme morcelé, puis le resituer à l'échelle du nouveau projet métropolitain nantais :

> On a entre 1992 et 1994 une première grande étude de deux urbanistes qui vont montrer l'importance du lien entre l'Île de Nantes et le centre ville, cette proximité qui n'est pas forcément évidente dans l'esprit des gens, et puis un autre volet d'études qui va montrer l'importance de cette île dans son intégralité [...] pour remanier le territoire, pour reconstituer des liaisons. [...] Puis une démarche croisée entre le district, la ville de Nantes et l'Agence d'urbanisme qui va montrer l'importance de ce projet, non pas pour la seule ville de Nantes, mais pour toute l'agglomération, y compris

> jusqu'à Saint-Nazaire, en montrant qu'on a ici un territoire digne de devenir un grand cœur de métropole (aménageur, Nantes, 22/06/07).

Aussi les décideurs s'adressent-ils fréquemment à des professionnels de l'urbain, en particulier les agences d'urbanisme. Le positionnement relatif des services de la CUB et de l'agence d'urbanisme bordelaise, tel que le décrit cet urbaniste libéral, est significatif :

> C'est l'agence d'urbanisme qui fait toutes les réflexions en amont sur la structure d'agglomération, sur les déplacements, sur la politique de l'habitat, sur le Plan vert. C'est là que ça se passe. [Les services de la CUB] sont pour ainsi dire les gestionnaires administratifs de réflexions qui, pour l'essentiel, leur échappent. La pensée, la matière grise stratégique, elle est à l'agence d'urbanisme. Et eux, ils gèrent, ils avalent leur chapeau. Et très souvent ils sont hargneux de voir que l'agence d'urbanisme leur bouffe ce qui est agréable dans le métier, c'est-à-dire de la réflexion, fondamentalement (Bordeaux, 06/03/07).

En parallèle, se renforce aussi un pôle associatif expert sur les questions de DD urbain, en direction des acteurs publics. L'association lyonnaise Hespul traduit la construction d'une capacité d'intervention pointue sur un créneau précis, le photovoltaïque, qui a conféré à la structure une lisibilité nationale et a permis une montée en puissance au niveau de projets européens, échelle où l'on sait que la reconnaissance passe particulièrement par l'offre d'expertise[2]. Ce salarié d'une association d'environnement nantaise qui y voit clairement un « modèle » :

> Hespul, ils sont référents nationaux sur tout ce qui est photovoltaïque. Même l'ADEME renvoie des gens vers eux. Ils sont financés par le Grand Lyon notamment. Quand on parle photovoltaïque en France, il faut penser à Hespul. Ils doivent être cinq salariés à temps plein à renseigner sur tout ce qui est photovoltaïque. Ils sont vraiment référents là-dessus, ils font des projets à dimension européenne, ils ont vraiment développé quelque chose (Nantes, 20/06/07).

---

2 *Cf.*, parmi une abondante bibliographie, les travaux de Saurugger, 2002 ; Michel (dir.), 2006 ; Mazey & Richardson, 1996 ; Mazey & Richardson (dir.), 1999.

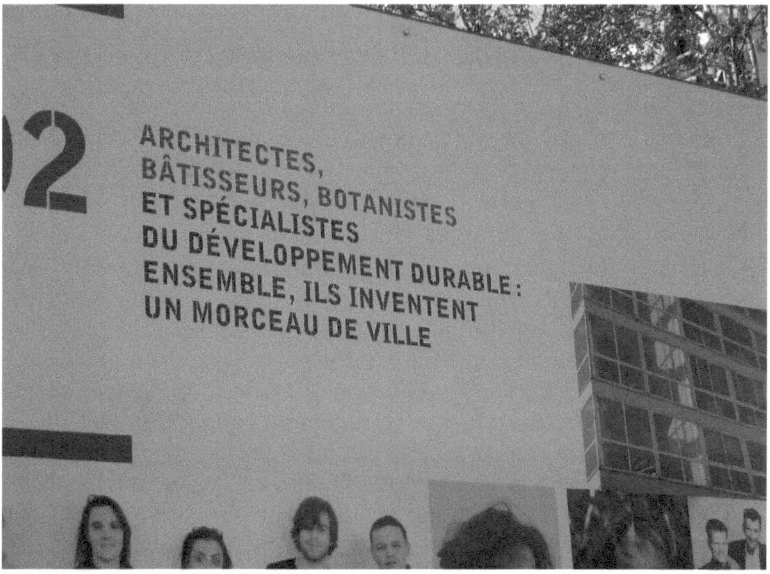

Panneaux explicatifs du projet Lyon Confluence :
l'invocation du développement durable urbain passe par la production d'experts[3]

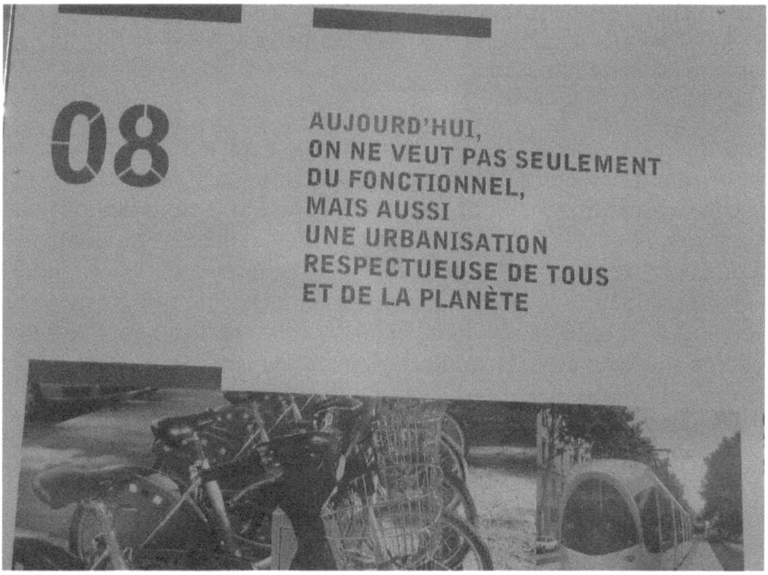

[3] Photographies prises à Lyon, le 16 décembre 2007, par Flore Henninger.

3. Une production d'expertise qui passe par la production d'experts

Externe ou intégrée aux organigrammes des collectivités, la production d'expertise en DD passe par la reconnaissance d'acteurs se produisant eux-mêmes comme experts : pour qu'il y ait de l'expertise, encore faut-il qu'il y ait des experts, c'est-à-dire des acteurs socialement perçus comme tels.

Différents indicateurs peuvent être mobilisés pour attester un tel mouvement. Il s'agit d'abord des personnels spécifiquement recrutés au sein des collectivités territoriales, dont le nombre progresse ces dernières années, en même temps que le profil témoigne d'un processus de spécialisation : « J'ai un DESS [Diplôme d'études supérieures spécialisées] "Diagnostic, prévention et environnement" que j'ai fait à Lille. J'ai rejoint le service technique en octobre 2000 et je suis chargée de mission DD depuis quatre ans », note un fonctionnaire en poste à Nantes Métropole (Nantes, 21/06/07). L'emploi du temps de son collègue en charge des éco-quartiers témoigne également d'une fonction d'expertise pour la mise en œuvre d'opérations en DD :

> Toutes les trois semaines, on a une réunion du comité de suivi Agenda 21, où tous les chefs de projets se réunissent. Et puis l'atelier éco-quartier, avec les sous-groupes. Maintenant je pense que ça va représenter presque un jour sur les cinq jours de la semaine. Et puis des réunions du comité de pilotage Énergie, des réunions Plan climat aussi. Et des réunions pour l'AMO [assistance à maîtrise d'ouvrage] HQE me prennent aussi du temps, voilà ! (Nantes, 21/06/07).

Une même tendance se dégage aussi bien au sein des associations environnementales qui s'adressent aux pouvoirs publics que parmi les professions de l'urbanisme et de l'architecture. Les intitulés de postes que nous avons recensés parmi les associations nantaises du domaine de l'énergie sont très parlants ; il en va d'un positionnement revendiqué en termes de compétences : conseiller énergie, chargé de projets, responsable territorial, chargé de communication, documentaliste, etc. Au sein de la fédération associative Écopôle à Nantes, les deux salariés rencontrés ont un profil technique et non de militantisme écologiste :

> – Au départ, j'ai une licence d'économie et un DUT [Diplôme universitaire de technologie] d'information-communication, option documentation d'entreprise. J'ai fait mes études à l'Institut d'études sociales de Grenoble. Il y avait un centre de documentation du travail, et j'ai deux ans d'expérience là-bas ; – Quant à moi, j'ai un DUT info-comm aussi, option édition. J'ai eu une première expérience à l'Université à Nantes pour m'occuper des archives numériques de formation continue (Nantes, 19/06/07).

Enfin, on note également un mode d'externalisation de l'expertise en DD par l'appel à des architectes et paysagistes, locaux ou de renommée nationale, qui se veut gage de qualité. C'est très clair pour la Communauté d'agglomération de Montpellier, au regard de l'intervention que font Christian de Portzamparc (architecte-urbaniste[4]) ainsi que Michel Desvigne et Christine Dalnoky (paysagistes) pour le compte de la Société d'équipement de la région montpelliéraine (SERM) à travers le rendu en 2000 d'un « cahier des intentions urbaines, architecturales et paysagères », mis à jour en 2004. Les auteurs présentent notamment un ensemble de préconisations relatives à la qualité environnementale et aux circulations douces pour les îlots des Jardins de la Lironde qui se veulent un « quartier-parc » :

> La préservation de l'espace naturel et le rapport « franc » entre l'enveloppe des îlots bâtis et la nature environnante, c'est-à-dire le contact direct entre bâti et jardin, suppose un tracé des voies direct qui ne découpe pas l'espace naturel vacant entre les îlots ; les voies existantes le font déjà. [...] Les circulations sont conçues de façon à relier les Jardins de la Lironde, aux quartiers voisins et à faciliter les liaisons au sein même du quartier.

Cette part prise par des acteurs « experts » dans les opérations de DD urbain a pour conséquence que si une activité de simplification – hiérarchisation des enjeux, communication locale, etc. – permet d'élargir la visibilité de ces problématiques, la complexité et la technicité demeurent présentes, car elles sont le lot quotidien de ces experts qui, tout en œuvrant à la réduire, la donnent aussi à voir, parce qu'elle représente également la source de légitimité de leurs interventions. Souligner, comme le font les experts rencontrés, la complexité qu'ils doivent gérer, c'est aussi revendiquer l'importance des savoir-faire dont ils ont la maîtrise, à commencer par la production d'instruments.

[4] Distingué par le Grand prix national de l'urbanisme 2004, Christian de Portzamparc est titulaire depuis 2006 de la 53e chaire dite de « création artistique » au Collège de France. Il a, entre autres, réalisé l'ambassade de France à Berlin de 1997 à 2003, la Cité de la Musique porte de la Villette à Paris, etc.

La ZAC Malbosc, à Montpellier

Le Hangar 32, servant de hall d'exposition du projet Île de Nantes[5]

[5] Photographies prises à Montpellier et à Nantes par Christine Blanc et Flore Henninger.

CHAPITRE 7

L'enjeu de la production d'instruments

La concrétisation des projets de DD urbain passe préalablement par la production d'instruments, qui participent à « associer », au sens de Bruno Latour (2006), un problème (qu'ils contribuent à définir), une politique publique (et sa légitimité) et un ensemble d'acteurs (qu'ils cimentent en termes de coalitions). Toute une diversité de déclinaisons locales peut être repérée, en mobilisant la notion d'instrument telle que définie par Pierre Lascoumes et Patrick Le Galès (2005). Ces auteurs distinguent les « instruments », comme les statistiques, la réglementation ou la taxation, des « techniques », entendues comme des dispositifs concrets qui opérationnalisent un instrument (une nomenclature statistique ou une norme juridique), et des « outils », définis comme des micro-dispositifs au sein d'une technique (une catégorie statistique, etc.). Cette déclinaison peut être appliquée à la production d'expertise en DD : on y repère des instruments (le droit pour la production de normes, comme la réglementation thermique 2005), des dispositifs (un éco-quartier ou un Agenda 21, par exemple, lui-même décliné en plusieurs actions) et des outils (un guide de bonnes pratiques, une priorité d'action). La mise en place de « référentiels » et de « chartes » au Grand Lyon fournit une illustration : « Autour de différents thèmes : air, bruit, cadre de vie, déplacements, les référentiels environnementaux sont encadrés par des politiques et par des documents de bonne conduite, qu'applique le Grand Lyon à travers la publication d'un certain nombre de chartes. [...] [Elles sont] un outil de DD, et un outil... de pilotage » (chargé de mission au Grand Lyon, 09/07/07).

Ceci permet de souligner la portée proprement politique – et pas seulement technique – des instruments dans les politiques de DD urbain. Le tracé de lignes de tramway le montre avec netteté : la méthode suivie est d'abord technique, corrigée ensuite en fonction de priorités d'image de la ville ou de pari sur l'avenir. Le directeur du Renouvellement urbain à Nantes Métropole note : « Le tram, c'est assez rationnel, ce sont les poids de population et les flux de déplacements qui font qu'il y a une évidence à mettre une ligne ici plutôt que là, mais avec toujours un côté visionnaire puisque la ligne crée aussi le flux après » (Nantes, 20/06/07). C'est alors l'occasion d'entrouvrir la « boîte noire » de ces modes de faire souvent considérés à tort comme des objets « donnés » plus que construits (Zittoun, 2007 ; Devisme, 2007), alors même que c'est le choix préalable de cadres et supports d'action qui permet de relier le problème mis en évidence à une série d'opérations capables de le traiter, c'est-à-dire aussi de légitimer une politique publique.

1. Une entrée par le « multi »

Dans les pratiques observées, certains dispositifs (au sens générique) apparaissent comme des canaux privilégiés pour la prise en compte du DD urbain, qu'ils soient initialement pensés à cette fin, ou non. Clairement, l'urbanisme durable n'est pas uniquement basé sur des instruments spécifiques (comme les Agendas 21 locaux, etc.). Schémas de cohérence territoriale (SCOT), Plans de déplacements urbains (PDU), Plans locaux d'urbanisme (PLU), Programmes locaux de l'habitat (PLH), etc., sont largement mobilisés. Une chargée de mission DD au Grand Lyon laisse paraître cette diversité de cadres d'action :

> L'Agenda 21, c'est 86 actions. Ça veut pas dire que l'Agenda 21, c'est tout le DD de la CU. Il y a aussi un PDU, un très bon PLH, il y a un PLU, on fait un travail sur le SCOT, etc. Donc, sur les outils de politiques publiques réglementaires, on essaie déjà de bien prendre en compte le DD. L'Agenda 21, c'est un exercice en plus, c'est rendre compte de petites et grandes actions de prise en compte du DD (Lyon, 09/07/07).

Le tableau suivant propose un tour d'horizon (non exhaustif) des dispositifs mobilisés dans le cadre de projets de DD urbain, dont les usages concrets vont nous retenir :

Agglomération	Instruments et outils de projets urbains en DD
Bordeaux	PLU (CUB) - PDU (CUB) - certaines ZAC (CUB & ville) - plusieurs chartes techniques - charte municipale d'Écologie urbaine et de DD (ville de Bordeaux) - PAE (Programmes d'aménagement d'ensemble) - cartographie du bruit - surveillance de l'air
Lille	PDU (LMCU) - PLU (LMCU) - ZAC (LMCU) - PAE (LMCU) - HQE - Agenda 21 (LMCU) - charte qualité du PDU - charte ENLM (Espace Naturel Lille Métropole) - Plan de propreté de la ville de Lille
Lyon	*Au niveau du Grand Lyon* : SCOT - PDU - ZAC - Grand Projet de Ville - Charte de l'Écologie urbaine - Agenda 21 local - Plan de développement des modes doux - charte du piéton - charte de développement du vélo - démarche Millénaire 3 - programme Eurobionet - charte de la participation - Plan d'éducation à l'environnement vers un DD *Au niveau de la ville de Lyon :* Agenda 21 local
Montpellier	SCOT (agglo) - PLU (ville) - charte pour l'Environnement (ville) - Projet d'aménagement et de développement durable (PADD) (agglo) - PDU (agglo) - Agenda 21 (ville)

Nantes	Schéma directeur valant SCOT (agglo) - PLU (ville) - PDU (agglo) - PADD (ville) - ZAC (agglo et ville) - GPV (ville) - HQE - Agenda 21 (ville) - label d'« éco-quartier » - classification Natura 2000
Toulouse	Schéma directeur comme futur SCOT (agglo) - PLU (ville) - PDU (agglo) - PADD (ville) - ZAC (agglo et ville) - HQE - Agenda 21 (ville) - charte pour l'environnement (agglo) - charte architecturale et paysagère (ville) - charte urbaine et paysagère (ville)

1.1. Le recours à des instruments plus ou moins généralistes

Le choix d'outils qui seraient plus ou moins adaptés au DD urbain renvoie aussi à la question de la « gouvernance » des opérations urbaines, c'est-à-dire quelles structures vont mener à bien ces opérations. C'est fréquemment un processus de « recyclage » de certains dispositifs techniques antérieurs ou généraux dans de nouvelles politiques, à dimension de DD, qui peut être repéré, et réactualise de la sorte des dynamiques transactionnelles entre acteurs et institutions (Lascoumes, 1996a).

La mise en place d'une SEM (société d'économie mixte) permet localement de mettre de l'huile dans les rouages inter-institutionnels, dans le cadre d'une « gouvernance souple », pour reprendre le terme du directeur du Renouvellement urbain à Nantes Métropole. Précisément, dans le cadre du projet Île de Nantes, a été créée la SEM SAMOA (Société d'Aménagement de la Métropole Ouest Atlantique), à partir de ce qui était initialement une mission au sein de la CU de Nantes :

> En 2001, une petite équipe, la mission Île de Nantes, travaille sur le projet, et puis cette équipe est externalisée en 2003, c'est la création de la SAMOA, avec un capital principalement public, puisque Nantes Métropole a la majorité des parts, un petit peu moins de 40 %, la ville en a 15 %, donc à elles deux elles ont la majorité. Ensuite, des partenaires que sont le Conseil général, le Conseil régional, la Communauté d'agglomération de Saint-Nazaire, et puis comme partenaires privés [...] la Caisse des dépôts et consignations (salarié SEM SAMOA, Nantes, 22/06/07).

La SEM constitue un lieu intermédiaire entre instances, que représente bien son directeur, qui n'est autre que l'ancien directeur des services de Nantes Métropole. Ce dernier dispose de ressources suffisantes, entre logiques d'institution et de personnalisation, pour la mise en œuvre des politiques locales de DD :

> Le truchement d'une SEM, qui est un outil dédié, qui va assurer la maîtrise d'ouvrage que lui a déléguée Nantes Métropole, elle assure un peu de recul dans l'acte de faire, de conduire le projet, ce qui donne de la souplesse dans la gouvernance [...]. C'est particulièrement vrai dans le cas de l'Île de Nantes, d'autant plus que le directeur général de la SEM a un certain

charisme, il était ancien directeur général de la CU, mais c'est un homme qui est là pour développer un projet de territoire, ce qui fait qu'il doit composer avec tout le monde (fonctionnaire à Nantes Métropole, 20/06/07).

Ce rôle des SEM comme scènes d'hybridation des pratiques se retrouve à Toulouse autour du projet de la ZAC Aéroconstellation, où coexistent trois organismes : la Communauté d'agglomération du Grand Toulouse, l'AFUL AéroConstellation (Association Foncière Urbaine Libre, association syndicale composée de tous les industriels de la zone d'activités) et la SÉTOMIP (Société d'Équipement de Toulouse Midi-Pyrénées), société d'économie mixte aménageur de la ZAC et maître d'ouvrage délégué – sans oublier la ZAC Monges-Croix du Sud et la ZAC Andromède, dont la maîtrise d'ouvrage a été confiée à la SEM Blagnac Constellation, impulsée par la municipalité de Blagnac et son maire.

Plus largement, c'est la diversité des instruments utilisés qui frappe, de laquelle ressort en particulier le recours aux SCOT, PDU et PLU. Au Grand Lyon, le SCOT est explicitement présenté comme un dispositif de mise en cohérence utile pour les enjeux de DD :

Pour moi, les enjeux du DD sont assez bien définis dans les attendus de ce que devrait être un SCOT. C'est bien une mise en cohérence de l'ensemble des politiques publiques pour optimiser le fonctionnement urbain et la préservation des principaux enjeux de nos espaces et de notre territoire. [...] Nous cherchons à concilier un développement économique soutenu mais équilibré, préserver au mieux les espaces naturels agricoles, limiter les consommations foncières [...] et le mitage des espaces, en s'appuyant largement sur le réseau express de l'agglomération lyonnaise qui tente d'optimiser les déplacements en collectif [...]. Et ça, ce sont les orientations du SCOT (fonctionnaire au Grand Lyon, 09/07/07).

De même, dans le domaine de la mobilité durable, c'est le PDU qui offre un véritable cadre d'action, suivant cet élu vert de la métropole lilloise :

Sur la CU, on a l'avantage d'avoir une feuille de route un peu cadrée, puisque la CU s'est dotée d'un Plan de déplacements urbains, voté en 2000, pour qu'il y ait des axes, qui sont tout à fait importants : doubler le nombre de voyageurs dans les transports en commun à l'horizon de 2015, passer de 100 000 à 200 000, faire des couloirs de bus, faire le tram-train, etc. (Lille, 05/06/07).

Quant aux zones d'aménagement concerté (ZAC), qui se multiplient dans les aires urbaines étudiées, elles concentrent dans les faits nombre de réalisations qui emportent, à un titre ou un autre, une inscription de DD : grands espaces verts et végétalisation des zones d'habitation, liaison par tramway, labels de qualité environnementale, etc. Écoutons ce responsable du service des Espaces verts de Nantes :

> Il fut un temps où, dans la ZAC, on n'avait pas beaucoup de maîtrise. Maintenant, de plus en plus, les choses sont clarifiées, en termes de conception, de patrimoine, d'aménagement paysager, en termes d'hydraulique, avec la loi sur l'eau : c'est la mise en place de bassins, de grandes noues, de territoires aménagés vraiment différemment. Là, on a vraiment des outils qui sont plus contraignants pour certains, mais qui sont beaucoup plus intéressants (Nantes, 19/06/07).

De même, nos interlocuteurs soulignent le fait que les ZAC permettent aux collectivités de formuler des prescriptions de DD à l'intention des parties prenantes :

> On peut imposer, dans les constructions, ce genre de choses, puisqu'on maîtrise, on fait nous-mêmes le cahier des charges par rapport aux promoteurs. Là, il y a un projet, il y aura un îlot avec engagement obligatoire de poser des panneaux solaires sur la toiture. Il y aura aussi des récupérateurs d'eau pluviale. On attaque la première tranche (élu Nantes Métropole, 19/06/07) ; C'est un outil de planification : à partir des ZAC, on peut d'un point de vue réglementaire inscrire beaucoup de choses en matière de DD (fonctionnaire au Grand Lyon, 09/07/07).

En particulier, de nombreux acteurs ont affirmé que les ZAC représentent un cadre privilégié pour la maîtrise de l'expansion urbaine, tel cet élu vert de Montpellier :

> La ZAC permet de diriger l'urbanisme [par rapport au] phénomène pavillonnaire. Dans Montpellier, depuis 1977, il y a une politique beaucoup plus dense, c'est plus organisé, alors qu'ailleurs c'était l'anarchie, vraiment. Ailleurs, on construit n'importe où, n'importe comment. Le nombre de quartiers construits en zone inondable avec des gens qui sont menacés aujourd'hui ! (Montpellier, 01/03/07).

Le cas lillois mérite enfin d'être cité, car il se distingue quelque peu quant au jugement porté sur les ZAC. On peut formuler l'hypothèse suivante : le discours positif sur les possibilités offertes par ce dispositif s'applique généralement à des aménagements urbains au sens large, davantage qu'à des réalisations ciblant le volet « social » du DD. Or, cette dernière dimension est sensiblement investie dans l'agglomération lilloise. C'est cette dissonance qui ressort du propos de l'adjointe au DD à Lille : « L'outil lui-même, je ne vois pas en quoi aujourd'hui la ZAC est plus structurante dans la ville durable qu'autre chose. [...] En tout cas, dans le travail que je fais, je n'ai jamais eu l'impression que c'était un levier supplémentaire » (Lille, 06/06/07). Un autre élu, vert, siégeant au niveau de la CU, émet un même jugement critique : « Les ZAC, je trouve que c'est un peu les enclaves qui s'affranchissent d'une politique de droit commun » (Lille, 05/06/07). On comprend alors que le bilan des ZAC que tire une responsable de l'agence d'urbanisme de Lille demeure en retrait, loin de l'image d'un instrument qui serait central : « La ZAC, si on veut mettre des volontés de faire du DD, c'est un outil qu'on peut utiliser, [...] si on a des exigences de qualité environnementale ou autre. Après, [...] pour l'instant, les choses ne sont pas encore sorties. Il n'y a pas grand-chose à voir. Enfin... il y a les bâtiments » (Lille, 08/06/07).

ZAC de la Haute Borne dans la métropole lilloise, présentant des constructions HQE[1]

[1] Photographies prises à Lille, le 6 juin 2007, par Christine Blanc et Flore Henninger.

1.2. Le recours à des instruments plus ou moins normatifs

On l'a vu, les politiques de DD urbain font appel à des cadres juridiques. Le règlement d'assainissement élaboré par la CU de Nantes en constitue une illustration :

> Le règlement d'assainissement de l'eau de Nantes Métropole est relativement drastique, puisqu'il dit que toute opération immobilière qui vient s'implanter ne doit pas rejeter au réseau d'eaux pluviales plus de flotte que ce qui existait avant l'opération. [...] Des solutions assez diverses sont trouvées, qui répondent à cette volonté de dire : on minimise absolument le rejet de l'eau au réseau, parce que c'est de l'eau supplémentaire qui va être traitée dans les usines, c'est des réseaux à construire, etc. (cadre SEM SAMOA, Nantes, 22/06/07).

Mais, au-delà et en fonction des contextes locaux, c'est tout un continuum d'outils plus ou moins normatifs qui se dégage. Le recours à des chartes, qui renvoient parfois à des normes, mais sont aussi parfois purement internes à une collectivité, montre toute l'étendue du champ des possibles, entre celles à caractère prescriptif (principalement les chartes techniques : charte des terrasses, de la voirie, etc.) et celles à caractère plus informel (charte de l'environnement, des paysages, etc.). À l'exception de la ville de Bordeaux où la charte de l'Écologie urbaine est un texte relativement large – se rapprochant d'un Agenda 21 local –, ces textes apparaissent comme des outils sectoriels plus que des instruments structurants du DD urbain. Un aménageur nantais le fait remarquer : « À ma connaissance, il n'y a pas une grande charte Environnement ou DD qui reprenne un peu toutes les thématiques. Il y a des objectifs thématique par thématique, sur la consommation énergétique, sur l'eau, sur la mixité sociale, etc. Mais je ne pense pas qu'il y ait *une* charte » (Nantes, 22/06/07). Les propos d'un élu de la LMCU ne font que confirmer :

> Nous, on a une charte Chantier de Qualité, aussi bien pour les riverains, pour le bruit, et aussi pour la réutilisation des matériaux, la déconstruction. On a une charte Antennes relais, une charte de la Vie Nocturne, avec 40 000 étudiants qui ne sont pas toujours très calmes... On a des chartes, mais les chartes permettent d'élaborer sur un axe précis avec des partenaires (Lille, 05/06/07).

C'est d'abord le nombre de chartes à caractère environnemental qui retient l'attention – pour n'en citer que quelques-unes : la « charte de l'Environnement vers le DD », mise en place par la CUB, et la « charte municipale de l'Écologie urbaine et du DD », pour la ville de Bordeaux ; la « charte pour l'Environnement » de la ville de Montpellier ; la « charte de l'Environnement » du Grand Toulouse, etc. Abondantes, ces chartes s'apparentent plus à des guides affirmant la nécessité de « bonnes pratiques » – y compris pour l'institution, à l'interne – qu'à des engagements actés[2]. L'exemple du Grand Lyon est parlant :

> Vous avez concernant la concertation une charte de la participation qui permet de fixer des valeurs et des règles du jeu. Et c'est la même chose sur la problématique de la mobilité, et on peut identifier une charte des modes doux et une charte du piéton. [...] Ces chartes sont des documents qui encadrent les politiques, les projets, les investissements que mènent les différents services du Grand Lyon avec ses partenaires. C'est un moyen de communiquer sur les principaux objectifs de ces politiques et de la façon de conduire les différents projets qui s'y réfèrent. C'est vraiment un document de référence. Qui n'a pas de valeur réglementaire (chargée de mission au Grand Lyon, 09/07/07).

Sans doute cette imprécision relative sur la portée des chartes explique-t-elle aussi leur diffusion. En même temps, on voit qu'il s'agit également de supports de communication des collectivités. Suivant un urbaniste bordelais, l'objectif est de sensibiliser la population ou encore d'attester que tel ou tel point est pris en compte, sous une forme écrite, donc « sérieuse » : « Ce ne sont pas des guides pour la réalisation, peut-être que c'est bon pour les gens, que ça leur fait du bien, que ça les calme, les instruit. Tout ce qu'on voudra » (Bordeaux, 06/03/07). De même, le vice-président de la LMCU en charge du DD situe ces initiatives davantage au niveau du discours que du faire, ce pourquoi il s'en démarque :

> C'est bien s'il y a toutes ces chartes, [...] mais je préfère faire des choses concrètement. Signer toutes les chartes sur les pistes cyclables, ville durable, et compagnie, oui, mais un moment donné, c'est bien de faire la preuve. Alors je préfère développer les aménagements cyclables, les couloirs bus, les parcs, les terrasses végétalisées, la récupération des pluies. Il faut *faire* (Lille, 05/06/07).

À côté de cela, se situent des chartes plus techniques, qui peuvent permettre d'imposer des normes de DD aux acteurs privés et publics. « Notre cahier des charges, aujourd'hui, par rapport aux promoteurs, il y a la charte Chantier de Qualité, une obligation, donc c'est un signe fort. C'est élaboré avec les partenaires nécessaires, et ça devient un acquis », avance un vice-président de la LMCU (Lille, 05/06/07). Pour sa part, un urbaniste libéral bordelais note ainsi des différences de portée très sensibles entre chartes dans le cas de la CUB :

---

2 Sur les usages localisés des « bonnes pratiques », voir *Espaces et Sociétés*, 2007, et notamment Devisme, Dumont & Roy, 2007, qui distinguent différents registres (incitatifs, prescriptifs, normatifs), scènes et outils qui les font exister, notamment dans le cas du GPV de Nantes.

> Je ne suis même pas capable de dire s'il y a une charte de l'Environnement de la CUB. Ce n'est pas très important... Mais il y a d'autres éléments de chartes, techniques, qui eux sont tout à fait importants. Par exemple, la charte concernant la voirie, ça c'est essentiel. Il y a un bouquin qui fait cent cinquante pages sur les configurations techniques des nouvelles voiries, ça c'est du concret. [...] Et ça s'impose aux communes et aussi aux particuliers. Il n'y a pas de passe-droits, ce n'est pas un vague discours, c'est quelque chose d'assez solide (Bordeaux, 06/03/07).

Cette distinction entre chartes d'environnement et chartes techniques ne doit pas conduire à une vision fixiste. En effet, les chartes peuvent matérialiser une première phase d'intégration de références environnementales dans les politiques urbaines, prolongée ensuite par d'autres dispositifs comme les Agendas 21 dans le cas nantais. « Ce sont des outils transitoires avant que les habitudes soient prises définitivement », note un technicien de Nantes Métropole (Nantes, 21/06/07). L'exemple lyonnais le montre aussi :

> La CU est la première à avoir lancé sa démarche DD. En fait, [il n'y a] pas de rupture avec ce qui avait été fait dans les mandats successifs, que ce soit ceux de Michel Noir ou de Raymond Barre, qui avaient lancé déjà un travail important sur la transversalité environnement et urbanisme avec la charte de l'Écologie urbaine. Donc la CU continue son travail de transversalité, sur l'environnement, mais pas seulement, on est passé de l'environnement à la question du DD (chargée de mission au Grand Lyon, 09/07/07).

2. Des instruments aux usages localement différenciés

À la diversité des instruments, techniques et outils repérés, s'ajoute celle de leurs usages locaux, variant d'une ville à l'autre, quand bien même le dispositif est qualifié de la même façon. Ce sont les enjeux des appropriations territorialisées de cadres d'actions définis nationalement que l'on aborde ainsi, en retenant plusieurs déclinaisons pour les éclairer : les éco-quartiers, la qualité environnementale et les Agendas 21 locaux.

2.1. Les éco-quartiers

Si le terme « éco-quartier » s'est diffusé au sein des agglomérations françaises soucieuses de faire montre de DD urbain, les réalités sont tout à fait variables : on n'est pas en présence d'un label unitaire, mais d'affichages de projets construits localement en fonction de contenus fluctuants[3]. Le cas de la ville de Bordeaux permet de le saisir, avec une

[3] Comme le note plus largement Thierry Paquot (2006), « depuis quelques années, des formules pas toujours convaincantes font florès, tant dans les discours des élus que

labilité des termes usités – éco-quartier ou éco-aménagement, notamment (Berges du Lac, quartier Saint-Jean Bastide, etc.) – qui témoigne de réflexions toujours en cours : « On écoute, on essaie de comprendre ce qu'est un éco-quartier », déclare ce chargé de mission DD (Bordeaux, 06/03/07). Dans la métropole lilloise également, la mobilisation de la notion passe par tout un travail parmi les techniciens, visant à stabiliser un contenu :

> La réalisation d'un cadre stratégique éco-quartier a pour objectif d'élaborer un document d'accompagnement pour les maîtrises d'ouvrage. [Il y a là un] temps de capitalisation des savoirs et des savoir-faire qu'on cherche à mettre en valeur [suivant une] logique de systématisation et de transversalité. [...] On a désigné un éco-quartier pilote, qui est un des pôles forts d'aménagement nouveau de l'agglomération, qui s'appelle l'Union, qui mélange habitat et activités économiques [...]. Ce n'est pas théoriquement comme ça que se passe la démarche, mais c'est souvent comme ça qu'on s'adapte dans les collectivités. Cet aménagement serait pour nous l'expérimentation d'un éco-quartier. [...] C'est très très complexe. [...] On est très sollicité par des communes qui veulent faire des quartiers HQE ou des quartiers durables ou des éco-quartiers, ça dépend, donc on a pensé harmoniser cette notion, parce que derrière on y mettait tout et n'importe quoi. On est en train de discuter avec une dizaine de services un projet de charte d'éco-quartier qui approfondisse les critères (chargée de mission DD à la LMCU, 05/06/07).

De même, autour de Nantes, les éco-quartiers correspondent davantage à des projets en chantier, procédant d'un apprentissage collectif, que de réalisations abouties. Le responsable du Renouvellement urbain à Nantes Métropole explique un cheminement :

> On a commencé des opérations pilotes en matière d'habitat avec des villes qui étaient d'accord pour développer des formes urbaines, des densités qui soient le plus efficace possible, donc éco-quartier. [...] On est allé voir [...] sur des grilles de lecture, mais non pas comme une norme, c'est-à-dire en disant « quand on a tant de densité, c'est très bien », mais plutôt comme des repères, plutôt l'image du tableau de bord. On a identifié une dizaine de critères qui nous semblent correspondre à des valeurs du DD, la capacité de produire de l'habitat notamment. Et ensuite on a défini une trame pour voir quelles incidences économiques ça avait (Nantes, 20/06/07).

Dès lors, comme à Lille, on observe des réflexions en cours au niveau des services chargés des éco-quartiers à Nantes Métropole visant à préciser ce que recouvre l'« éco-quartier à la nantaise », afin de s'en prévaloir davantage et étendre les réalisations ; un aménageur de l'Île de Nantes y revient :

---

sous la plume des praticiens : "développement urbain durable", "ville écologique", "sites propres", "cité durable", "urbanisme à haute qualité environnementale", etc. ».

On est en train de travailler sur l'exemple de l'Île de Nantes et sur un autre quartier, Bottière-Chênaie, à une grille de ce que serait un éco-quartier. C'est une démarche qui vise à donner une concrétisation de ce qu'est un éco-quartier, dont pas mal de quartiers se réclament et qu'on a du mal à cerner. [...] L'idée, c'est d'arriver à une définition de ce qu'est un éco-quartier « à la nantaise », pour pouvoir l'afficher et surtout pour l'appliquer sur de futurs projets de développement (Nantes, 22/06/07).

Le « Bois habité » à Lille, composé de nombreuses résidences touchant des cibles HQE

L'éco-quartier de Malakoff à Nantes

L'éco-quartier de l'Île de Nantes[4]

2.2. Le DD urbain entre HQE et QE

On observe de plus en plus couramment dans le cadre des éco-quartiers la mention des normes Haute Qualité Environnementale, en liaison avec la performance énergétique des bâtiments (*Revue durable*, 2004). La HQE renvoie à une grille de 14 cibles construite au niveau national (Madec, 2002). Mais une focale plus fine montre que territorialement, au sein de chaque opération, certaines cibles HQE sont retenues et d'autres non. Ces disparités se comprennent en rapport au succès de la notion plus large de « qualité environnementale » (QE), qui offre de multiples possibilités de déclinaisons locales.

La HQE

Si la HQE est invoquée, les réalisations effectives sont toujours partielles. Certains éléments – et pas d'autres – sont retenus parmi la grille nationale : les collectivités puisent dans les 14 critères, en retiennent quelques-uns, et les actualisent en fonction du contexte local. C'est à travers un tel filtre que la HQE apparaît aujourd'hui prise en considération dans des projets d'urbanisme. Par exemple, Toulouse dispose de premières réalisations, tel le bâtiment HQE de Borderouge, et à Nantes on a inauguré le 21 juin 2007 dans la ZAC Bottière-Chênaie la « médiathèque est », qui respecte des cibles HQE.

---

4 Photographies prises à Lille le 6 juin 2007, et à Nantes le 20 juin 2007, par Christine Blanc et Flore Henninger.

Le bâtiment HQE situé dans le parc du quartier de Borderouge à Toulouse

Nouvelle médiathèque HQE dans la ZAC Bottière-Chênaie à Nantes[5]

Au-delà de tels exemples ponctuels, on ne saurait voir à l'heure actuelle dans la HQE un point nodal d'application du DD urbain. Un élu vert de Montpellier le souligne : « [La HQE] pour l'instant, c'est le point faible, ça n'a pas été assez pris en compte » (Montpellier, 01/03/07). Deux éléments principaux permettent de l'expliquer : d'une part, la mise en œuvre de normes HQE doit être appréhendée en croisant plusieurs échelles, entre celle du bâti et celle du quartier, pour en resti-

5 Photographies prises à Toulouse le 6 mars 2007, et à Nantes le 21 juin 2007, par Christine Blanc et Flore Henninger.

tuer la portée ; d'autre part, même s'il existe une définition nationale, ce sont les processus locaux de codification qui s'imposent au premier chef.

Premier constat : à ce jour, les réalisations en HQE correspondent d'abord à l'échelle du bâti, et plus spécialement à des bâtiments publics. Si cette chargée de mission à la LMCU évoque les projets nourris à l'échelle du quartier, c'est pour souligner le renouvellement des questionnements qu'il faut préalablement prendre en compte :

> Disons qu'il y a la HQE dans le bâtiment, qui s'intéresse à la fois à la qualité de vie des habitants et à l'impact du bâtiment sur la prédation des ressources et la pollution. Et puis quand on veut faire un quartier HQE, on réfléchit à des thématiques beaucoup plus larges. Par exemple, l'ombre portée par les bâtiments pour les espaces publics, la facilité de se déplacer, de l'intérieur du quartier vers l'extérieur, la prise en compte de problèmes quotidiens comme la proximité de commerces, d'écoles, qui sont très liés à la qualité de vie et aussi aux impacts sur l'environnement (Lille, 05/06/07).

Dès lors, corrélativement, il en va d'enjeux de codification qui sont autant de traductions locales de la HQE. On repère ainsi des modes de penser et de faire des collectivités correspondant à un travail de stabilisation des règles du jeu et comprenant en même temps une part d'hésitations (« on essaie », « on aimerait bien », etc.). Ces incertitudes évoluent en fonction de la diffusion d'un *background* en DD, au sens large, et des premières expériences menées ; une chef de projet à Nantes Métropole l'exprime :

> On peut toujours regretter les hésitations qu'on a pu avoir lors de la commercialisation de certains lots sur lesquels on aurait peut-être dû être plus contraignants. [Mais] je pense qu'on évolue aussi en même temps que la prise de conscience générale, ce que l'on fait aujourd'hui sera forcément différent et plus abouti que ce qu'on pouvait faire dans un passé assez récent (Nantes, 22/06/07).

Dès lors, si normalisation il y a, c'est à partir de critères jugés pertinents localement. Les cibles nationales ne sont pas simplement reprises, mais retraduites en fonction de choix définis par la collectivité : « Le référentiel HQE est priorisé au regard de nos objectifs à nous, Grand Lyon », y note une chargée de mission (Lyon, 09/07/07). Le témoignage de cette responsable de l'agence d'urbanisme de Lille est plus net encore, qui souligne le truchement d'un cadre flexible – celui des chartes, qui ne sont pas nécessairement de portée normative –, renie l'emploi des labels et évoque un usage très partiel dans le cas de l'hôtel de Région, qui se veut pourtant « modèle » :

> [La HQE], c'est en train de prendre forme dans des chartes, et du coup il faut encore attendre avant de voir. Il y a des exigences de plus en plus fortes

dans tous les cahiers des charges. Mais il ne suffit pas de mettre dans un cahier des charges pour qu'après ça se traduise réellement dans les projets. [...] Moi, je suis anti-label. Les 14 cibles, tout ça... [...] L'hôtel de Région, ce qui reste de HQE, je ne sais pas trop. Il y a des terrasses végétalisées, les bâtiments ne sont pas climatisés, bon. Mais je ne sais pas pourquoi, quand on discute avec les architectes, ils disent : « Si, si, on répond à pas mal de cibles » (Lille, 08/06/07).

Variations autour de la qualité environnementale

Le questionnement de la HQE doit aussi être resitué dans un cadre plus large : celui de l'intégration de préoccupations de « qualité environnementale » (QE) dans les projets urbains. On peut se demander, d'une part, est-ce que la HQE tient lieu d'aboutissement de la QE en termes de DD et, d'autre part, quelles déclinaisons se laissent percevoir de cette QE, c'est-à-dire est-ce que la HQE se dissout ainsi dans un répertoire étendu de la « qualité urbaine » ?

Toujours plus DD : les démarches THQE et les certifications H&E et *HQE*®

Expérimentale et mise en œuvre de façon toujours partielle, la HQE n'en est pas moins déjà contestée dans les milieux environnementalistes pour être trop timide et insuffisamment efficace. Selon ce salarié d'une association nantaise spécialisée sur les questions d'énergie, la grille HQE ne va pas assez loin :

> Il y a plusieurs phases avant d'arriver à dire qu'on fait du DD. [...] Et je ne parle pas du label HQE. Je vais beaucoup plus loin que ça. La HQE, c'est vraiment très très faible. C'est ridicule ! On peut se permettre de faire du chauffage électrique en disant qu'on va faire un chantier écologique, en mettant un double vitrage et en faisant une architecture jolie. Moi, je trouve ça une aberration (Nantes, 20/06/07).

Commence ainsi à apparaître sur l'agenda nantais la question de la labellisation THQE, c'est-à-dire Très Haute Qualité Environnementale. Ce chargé de mission d'un CPIE le mentionne, tout en restant prudent : « Ils commencent même à passer à la THQE. Mais je ne sais pas ce qu'il y a derrière » (Nantes, 19/06/07).

À côté de cela, le label H&E (Habitat et Environnement) et la *HQE*® (Haute Qualité Environnementale – marque déposée) sont d'autres manières encore de valoriser un bâtiment en DD, par certification. Le label H&E est délivré exclusivement par l'organisme Cerqual, une filiale de certification de Qualitel, association loi 1901 qui s'est fixé comme objectif l'évaluation et la promotion de la qualité de l'habitat[6].

---

6 Voir : www.qualitel.org.

Le H&E comporte sept thèmes : Management de l'opération, Énergie-réduction de l'effet de serre, Gestes verts, confort et santé, Filière constructive et choix des matériaux, Eau, Chantier propre ; et six d'entre eux doivent être satisfaits (dont les trois premiers systématiquement) pour que le label soit délivré. C'est donc une contrainte davantage normée que les cibles HQE, au sein desquelles un choix est concrètement opéré. Qui plus est, pour le thème qui n'est pas retenu, le promoteur doit néanmoins respecter des dispositions minimales. Au deuxième semestre 2007, on dénombre 180 programmes certifiés H&E et 456 en cours de réalisation en France. Nous avons notamment pu observer une construction de ce type dans la ZAC Bottière-Chênaie à Nantes. Certains promoteurs privés semblent se tourner vers le H&E car il leur permettrait de mieux valoriser leur opération qu'en HQE.

Quant à la *HQE*®, elle correspond à un mode de conduite de projet allant plus loin que la « démarche HQE ». L'association HQE, qui a créé il y a dix ans cette certification, souhaite par là doter la HQE de « caractéristiques de conception, d'indicateurs associés et de performances attendues et effectives » : les 14 cibles ont été reprises pour définir un « langage commun » et l'organisme a mis en place un système de « management environnemental ». Le groupe AFNOR Certification délivre cette certification ; à ce jour il y aurait quelques 600 écoles, bureaux, centres administratifs, etc., correspondant à la *HQE*®[7]. Il faut néanmoins préciser que, dans les différentes villes étudiées, quasiment aucun acteur n'a évoqué l'une ou l'autre de ces deux certifications, plus précises que la HQE. Tout se passe comme si la pluralité des déterminations que peuvent prendre le DD et la HQE était préférable à une définition unique et nationale, laquelle ne permettrait pas que s'exercent les spécificités territoriales. C'est plus vrai encore de la « qualité environnementale ».

La QE : succès et déclinaisons d'une notion « conviviale »

La QE est une notion aux contours très fluctuants : telle qu'elle est mobilisée, elle regroupe, pour des opérations urbaines comme le logement ou les moyens de transports, des objectifs de DD et des critères plus subjectifs comme la qualité de vie. Qualité paysagère, architecturale, qualité de vie, qualité des espaces publics, qualité d'urbanité, et d'autres encore (*cf.* tableau, ci-contre) sont autant de déclinaisons relevées dans nos terrains d'étude.

7 D'après le site de l'association HQE : http://www.assohqe.org/.

Agglomération	Déclinaisons locales de la QE
Bordeaux	qualité paysagère qualité de l'air qualité de l'environnement qualité environnementale qualité urbaine
Lille	qualité de l'urbanité et de la culture qualité urbaine qualité des espaces publics qualité de la vie qualité de l'eau
Lyon	qualité de vie qualité de l'eau qualité environnementale qualités paysagères qualité de l'air entrée de ville de qualité qualité du « rendu compte » aux habitants
Montpellier	qualité de vie en ville qualité bactériologique de l'eau distribuée qualité de la propreté du tramway qualité du stationnement qualité de l'air qualité du développement territorial qualité environnementale
Nantes	qualité de l'espace renouvelé réseau d'espaces publics de qualité qualité urbaine qualité d'accueil du personnel (tram et Busway) qualité du service rendu qualité de l'eau qualité environnementale qualité paysagère qualité de vie « à la nantaise »
Toulouse	qualité de vie qualité de l'architecture qualité du logement qualité environnementale « haute qualité d'usage » pour certains logements qualité du cadre de vie qualité du travail qualité de l'air

Ainsi, à Lille, rapproche-t-on la QE de la « qualité de vie », fortement valorisée par l'équipe municipale : « Moi je préfère la haute qualité de vie [à la HQE], parce qu'on n'est pas sur les normes techniques. […] L'enjeu, c'est donc non pas de faire un éco-quartier expérimental, mais de repenser la ville pour en faire des éco-quartiers, avec du vivre ensemble, avec des aspects très fortement de qualité de vie des habitants » (adjointe au DD, Lille, 06/06/07).

La notion de qualité de vie est également saillante à Bordeaux, cette fois par rapport à une volonté affichée d'« embellissement » de la ville :

> L'agglomération bordelaise était en souffrance d'embellissement depuis très longtemps. Parce que ça n'avait pas été le fer de lance de Chaban-Delmas. [...] Et quand on n'embellit pas, on enlaidit, puisque la bagnole dévore tout, les espaces publics vieillissent, se désintègrent. Bordeaux était en piètre état il y a une douzaine d'années. Ça a beaucoup changé, heureusement. Et les grandes communes périphériques ont suivi le même chemin (urbaniste libéral, Bordeaux, 06/03/07).

Façade rénovée de la cathédrale Saint-André à Bordeaux[8]

Et l'on peut encore signaler qu'à Nantes il est en particulier question de promouvoir la « qualité de l'espace public », mise en avant par cet aménageur du projet Île de Nantes :

> L'idée défendue, c'est que le levier de la transformation doit être l'espace public, parce qu'il y a un certain nombre de grands espaces qui sont abandonnés. C'est un territoire qui pendant longtemps a fonctionné avec des emprises de la voirie extrêmement larges, avec une occupation de la voiture assez importante, donc un besoin de retravailler sur la qualité des espaces publics (Nantes, 22/06/07).

8 Photographie prise à Bordeaux, le 6 mars 2007, par Christine Blanc et Flore Henninger.

Cet éventail appuie l'hypothèse selon laquelle les nombreuses références à la QE ne sont pas sans lien avec l'imprécision qui l'entoure, laissant une marge de liberté aux décideurs, en fonction de ce que chacun veut y trouver. Chaque acteur ou instance est ainsi susceptible d'avoir sa propre lecture de la QE ; une urbaniste lilloise le pointe :

> Je ne pense pas qu'il y ait une définition particulière sur la qualité environnementale. Il n'y a pas un lexique avec des définitions. Suivant les gens, les services, les sensibilités, la QE peut être l'environnement au sens large du terme, et donc le social peut faire partie de l'environnement. Mais d'autres gens diront que l'environnement, c'est plutôt le côté espaces verts, etc. Mais il n'y a pas de label (Lille, 08/06/07).

Le terme apparaît d'autant plus investi qu'il autorise localement une pluralité de contenus. Son emploi au Grand Lyon, lorsqu'il s'est agi d'engager une démarche de DD, l'illustre :

> La QE a été définie en 2001. [...] Il y a toute une intégration de la QE, et c'est ce qui permet d'engager la démarche DD. QE, ça peut être à la fois toutes les démarches techniques que nous lançons, des démarches de qualité dans les services, les démarches de qualification ISO 14 000. C'est la qualité du « rendu compte », puisque, en tant que service public, nous agissons sur des compétences de proximité : eau, propreté, voirie, et la qualité, c'est aussi quand les gens sont mécontents qu'ils puissent avoir un interlocuteur identifié, et nous de pouvoir rendre compte, et qu'il y ait une démarche de suivi auprès des habitants (chargée de mission, Lyon, 09/07/07).

2.3. Les Agendas 21 locaux

Le « Sommet de la Terre » de Rio en 1992 a débouché sur l'adoption par 173 pays de la démarche d'Agenda 21 (pour le 21e siècle), dont les Agendas 21 locaux sont une déclinaison territoriale, à travers un certain nombre de plans d'action portés par les collectivités. Ces démarches se sont multipliées ces dernières années, en tant que telles ou *via* des chartes s'en rapprochant ; les six villes et agglomérations étudiées prennent place dans ce mouvement :

	Échelle de la commune	**Échelle intercommunale**
Bordeaux	- charte municipale d'Écologie urbaine et de DD	- charte pour l'Environnement vers le DD
Lille	- Agenda 21	- Agenda 21
Lyon		- Agenda 21 - charte de l'Écologie urbaine
Montpellier	- Agenda 21 - charte pour l'Environnement	- Agenda 21 en élaboration
Nantes	- Agenda 21	- Agenda 21
Toulouse	- Agenda 21	- Agenda 21 en élaboration - charte pour l'Environnement

Les Agendas 21 constituent un dispositif dédié au DD, que d'aucuns tiennent à ce titre pour exemplaire, à l'instar de ce salarié de la fédération associative Écopôle à Nantes :

> L'Agenda 21, c'est l'outil le meilleur pour mettre en œuvre le DD. [...] C'est le seul outil spécifique. Après, il va y avoir la notion de DD présente dans les documents d'urbanisme, les chartes de pays, des choses comme ça. C'est l'intégration du DD dans les politiques existantes. Le DD comme une politique à part entière, je crois qu'il n'y a que l'Agenda 21 (Nantes, 19/06/07).

D'autres, par contre, comme la géographe Cyria Émelianoff, voient dans l'Agenda 21 local davantage un support de débat public qu'un cadre opérationnel, « surtout un outil pédagogique permettant de retravailler les cultures professionnelles en interne ou de sensibiliser les entreprises, les groupes d'habitants, les associations ou les acteurs sociaux du territoire. Il sert à revivifier le débat démocratique et à faire évoluer les représentations collectives. [...] Il n'est pas suivi, en général, d'une politique ambitieuse, faute de moyens » (*Alternatives Économiques*, 2007, p. 131 ; Émelianoff, 2005). Encore récents, ces Agendas 21 peuvent être lus comme des vecteurs de communication d'initiatives de DD urbain ; ils permettent aussi de promouvoir des démarches transversales.

Les entrées locales dans une démarche d'Agenda 21 diffèrent chronologiquement. Par exemple, la ville de Lille se déclare pionnière, ayant été l'une des premières collectivités françaises à adopter un Agenda 21, en 2000, aux côtés d'Angers. De plus, et c'est encore rare, elle a également réalisé un bilan du dispositif en mars 2007. En regard de cela, à la CU de Bordeaux, le projet apparaît moins avancé, et ses porteurs moins affirmés :

> La direction DD et Écologie urbaine s'occupe de l'Agenda 21 communautaire : c'est comment faire du DD à peu près dans toutes les directions. C'est une nouvelle direction qui a du mal à trouver ses marques, au niveau opérationnel. [...] On veut mettre un [Agenda 21], mais le contenu est balbutiant. D'ailleurs, les avis ne sont pas encore très clairs en interne. [...] On a une charte d'Écologie de la CUB, qui a été le cheval de bataille de l'ancienne directrice, qui est partie très déçue d'ailleurs, c'est vous dire toute la difficulté (fonctionnaire à la CUB, Bordeaux, 05/03/07).

L'élaboration d'un Agenda 21 local ne va donc pas de soi. En même temps, les engagements différés traduisent aussi le fait que les initiatives de DD supposent des moyens financiers et de l'expertise technique. Le maire d'une commune de 7 000 habitants, près de Nantes, qui est pourtant engagé en matière de circulations douces, le souligne ; à défaut de disposer de ces ressources de la même façon que d'autres collectivités de taille plus importante, il explique ne pas avoir mis en place d'Agenda 21 : « La difficulté, c'est que c'est lourd à mettre en place. Et dans les petites communes, on n'a pas les moyens et les services des grandes villes pour élaborer tout ça. Il faut qu'on se donne les moyens. Mais on n'a pas toujours le temps » (Nantes, 19/06/07).

> Moi, ce qui me paraîtrait le plus logique, c'est qu'il n'y ait pas d'Agenda 21, mais que ce soit une logique dans la politique de tous les jours. Mais ce n'est pas le cas. Donc il faut faire un truc que l'on va appeler Agenda 21, [...] il faut créer des outils pour sensibiliser les gens et dire : « oui, on va faire des choses en faveur de l'environnement » (Nantes, 20/06/07).

Le sentiment, au demeurant récurrent, de l'associatif nantais qui s'exprime ici positionne le dispositif comme un support de communication, permettant de sensibiliser la population autour des thématiques de DD. L'adjointe au DD à Lille insiste également : « Je pense que l'Agenda 21 est un outil de mobilisation. Je dis souvent que le DD, c'est la nouvelle utopie mobilisatrice ». On repère alors toute une pédagogie associée à l'Agenda 21, notamment à Lille, jusqu'à mettre en avant une déclinaison nouvelle d'éducation à l'environnement qui serait un Agenda 21 scolaire : « L'information autour de l'éco-citoyenneté, la responsabilité, la solidarité, la tolérance, etc., on travaille sur la notion d'Agenda 21 scolaire, dans les écoles. Ce matin, il y avait une conférence de presse sur une action qui a été mise en place dans une école maternelle autour des fruits » (élue municipale, Lille, 06/06/07).

Enfin, les Agendas 21 sont fréquemment vus par les acteurs qui les portent comme un dispositif pertinent en DD grâce à leur transversalité. Cela ressort bien dans la réflexion de ce maire : « On a beaucoup de préoccupations sur le logement, les activités économiques, et quand les choses seront lancées, on va pouvoir mettre de la cohérence à tout ça avec un Agenda 21 » (agglomération nantaise, 19/06/07). Et ce chargé de mission à Nantes Métropole ne dit pas autre chose : « Je pense que ça crée une bonne culture transversale, et il y a une diffusion d'actions dans toutes les ramifications des politiques publiques. [...] Je pense que c'est l'outil pertinent » (Nantes, 21/06/07). L'élaboration technique rejoint ainsi la production politique d'intersections comme condition d'effectivité de projets urbains durables ; les Agendas 21 peuvent en effet s'articuler au niveau des villes et des agglomérations, comme c'est le cas dans la métropole nantaise : « Il y a un réseau des Agendas 21 de Nantes Métropole, les 24 communes développent aussi un Agenda 21. Certains sont établis déjà depuis un moment, certaines communes communiquent beaucoup dessus et mènent des actions ».

Panneau situé au centre-ville de Lille, indiquant les travaux de renouvellement urbain[9]

[9] Photographie prise à Lille, le 4 mars 2007, par Christine Blanc et Flore Henninger.

Ill.1 : Le parc des Coteaux à Bordeaux[1]

Ill. 2 : Parc situé dans le quartier de Borderouge à Toulouse

1 Les photographies rassemblées dans ce cahier ont été prises par Christine Blanc et Flore Henninger en 2007 au cours des enquêtes de terrain dans les différentes localités considérées.

Ill. 3 : Le jardin des Plantes de Montpellier

Ill. 4 : Le jardin des Plantes de Montpellier

Ill. 5 : Le jardin des Plantes de Nantes

Ill. 6 : Le jardin des Plantes de Nantes

Ill. 7 : Le parc du Peyrou à Montpellier

Ill. 8 : Parc de la Tête d'Or à Lyon

Ill. 9 : Tramway montpelliérain, roulant en site propre, ligne 1, arrêt Gare St-Roch

Arrêt « Les rives du Lez », ligne 1

Arrêt « Léon Blum », ligne 1

Ill. 10 : Le tramway montpelliérain, roulant en site propre, ligne 2

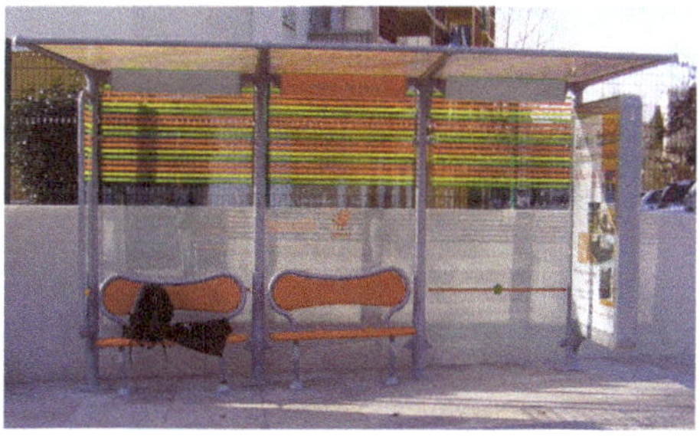

Arrêt « St Cléophas », ligne 2

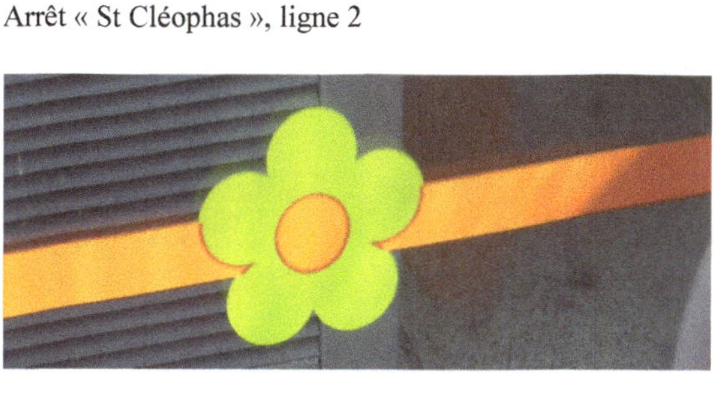

Ill. 11 : Le tramway lyonnais

Bouche de métro à Lyon

Ill. 12 : Nouveau modèle de tramway nantais circulant sur l’ancien réseau ferré

Ill. 13 : Ancien modèle de tramway nantais (circulant toujours)

Ill. 14 : Tramway bordelais

Ill. 15 : Parking à vélo souterrain au centre-ville de Bordeaux

Ill. 16 : Le tramway lillois

Ill. 17 : Lille, centre-ville

Ill. 18 : Montpellier, centre-ville

Ill. 19 : Poubelle du Centre Ville de Bordeaux

Ill. 20 : Containers fixes de recyclage à Nantes

Ill. 21 : Poubelle verte (recyclage individuel) à Montpellier

Ill. 22 : Photo extraite de la plaquette d'information relative à l'unité de méthanisation, disponible à la Communauté d'agglomération de Montpellier

Ill. 23 : Panneau d'affichage au sein des tramways bordelais
lors de l'enquête au printemps 2007

CHAPITRE 8

Des pratiques expérimentales

Les différents cadres d'action examinés montrent que les projets de DD urbain s'inscrivent d'abord dans des pratiques expérimentales, à petite échelle et marquées par la dimension processuelle de leur concrétisation. Cette caractéristique pose, de façon accrue à présent, la question de l'évaluation, pour mesurer en quoi les opérations de DD peuvent peser sur la fabrique de la ville.

1. Des expérimentations de DD urbain à petite échelle

La notion d'expérimentation renvoie à la fois au droit à l'erreur, au développement de projets temporaires et à la mise en œuvre sur des échelles réduites. Elle est au centre d'un grand nombre d'actions en DD urbain : ce serait là un mode pertinent d'application de projets, quand bien même on peut y voir une bifurcation par rapport à une politique de plus grande ampleur. Ce mode de fonctionnement par essais sur des espaces limités n'est toutefois pas sans portée pratique. Un élu vert de la métropole lilloise s'en fait le défenseur : « Les collectivités urbaines sont un endroit pour faire les choses. Plus le mandat est local, plus on a une capacité à agir sur le réel. [...] Quand le territoire est petit, je pense qu'on peut agir sur des enjeux qui sont qualitatifs. Et on doit agir localement. [...] Les États font parfois très bien, très DD. Mais nous, ce qu'on veut, c'est que chacun fasse » (Lille, 05/06/07). De fait, nos divers terrains attestent pareilles démarches.

À Lille, l'adjointe chargée du DD est explicite : « On n'est pas sur du hors sol, on est sur de l'ancrage. Je pense que le monde durable se construit dès aujourd'hui, même si on est que dans des petits morceaux, et qu'il faut amplifier, irriguer, développer, etc. ». C'est cette expérimentation territorialisée qui permettrait une mise en place concrète du DD, au-delà des grands principes : « Je dis souvent que je suis citoyenne du monde, et Lille est une ville citoyenne du monde. Mais, à un moment donné, un territoire est important comme support, pour démontrer, pour faire. [...] Depuis 2000, la mise en œuvre de notre Agenda 21, on est sur 180 projets à peu près, 500 actions, on est dans le faire » (Lille, 06/06/07).

Plusieurs domaines d'action peuvent être évoqués, tel le tri sélectif par bacs séparés : il est d'abord mis en place à petit échelon, afin de procéder à une évaluation, puis de l'étendre ou, si besoin, le modifier. Cette démarche implique d'élaborer, au fil des questions qui se posent, des solutions techniques, à l'exemple de camions bennes compartimentés. Mais ces innovations ont elles-mêmes d'autres incidences ; ainsi de la circulation dans des rues étroites. Le témoignage de la présidente d'une association environnementale de Lille est éloquent sur le caractère incrémental de l'opération :

> On est en train d'équiper les dernières zones, mais c'est très très difficile dans les zones urbaines denses, notamment dans l'habitat ancien et collectif. Ça a commencé en 1995, avec des secteurs expérimentaux, où on a mis des bacs, on les a fait expérimenter pour en tirer les leçons pour les secteurs qu'on équiperait ensuite, ça s'est fait de manière très progressive. Les premiers bacs, il y en avait deux et ils étaient chacun compartimentés, c'est-à-dire qu'on triait en quatre fractions. Dans une des poubelles, il y avait ce qui était propre et sec, donc recyclable, d'un côté les papiers-cartons, de l'autre les flaconnages, à la fois vert, plastique, aluminium et fer. Et un troisième bac, une fraction du fermentescible, et l'autre, la queue de tri [...]. Mais c'est pas facile pour le centre-ville, ils ont renoncé à séparer le fermentescible de l'autre, par manque de place, et puis ça nécessite aussi des volumes spécifiques, puisqu'on a des bacs compartimentés, il faut des bennes compartimentées, ce sont des bennes relativement lourdes et hautes qu'il est pas toujours facile de faire passer dans une petite rue (Lille, 05/06/07).

L'exemple des compteurs individuels à eau dans l'habitat social permet aussi de saisir comment fonctionnent des logiques initialement de niveau réduit, qui finissent par « peser » :

> À Lille, en habitat social, on a essentiellement des familles à revenus très très modestes. Et souvent [...] on a des dispositifs pour éponger les dettes, eau, empêcher les coupures, etc. Sauf que les gens qui sont dans l'habitat social payent l'eau plus cher que les autres. Parce que, premièrement, n'ayant pas de compteur individuel, ils ne sont pas incités à l'économie. Deuxièmement, comme il y a un compteur central, pour un groupe de logements, on estime qu'il y a un litre sur quatre payé qui disparaît : les fuites dans les canalisations. [...] Et comme on ne coupe pas l'eau dans les dispositifs HLM [habitation à loyer modéré], les mauvais payeurs sont compensés par les autres locataires. [...] Nous avons mis en place un groupe de travail avec les bailleurs pour faire progresser les compteurs individuels. [...] Ce sont des choses très concrètes. Ce n'est pas parce qu'on parle de la vie quotidienne, bien au contraire, qu'on ne touche pas aux questions essentielles (élue municipale, Lille, 06/06/07).

À Nantes également, les interventions en DD caractérisent un modèle de la « pipette », où l'on repère des actions sur des points limités pouvant induire des changements graduels[1]. Ce fonctionnaire des Espaces verts évoque la « production biologique intégrée » qui fait appel aux coccinelles :

> Le DD, on est tous au stade des essais, on n'a pas de solutions miracles à mettre en place en fonction de tel ou tel espace. [...] Une [expérience] des plus avancées, c'est la production biologique intégrée, notamment sur la roseraie et dans les serres municipales. C'est pour diminuer les produits phytosanitaires pour détruire tous les ravageurs des plantes. C'est en place depuis un certain temps sur des sites privilégiés, parce qu'en ville on s'est aperçu qu'il fallait, pour préserver les auxiliaires, un support, et souvent c'est de l'herbe. Et là où il y a beaucoup de circulation, le long du tram, les auxiliaires ont du mal à rester en place, parce qu'il y a des courants d'air, des mouvements (Nantes, 19/06/07).

Le Grand Projet de Ville Malakoff permet aussi d'observer des expériences de DD urbain, comme l'exprime cette chef de projet à Nantes Métropole : « Le GPV participe à la notion d'éco-quartier, mais on est bien conscient qu'aujourd'hui nos actions sont limitées et qu'on est perfectibles en la matière. [...] Le GPV, c'est un terrain d'expérimentation en la matière ». Le cas des réalisations HQE est parlant ; après évaluation d'une première tranche, la collectivité a modifié ses attentes par rapport à ses partenaires pour la seconde :

> Sur la deuxième tranche de commercialisation, on va faire appel à un autre aménageur. [...] Sur la programmation immobilière, on a fait appel à un bureau qui dépend de l'école d'Architecture de Nantes, qui a fait des modélisations pour intégrer les éléments bioclimatiques. Il y a eu des évolutions, certains promoteurs-architectes ont été amenés à modifier leur projet, sur des volumes, sur des orientations des bâtiments, sur le choix des parements pour éviter les effets d'éblouissement (Nantes, 22/06/07).

À Montpellier cette fois, la piétonisation de l'hyper-centre représente un autre exemple caractéristique. Un élu vert décrit comment le projet s'est concrétisé peu à peu et les accommodements auxquels il a donné lieu :

> La piétonisation, c'était l'aboutissement d'une évolution, parce que la place de la voiture avait déjà été réduite, et puis la circulation est devenue de plus en plus difficile. La solution qui a été trouvée, c'est la carte d'accès pour les résidents. L'autre problème, c'est qu'il y avait les commerces, les livraisons, tout ça. Donc la solution, c'est d'ouvrir l'espace piéton le matin jusqu'à 9 h. Les livreurs se sont adaptés, il s'est créé des sociétés de transports écologiques qui livrent avec des petits véhicules ou des scooters électriques (Montpellier, 01/03/07).

---

[1] On renvoie aux travaux de Charles Lindblom (1965), s'intéressant aux processus de décision et conceptualisant le gradualisme.

La piétonisation de l'Écusson, hyper-centre de Montpellier[2]

2. La dimension processuelle de la mise en œuvre des projets urbains durables

Ces expérimentations, on le voit, prennent place dans un certain rapport au temps : l'opérationalisation du DD urbain passe par des pratiques graduelles, où l'on distingue de véritables cheminements de concrétisation. Il est question de faire petit à petit, et cela devient « presque » labellisable, ainsi qu'un responsable de la Communauté d'agglomération de Montpellier le dit en rapport à la HQE :

> Sur l'ensemble des bâtiments, il y a des démarches HQE sans qu'elles soient forcément labellisées, mais elles sont aussi prises en compte. Donc c'est invocable. [...] Le projet de la base de vie de la régie de collecte du secteur ouest de l'agglomération : il y a de l'énergie solaire, un projet pilote de récupération des eaux pluviales pour le lavage des berges, pour l'irrigation. On a du photovoltaïque aussi. C'est presque HQE (Montpellier, 28/02/07).

On comprend de la sorte comment les principes du DD urbain sont progressivement traduits à une micro-échelle d'action, avec l'idée à la fois du temporaire et du partiel, où l'on essaie d'innover, pour en tirer un élargissement ou pas.

---

[2] Photographie prise à Montpellier, le 1er mars 2007, par Christine Blanc et Flore Henninger.

2.1. Des processus en train de se faire

Plutôt que des réalisations effectives, ce sont des démarches innovantes que les acteurs rencontrés ont fréquemment mentionnées : la mise en œuvre du DD urbain s'inscrit dans des processus *en train de se faire*. Le regard du responsable nantais des Espaces verts sur l'aménagement de l'Île de Nantes le fait comprendre : « L'Île de Nantes, [...] c'est plusieurs centaines d'hectares à terme, [...] avec la conservation des lignes ferroviaires, des enherbements dans les pavages, tout un tas de choses. On ne connaît pas précisément le projet final, il y a des constructions, des choses qui se mettent en place » (Nantes, 19/06/07). Cette progressivité du raisonnement sur le plan technique se conjugue qui plus est avec des évolutions normatives courantes qu'il s'agit à chaque fois d'intégrer :

> De toute façon, c'est un domaine où on se doit d'être perfectible et de se remettre en question. On voit à quel point la réglementation évolue, la RT 2005[3], les certifications évoluent très vite, donc on n'y voit pas forcément très clair, mais ça nécessite une veille. [...] Il faut aussi [que Nantes Métropole] ne perde pas pied sur toutes les évolutions techniques et les possibilités et contraintes réglementaires (chef de projet à Nantes Métropole, 22/06/07).

De la même façon, la mise en œuvre d'actions en DD est également liée aux avancées des savoirs et des savoir-faire sur ces enjeux, à l'exemple des mesures visant à réduire la place de la voiture dans les déplacements urbains. L'idée exprimée par cet élu vert de Montpellier est bien de progressivement inciter les gens à s'en passer, à mesure que des alternatives sont proposées :

> Je pense qu'il faut avoir une politique de dissuasion de la voiture, c'est-à-dire pas créer de places de parking supplémentaires en centre ville, et inciter les gens au fur et à mesure que vous créez des solutions, sinon ça ne sert à rien : il y a le tarif, les Plans de déplacements entreprise, la communication, etc. (Montpellier, 01/03/07).

La définition des postes de chargés de mission DD des collectivités corrobore cette analyse : réflexion, opérationalité et suivi longitudinal apparaissent liés dans le profil de ces acteurs qui devraient être en mesure d'accompagner les processus. Une interlocutrice au Grand Lyon l'explique : « En tant que technicienne, ma fonction c'est vraiment d'accompagner le changement des processus de notre collectivité, c'est

---

[3] Réglementation thermique actuelle fixant un seuil maximum de consommation d'énergie par m^2 dans le bâti pour l'obtention du permis de construire. Un label « haute performance énergétique » peut être accordé à des réalisations dont la consommation est inférieure de 10 % à la norme RT 2005.

[...] qu'on puisse décider en amont de la prise en compte du DD, suivre après tout au long du processus et pouvoir bien arbitrer en conséquence » (Lyon, 09/07/07).

Finalement, l'inscription des politiques urbaines de DD dans des dynamiques toujours en cours ressort dans la façon dont les acteurs ont dressé le bilan de la situation de leur collectivité ; ainsi du sentiment exprimé par l'adjoint au DD à Montpellier, qui se place résolument dans un mouvement et non un état d'aboutissement :

> Je dirais « peut mieux faire ». Il y a des choses très intéressantes qui ont été engagées, [...] mais il reste encore beaucoup de choses à faire. C'est toujours pareil, si on veut vraiment transformer les choses et avoir des résultats en termes de parts de fréquentation automobile, de qualité de vie, de pollution de l'air, de bilan carbone, etc., il faut être beaucoup plus ambitieux. Mais il y a des choses qui ont été faites : trois lignes de tram, ce n'est pas rien, le réseau cyclable, le traitement des déchets... (Montpellier, 01/03/07).

2.2. Le temps long du DD urbain

L'inscription des projets de DD urbain dans des temporalités de longue durée amène un certain nombre de complexités à gérer : « se projeter dans le temps, c'est toujours délicat » (fonctionnaire municipal, Nantes, 19/06/07), alors même que « sur l'économie, sur la densité, on est sur des échelles qui dépassent largement des actions très concrètes qu'on peut mettre en place à court terme » (chef de projet à Nantes Métropole, 22/06/07). À cela s'ajoute la contrainte de la gestion en parallèle d'actions s'inscrivant dans des temporalités variables, ce qui suppose de maîtriser un double agenda qui s'interpénètre, comme le révèle l'exemple des éco-quartiers nantais :

> On a actuellement en interne un atelier sur les éco-quartiers, avec toute une réflexion engagée [...]. En même temps, on a des contraintes opérationnelles qui font qu'en parallèle de ces réflexions sur le long terme, on se doit de répondre à plus court terme déjà à ces questions, d'où la perception un peu floue de notre action dans le domaine, à la fois avec un engagement théorique et puis des réponses plus concrètes. [...] Mais les deux peuvent cohabiter : on n'est jamais dans un scénario linéaire où on serait vraiment sur de la réflexion aboutie puis la réalisation, on sait que c'est beaucoup plus difficile (chef de projet à Nantes Métropole, 22/06/07).

De plus, on a affaire à un temps social qui est non linéaire, ainsi qu'il transparaît des rythmes d'adoption des enjeux de mobilité durable par les habitants ; le vice-président de la CU de Nantes délégué aux circulations douces s'en fait l'écho :

> Le Plan de déplacements urbains s'étale sur dix ans, il faut arriver en 2010 avec une part beaucoup plus importante [en modes doux]. On affirme qu'on

voudrait obtenir le double, 8 %. On verra, mais il semble que les efforts faits depuis quelques années commencent à payer, et puis c'est vrai qu'au début c'est très, très lent comme évolution, mais après, quand ça commence à s'emballer, on sent bien que c'est parti (Nantes, 19/06/07).

Dès lors, cette diversité des cadres temporels de l'application du DD urbain ne coïncide guère avec les périodes rapprochées qui gouvernent la gestion publique, qu'il s'agisse du temps politique – la durée d'un mandat, les campagnes électorales – ou de la comptabilité publique, suivant un principe d'amortissement des investissements. Ces références classiques constituent une contrainte difficile à dépasser, comme le pointe la présidente d'une association environnementale lilloise :

> Quand on discute avec les élus, il peut y avoir le souci « c'est mon mandat et après je ne sais pas trop ce qui va se passer ». Mais, surtout, l'échelle de temps des décideurs économiques, c'est le court terme. Je prends un exemple concret : installer des chaufferies bois collectives. C'est un investissement lourd. [...] Comment vous faites des projets sur le long terme avec des gens qui veulent n'investir que sur cinq ans ? (Lille, 05/06/07).

De même, les périodes préélectorales ne sont pas propices aux « grands projets » réclamant du temps pour s'accomplir : « Actuellement, des projets, il n'y en a pas des masses, parce qu'on arrive dans une période électorale et municipale : ce n'est pas là qu'il y a le plus de choses qui sont en route ! », note sans détour cet associatif nantais prestataire de plusieurs collectivités (Nantes, 20/06/07). Et il ne faut pas oublier que la durée de réalisation d'aménagements urbains lourds, notamment en matière d'infrastructures de transports, peut heurter la perception des habitants, des riverains gênés par des travaux, etc., d'où un rapport au temps social dans certains choix opérés, comme le Busway plutôt que le tram récemment à Nantes :

> On n'a pas d'opposition des habitants au DD. [...] En revanche, il y a des dispositions qui peuvent présenter une gêne. Quand on met en place une ligne de transports en commun rapide, il faut bien gérer la gêne pendant le stade des travaux. [...] Le Busway, c'est au moins six mois pour chaque tronçon. Mais c'est moins de temps que pour le tram ! Un tramway, ça peut durer jusqu'à deux ans (chargé de mission à Nantes Métropole, 21/06/07).

3. La mesure et l'évaluation des impacts des actions de DD urbain

Reste à savoir si les actions de DD ainsi configurées pèsent sur la politique urbaine, si elles introduisent des modifications et de quel ordre. Aussi la question de la mesure et de l'évaluation des impacts en termes de DD s'impose-t-elle sur les agendas politiques locaux comme un nouvel enjeu pour aller plus loin que l'expérimental. Ceci suppose de construire des cadres d'appréciation. On rejoint ainsi la problématique des indicateurs, présents de longue date dans le domaine des politiques économiques et sociales. John Kingdon a souligné leur rôle pour attirer l'attention des décideurs sur un problème (1995, p. 90), tandis que d'autres y ont surtout vu des instruments de légitimation, sinon de pouvoir (Lorrain, 2006 ; Lascoumes & Le Galès, 2005). Établir des critères d'évaluation – le respect du coût annoncé ? du calendrier prévu ? de la cible définie ? du caractère participatif de son élaboration ? ou également le contexte dans lequel il s'est déroulé ? les acteurs qui l'ont porté ?, etc. – s'inscrit dans un ensemble d'interactions, entre construction sociale d'un problème et production d'un problème politique, *via* les processus de mise sur agenda (Garraud, 1990).

Les indicateurs utilisés pour objectiver les réalisations en DD urbain n'échappent pas à cette genèse[4]. Au contraire, ils mesurent une réalité qu'ils contribuent eux-mêmes à construire et à définir[5] (on mesurera ce pourquoi l'outil a été précisément pensé et dédié), c'est-à-dire à circonscrire et à rendre visible et compréhensible au-delà des seuls cercles experts et techniques (Zittoun, 2007 ; Hamman, 2008). L'enjeu de la mesure tient ainsi dans la possibilité pour les décideurs d'établir une nouvelle « qualification » permettant de saisir les incidences et de hiérarchiser les actions en DD[6]. Le vice-président de la LMCU en charge des transports y voit clairement un appui possible pour les élus :

> Le DD, il faut remettre en cause les intérêts de certains lobbies. Alors, c'est forcément polémique, contradictoire. Mais ça demande, pour éclairer, de dépasser les intérêts particuliers et les regroupements, de se doter d'évaluations de politiques publiques, par exemple des enquêtes Ménages, des enquêtes sur la qualité de l'air. On a besoin d'indicateurs du bien-être social, je pense (Lille, 05/06/07).

3.1. L'évaluation comme nouvel impératif du DD urbain

Après les réflexions, avec les expériences, on serait passé du « dire » au « faire », et il convient à présent d'évaluer ces actions : voilà la trame des énoncés recueillis. « Je pense que l'enjeu qui s'ouvre, c'est l'enjeu

---

4 *Cf.* la publication du ministère de l'Écologie, 2004, et celles de l'IFEN (Institut français de l'environnement), 2001a et b.

5 En termes de matérialisation technique par l'indicateur, cela appuie l'hypothèse soulevée par Jean-Gustave Padioleau (1982), selon lequel les « acteurs redéfinissent les problèmes dans les termes qui les agréent ».

6 « Qualification » au sens de l'économie des qualités : Callon, Méadel & Rabeharisoa, 2000.

des évaluations », avance un fonctionnaire de la CU de Nantes, qui poursuit :

> Le DD doit avoir une déclinaison quantitative et non pas s'arrêter au stade du discours. Donc je pense que le DD est au stade de l'évaluation maintenant. Je dis ça après être allé à la conférence des Villes durables à Séville, où on voit bien que toutes les villes sont au stade de l'évaluation. [...] Donc il y a toujours une vérification de la réalité d'application. [...] Si on dit qu'on va atteindre tel objectif dans cinq ans, c'est parce qu'on a mesuré que chaque année on pouvait y arriver (Nantes, 21/06/07).

Signe de l'attention portée à la mesure des opérations menées, des secteurs d'intervention du DD sont priorisés par rapport à d'autres en fonction de la possibilité plus ou moins aisée de disposer d'indicateurs :

> Air et pollution, c'est moins facile. La question des transports est traitée, mais elle n'est pas facile à identifier, on le voit en termes d'impacts quand on mesure les effets sur la santé, ce n'est pas très évident. Pour ces questions-là, on n'est pas tout à fait en prise, loin de là (chef de projet à Nantes Métropole, 22/06/07).

Désormais, l'utilisation des instruments de mesure est même rendue complexe par leur grand nombre. Le travail d'ordonnancement en strates opéré au Grand Lyon est ici des plus suggestifs, où se mêlent les dimensions technique et politique de ces supports :

> Au total, on a 150-160 indicateurs... ce qui fait beaucoup ! Ce sont des indicateurs thématiques, assez techniques, qui vont intéresser des spécialistes : le chargé de mission, des organismes prestataires ou l'élu, sur tel ou tel sujet. Qu'en est-il de la cohésion sociale ? Qu'en est-il de l'exposition de la population à des nuisances : risque, air, bruit ? Qu'en est-il du dynamisme économique de notre territoire ? [...] Par contre, on en a choisi une trentaine, qui ne sont pas une moyenne, mais qui sont certains parmi ces 150-160, on les a choisis parce qu'ils illustrent des documents qui sont plus transversaux, plus stratégiques à l'échelle de l'agglo. [...] Enfin, par dessus, on choisit quelques grandes balises qui nous disent : ça c'est notre priorité, parce que ça correspond aux enjeux locaux (chef de projet DD, Lyon, 07/11/07).

3.2. Quels indicateurs pour mesurer le DD urbain ?

Les indicateurs retenus sont plus ou moins généralistes (comme les enquêtes) ou dédiés au DD (à l'instar de l'empreinte écologique). Dans les deux cas, non seulement ils rendent visible un problème, mais ils participent de son façonnage, comme autant de traductions langagières et pratiques du phénomène[7].

De façon récurrente, on note le recours à des enquêtes Ménages et des enquêtes Déplacements, spécialement autour des transports urbains. Par exemple, cette chargée de mission à Lille Métropole cite une étude des « axes à haut niveau de service » qui s'est faite en lien avec une enquête Déplacements :

> On a une étude en cours qui a défini des rayons de 500 m autour des stations de métro, des axes à haut niveau de service pour voir quelles sont les difficultés qui se posent quand vous accédez en voiture, à pied ou en vélo, à ces points de rabattement. Il y a notamment un projet de tram-train qui est affiché dans le sens de l'intermodalité, et donc il y a eu une enquête Déplacements, qui actualise celle d'il y a dix ans, et sur laquelle on peut se baser pour voir comment ça évolue et comment il faut renforcer tel ou tel aspect (Lille, 05/06/07).

L'empreinte écologique constitue pour sa part un indicateur spécifique aux questions de DD. À l'échelle d'un individu, elle correspond à une estimation de la superficie nécessaire pour répondre à l'ensemble des besoins en ressources naturelles. Les « consommations » en termes d'alimentation (végétarienne ou carnivore, le nombre de calories nécessaires par jour), de transport (kilomètres effectués par jour, type de carburants, modes de déplacements) et d'habitation (superficie, énergie) sont traduits en une quantité de ressources écologiques nécessaires pour subvenir aux besoins d'un groupe ou d'une population donnée. Toute imparfaite qu'elle soit, l'empreinte écologique permet ainsi de mesurer la pression d'une société sur son environnement, exprimée en unité de surface, à un moment donné, et fournit une valeur absolue, facilement mobilisable en termes d'usages sociaux (Wintz, 2008). C'est en particulier le cas à Lyon et à Lille.

D'accès direct par le chiffrage qu'elle délivre, l'empreinte écologique vaut d'abord comme support d'objectivation, y compris pour les services qui assurent le suivi d'objectifs de DD, comme ce chargé de mission au Grand Lyon : « Le calcul de l'empreinte écologique permet de mesurer l'impact des modes de vie d'une population sur l'environnement. Donc la limite individuelle à ne pas dépasser. Le Grand Lyon est à 4,9 ha sur une moyenne française de l'ordre de 5,3 ha. Donc l'empreinte

---

7 Ces indicateurs jouent le rôle d'un langage au sens de Jürgen Habermas (1999), pour lequel « le langage et la réalité interpénètrent d'une manière qui reste indissoluble. Toute expérience porte l'empreinte du langage, de sorte qu'une saisie de la réalité non filtrée par le langage est impossible. [...] La réalité à laquelle nous confrontons nos propositions n'est pas la réalité "nue" mais elle-même imprégnée par le langage ».

écologique du Grand Lyon n'est pas très très satisfaisante » (Lyon, 09/07/07). Elle est toutefois largement utilisée dans le cadre d'une communication publique : « C'est un excellent outil de sensibilisation en termes pédagogiques, et on l'utilise en ce sens dans nos animations en matière d'éducation au DD, et on l'a utilisé dans l'Agenda 21 comme outil de création de débat », fait remarquer une chargée de mission, qui se veut réaliste sur les limites de la technique en termes de suivi précis d'enjeux locaux en DD :

> L'empreinte écologique est très fiable et pertinente au niveau des États, car chaque année c'est le même type de données qui rentrent, et on peut faire la comparaison. [...] Par contre, au niveau local, qu'est-ce que nous a fait le prestataire ? Il a extrapolé des enquêtes régionales, nationales, il a croisé ça avec des enquêtes locales. On se retrouve avec des données qui sont sur des scènes géographiques différentes. On arrive à 4,89 ha par habitant et par an. Quand je vois le montage statistique fait par le prestataire, 4,89, pour moi, ça veut dire 5. [...] Et 5 ha par habitant et par an, pour un calcul en 2003-2004, ça ressemble étrangement au calcul moyen français. Donc – oh, surprise ! – l'empreinte écologique d'un Lyonnais est celle d'un Français ! [...] Pour l'instant, ce n'est pas mûr au niveau local (Lyon, 07/11/07).

Néanmoins, la ville de Lille se dit pionnière sur cette démarche d'intégration de l'empreinte écologique, pour la réduire. L'indicateur y est lu comme une synthèse possible de la transversalité des enjeux de DD, entre préoccupations environnementales, économiques et sociales ; l'adjointe au DD y revient :

> Je prends l'exemple de l'analyse flux-matière-énergie que nous avons lancée à Lille, pour essayer de mesure notre empreinte écologique. C'est la première expérimentation de l'écologie territoriale appliquée comme ça en France. [...] Et puis la notion de dématérialisation, comment réduire notre empreinte plus globale. [...] Une mixité de fonctions, comment limiter les déplacements non désirés, c'est l'aspect minimiser l'impact de l'empreinte écologique. [...] Changer le mode de production et de consommation. [...] Je ne veux pas dire que forcément tous nos produits doivent être locaux, mais comment favoriser un développement local et réduire l'empreinte écologique (Lille, 06/06/07).

D'autres indicateurs sont également apparus au fil de nos observations ; on citera les bilans carbone[8], la cartographie du bruit (Zittoun, 2007) et l'indicateur de développement humain (IDH). Ils ont pour caractéristique commune de constituer une simplification qui passe par une problématisation clairement identifiée au sein des multiples déclinaisons du DD urbain, et ce suivant un énoncé saisissable par le plus

---

[8] Méthode permettant de comptabiliser les émissions de gaz à effet de serre sur un territoire.

grand nombre, car constituant à la fois une photographie d'un problème et une interprétation de sa mesure (par exemple, un chiffre, variant sur une échelle, du « meilleur » au « moins bon »). C'est là le signe d'un travail de « destruction des intermédiaires » : qu'entre l'indicateur et son lecteur aucun interlocuteur ne s'interpose pour « interpréter » (Zittoun, 2007, p. 174). En particulier, l'IDH se veut synthétique et particulièrement transversal, réalisant territorialement une moyenne entre la croissance économique, l'évolution de l'espérance de vie et celle des conditions de scolarisation. Sa construction au sein du Grand Lyon est significative d'une attention visant à mesurer à la fois les enjeux environnementaux, sociaux et économiques du développement humain et à livrer un résultat d'appréhension directe :

> À côté de l'empreinte écologique, le Grand Lyon a souhaité se doter d'un indicateur IDH, qui a permis d'appréhender les deux autres piliers du DD que sont le développement économique et le développement social. C'est une démarche plus récente, ça doit dater d'un peu moins de deux ans. [...] L'IDH est calculé à partir de trois dimensions : la capacité à bénéficier d'une vie longue et saine et d'une espérance de vie décente, l'accès à l'éducation et aux connaissances, les taux de scolarisation et taux d'alphabétisation des adultes, l'accès aux ressources matérielles, notamment le PIB par habitant. Ce sont des critères de développement humain qui ont été initiés par le programme des Nations Unies, et le Grand Lyon s'est calé sur ces thèmes pour construire son IDH, avec le concours d'un universitaire et de l'agence d'urbanisme de Lyon. L'IDH se mesure sur une échelle de 0 à 1, et l'IDH du Grand Lyon calculé en 2003 atteint une valeur de 0,97. Et 1 c'est la meilleure note. L'IDH de la France serait de 0,94. Donc c'est légèrement au-dessus (chargé de mission au Grand Lyon, 09/07/07).

L'instrument n'est alors plus seulement un mode de concrétisation d'un projet mais aussi un vecteur de sa validation, en fonction de sa propre construction, au niveau de données plus ou moins agrégées, destinées à faire ressortir un enjeu vu comme discriminant (par exemple, le bilan carbone pour l'énergie, la carte du bruit pour la circulation). À l'image des *artefacts* socio-techniques étudiés en sociologie des sciences, il sert ainsi de support à l'énonciation d'un langage commun, qui constitue une transcription épurée, stabilisée et accessible aux « profanes », à partir d'une problématique complexe, voire parfois peu lisible. Dès lors, ces chiffrages permettent « non seulement d'énoncer ce qui fait problème, en triant et en hiérarchisant, mais de désigner un coupable et de déterminer un acteur responsable » (Zittoun, 2007, p. 161). L'indicateur devient alors à proprement parler un lieu de mobilisation, significatif de l'inscription du DD urbain dans des entre-deux permanents, entre technicité des enjeux, portage politique et participation citoyenne. On pourrait en effet parler d'une mise en avant du dispositif plutôt que du « plaignant » – c'est-à-dire l'acteur mobilisé, les associations, les mouvements écologistes – pour légitimer la collectivité à définir et à traiter un problème, alors même que ces derniers sont régulièrement invités à y « participer ».

Plaquette « Montpellier Main Verte ! Création et animation de jardins partagés » et plaquette des animations proposées par la Maison Régionale de l'Environnement et des Solidarités (MRES) de Lille[9]

9 Documents recueillis par Christine Blanc et Flore Henninger lors des déplacements à Montpellier et à Lille.

Quatrième partie

Le DD urbain au service de la participation

Introduction

La participation est aujourd'hui un mouvement qui vaut hors cadre du DD urbain[1] ; la question est de savoir si cette dimension pèse ou non dans la production de la « ville durable », sachant que les dispositifs de concertation y sont largement mis en avant par les collectivités, et préconisés pour une action publique « responsable ». La recherche du maître d'œuvre du projet Île de Nantes fournit un exemple ; les postulants sont invités par la CU Nantes Métropole à aller à la rencontre des différents acteurs locaux :

> C'est un concours qui a lieu pendant un an environ, avec trois équipes qui travaillent, [...] qui vont à la rencontre des associations, des habitants, pour sentir le territoire et commencer un peu à imaginer le projet. [Elles] rencontrent les principaux organes de la collectivité, du port, tous les organes consulaires et les associations et habitants, donc à peu près un an de travail (cadre de la SEM SAMOA, Nantes, 22/06/07).

Si les énonciations locales des modes participatifs sont multiples – il peut être question de « bonnes pratiques », de « gouvernance » ou encore de « dispositifs citoyens », etc. –, deux balancements peuvent être repérés transversalement : entre concertation institutionnelle et participation citoyenne, d'abord (Chap. 9) ; et quant aux partenaires associés pour une démarche de démocratie participative, ensuite (Chap. 10). Ces enjeux ressortent dans les termes-mêmes de la gradation exprimée par l'adjoint au DD à Montpellier : « Ce qu'on peut dire en matière de DD, c'est que la concertation, et plus même la participation, est un élément indispensable sur toutes les questions » (Montpellier, 01/03/07). Il y a en effet différents degrés dans l'association des habitants à la décision, entre consultation (comme simple recueil de suggestions), concertation inter-institutionnelle, entre acteurs de l'aménagement et des politiques publiques, et participation citoyenne avec une certaine redistribution du pouvoir (Blanc, 1994, p. 266-270), et non simplement une publicisation du débat, au sens de Habermas (1986).

Ceci renvoie à un double arrière-plan théorique. D'une part, un certain nombre de travaux s'intéressent aux transformations des mobilisa-

---

1 Parmi une abondante bibliographie, *cf.* Blondiaux & Sintomer, 2002 ; et Bacqué, Blanc, Hamel & Sintomer, 2005, qui soulignent que « la transformation de la gestion urbaine a été marquée ces dernières années par le succès du thème du débat public et de la délibération démocratique ».

tions collectives et de leur accès à l'espace public. Ils pointent une remise en cause du monopole des représentants publics (les élus et les appareils administratifs et techniques des collectivités) sur les modalités de jugement et de choix, c'est-à-dire sur « la décision ». Ce processus s'expliquerait par l'entrée en scène de « profanes », dans le cadre de dispositifs de participation ou de controverses publiques (Callon, Lascoumes & Barthe, 2001), ou encore en tant que « lanceurs d'alerte » (Chateauraynaud & Torny, 1999). D'autre part, depuis les années 2000, il est également question d'une réactualisation du modèle légal-rationnel d'expertise fondé sur les effets d'autorité liés à la compétence technique et la science[2]. Nos enquêtes montrent l'absence d'exclusivité entre ces deux dynamiques. C'est bien parce qu'il n'y a pas de « toute-puissance » des services municipaux et intercommunaux sur les enjeux du DD urbain qu'émergent des alertes ou des critiques portées par de nouveaux types de porte-parole, habitants, usagers, riverains et leurs représentants, etc. Mais, en même temps, à mesure que ces questions sont inscrites sur les agendas politiques locaux, s'opère une réorganisation d'un appareillage technico-administratif territorial, qui inclut désormais au nombre de ses missions des rôles de vigilance et de défense des citoyens (qualité de l'air, traitement des déchets, lutte contre les pollutions, etc.). Les dimensions de concertation et de participation accompagnant la mise en œuvre des opérations en DD urbain peuvent être saisies dans ce rapport mouvant entre ouverture à de nouveaux acteurs et réinvestissement des institutions locales.

2 Sur l'importance de la science et de la technique comme pouvoir, *cf.* Restier-Melleray, 1990 ; Stengers, 1997. Ceci représente en particulier le modèle des « agences », à l'exemple de l'Agence française de sécurité sanitaire des aliments, étudiée par Céline Granjou, 2007.

CHAPITRE 9

Gérer les dispositifs de concertation institutionnelle

S'agissant des dispositifs de concertation (Blondiaux & Cardon, 2006), trois questions apparaissent corrélées :

- Pourquoi une ville ou une agglomération monte-t-elle de tels dispositifs ? Ce qui revient à interroger la part de volontarisme et de fait légal obligé.

- À quelle échelle institutionnelle ces dispositifs sont-ils plus particulièrement mis en œuvre ? Où il s'agit de questionner l'implication des communes en rapport avec la part prise par les structures intercommunales dans l'action en DD urbain.

- Enfin, quelle est la portée de ces dispositifs, qui, à première lecture, seraient plus « lisses » que les mobilisations liées à la participation citoyenne ?

1. Une concertation obligatoire

S'il y a concertation en matière de DD, c'est d'abord parce que celle-ci est rendue obligatoire, par la loi, dans le cadre d'un certain nombre de projets urbains. Un vice-président de la LMCU distingue bien les procédures légales, qui donnent notamment lieu à la tenue de réunions publiques, et les initiatives participatives prises au titre de la promotion de la démocratie locale, sur certaines opérations comme les « ateliers participatifs » :

> Il y a des réunions publiques en mairie pour présenter tel ou tel projet. À Ronchin, on a changé pas mal de choses, c'est deux réunions publiques avec 300 personnes à chaque fois, c'est jamais très simple, mais c'est un exercice obligé. Après, sur le parc urbain, on a fait un atelier participatif où on a, même dans le choix du concepteur, associé les habitants, avec un représentant des commerçants et un représentant des habitants (Lille, 05/06/07).

À Montpellier également, de concertation il y a d'abord lorsqu'elle est prévue par la réglementation, par exemple s'agissant des tracés de lignes de tram ; la distinction opérée par cet élu municipal est significative : « Il y a des débats parce qu'il y a des associations qui se sont organisées, mais il y a des concertations publiques qui sont obligatoires par la loi » (Montpellier, 01/03/07). Pour autant, certaines démarches peuvent provenir d'une initiative des collectivités avant qu'un texte ne les y oblige. C'est le cas au Grand Lyon, où « il y a un conseil de Développement, qui existe avant même que la loi ne l'ait prévu », souligne une chef de projet DD (Lyon, 10/10/07).

2. L'échelle communale des dispositifs de concertation : entre proximité affichée et légitimité du suffrage

De la sorte, la question de la participation peut être liée à l'institution porteuse de la démarche. Sur ce plan, les communes sont davantage impliquées que les intercommunalités, non issues du suffrage universel direct[1], quand bien même ces dernières se marquent de plus en plus dans la mise en œuvre du DD urbain. On voit ici que les enjeux de la ville durable viennent pour une bonne part confirmer les rapports localisés de pouvoir, quant à la légitimité par l'élection qui en serait aussi une à entrer en contact avec les acteurs non-institutionnels[2]. Le répertoire de la « proximité » est alors d'autant plus mobilisé, au titre de la prise en compte du rôle des rapports sociaux dans les processus de développement territorial durable liés à une coordination territoriale (Angeon, Caron & Lardon, 2006), que, dans le cadre de ces dispositifs participatifs, il vaut justification du primat des villes sur les agglomérations, en référence au cadre à succès de la « démocratie de proximité » (Blanc, 1994 ; Blondiaux & Lévêque, 1999 ; Bacqué & Sintomer, 2001). C'est bien ce que regrette cet élu vert de Montpellier :

> Il y a pas mal de chartes, la démocratie de proximité, les conseils de quartier, c'est au niveau de la ville. [...] Il n'y a pas de structures au niveau de l'agglomération. Il y a un déficit de concertation dans les agglomérations, puisque c'est des conseillers élus au second degré par les conseillers municipaux, donc en général les citoyens n'ont pas vraiment accès. Les conseils de quartier, par exemple, ne sont pas consultés (Montpellier, 01/03/07).

C'est là un trait général, que l'on retrouve au sein de l'agglomération lilloise, où un *modus vivendi* entre communes et LMCU ressort des termes de l'Agenda 21 communautaire : « Il y a un axe qui s'appelle "le DD, un levier pour l'attractivité et la cohésion sociale". Ça c'est spéci-

---

1 Les effets politiques et pratiques de ce *distinguo* ont été analysés par Gaxie, 1997, et Moquay, 1998.

2 Ce qui ne doit pas faire oublier le fait que si la commune se présente comme le niveau premier d'exercice de la démocratie, par la proximité entre les élus et la population, le fonctionnement concret du système local peut déboucher sur le paradoxe d'une « démocratie sans les citoyens » qu'ont pointé Barbier & Waechter, 2003.

fique, parce que nous on a un contact direct avec les communes et c'est les communes qui, dans la stratégie avec la LMCU, assurent le contact avec les habitants », ponctue la chargée de mission DD à la LMCU (Lille, 05/06/07). On comprend d'autant mieux que le directeur du Renouvellement urbain à Nantes Métropole mette en avant l'attention accordée par la CU à la « proximité », à travers un dispositif institutionnel présenté comme original – des « pôles de proximité » – qui constituent un échelon *ad hoc*, dont l'établissement est significatif :

> C'est une spécificité nantaise, Jean-Marc Ayrault [président de la CU] l'a développé au motif de la proximité : il y a le siège ici qui définit les politiques publiques et qui les régule, par contre dans leur application il y a des pôles de proximité, qui ne correspondent pas à des communes, et qui sont une application décentralisée de l'action communautaire, notamment dans le traitement des citoyens, où les demandes sont automatiquement prises en compte. Il y a des réponses personnalisées, c'est un système très performant. Ça c'est la réactivité, la proximité (Nantes, 20/06/07).

3. La portée de la concertation inter-institutionnelle

Ce n'est pas parce qu'elle s'exprime sur des scènes institutionnelles que la concertation est dépourvue de portée, au niveau des rapports politico-administratifs locaux du moins. Encore une fois, l'enjeu n'est pas simplement technique, mais aussi politique.

Il est vrai que les espaces de concertation relèvent fréquemment d'un certain « entre-soi ». Par exemple, à la CU de Nantes, les personnes invitées le sont au gré de liens préalables avec un responsable administratif, qui a fait fonctionner ses relations : « Le principe, ça a été dès le départ d'intégrer des personnes extérieures, c'est-à-dire qu'on n'est pas seulement des personnels de Nantes Métropole. [...] Le groupe, c'est M.M. [un chef de service] qui s'est chargé par ses réseaux et en interne et les différents contacts, de monter ces différents groupes de travail » (fonctionnaire à Nantes Métropole, 21/06/07). De même, le conseil de DD de la CU de Bordeaux ne remet nullement en question le schéma décisionnel classique ; l'instance fait davantage office de thermomètre pour des sujets émergeant dans les débats publics, et peut permettre de se réclamer d'une écoute élargie : « S'il y a des choses importantes, ça se passe entre le président, son directeur général, son dir-comm. Comme dans toute agglomération qui se respecte. Cela dit, ils font passer des messages, ils tâtent le terrain, etc. Ce n'est pas inutile pour eux. Quand il y a des remontées sur certains sujets, ça les met en alerte ». Dès lors, ne participe pas à ce conseil qui veut, ni le citoyen ni l'associatif *lambda* : « Quand je dis associatifs, ce sont les permanents des associations. Les piliers du système sont toujours les mêmes depuis très longtemps », nous dit un urbaniste qui y siège (Bordeaux, 06/03/07).

Conclure à une simple mise en scène serait toutefois erroné. Les enjeux de la concertation institutionnelle ne doivent pas être sous-estimés, compte tenu de la dimension « multi » (acteurs, compétences, échelles) du DD urbain. Si les acteurs institutionnels insistent souvent sur cet aspect autant sinon plus que sur la participation citoyenne, ce peut être lié à leur posture, mais aussi aux tensions qu'ils y perçoivent : la conflictualité n'est pas limitée aux rapports entre les collectivités et les habitants ou des groupes protestataires. L'image du « ménage à trois » évoquée par ce responsable à la CU de Bordeaux est éclairante :

> Il a fallu gérer la concertation sur le projet du tram, sur le PDU, sur les projets de voiries et de ZAC, avec le paradoxe suivant : la commune et la communauté doivent délibérer sur les modalités d'association des populations à la concertation, elles doivent se mettre d'accord, et c'est le maire qui conduit la concertation en association avec la communauté sur un projet que propose et finance la communauté, et au final c'est le maire qui décide ; c'est un peu un ménage à trois entre la population, le maire et la CUB (Bordeaux, 05/03/07).

Tout aussi significatif est le sentiment de la chargée de mission DD à Lille Métropole, qui, en termes de participation, ne parle pas tant des habitants que des élus et des bailleurs. Les controverses seraient plus fortes au niveau des rapports inter-institutionnels que des relations avec les habitants – peut-être précisément parce que ces derniers sont moins associés aux processus décisionnels :

> Je dirais qu'ici comme ailleurs, ça peut être un discours avec des pratiques très inégales derrière. [...] Par rapport aux habitants, ça passe par des grands projets d'infrastructure. On a fait récemment une communication au travers de sept petits films pour que les gens comprennent ce que ça voulait dire le DD dans les politiques de la LMCU. [...] Pour l'instant, certains élus n'ont pas intégré tous les intérêts. Dans l'habitat, la délibération est passée, mais tous les bailleurs ne voient pas l'intérêt d'avoir des surcoûts d'investissement quand c'est le locataire qui bénéficie des diminutions de charges. Les polémiques sont souvent plus au niveau des concertations avec les communes que quand les communes concertent sur les projets (Lille, 05/06/07).

CHAPITRE 10

Intégrer la participation citoyenne

Nous sommes aujourd'hui en présence de toute une rhétorique de la démocratie participative (Blanc, 1994, 1996, 2005 ; Blatrix, 2000 ; *Sciences de la société*, 2006) qui serait en quelque sorte « plus démocratique », dans la mesure où elle permettrait d'associer davantage de « partenaires » aux circuits de la décision – notamment face aux craintes technocratiques dans des domaines où la part des enjeux techniques est importante, ce qui est de plus en plus souvent le cas dans l'action publique, y compris urbaine et locale. Mais ceci élude les questions sensibles de la qualité des acteurs et groupes associés (qui participe concrètement ? des experts et des associatifs « reconnus » ? une minorité qui se mobilise pour participer « activement » ?), de leurs positions relatives (une égalité de façade ?) et de l'articulation des scènes de participation par rapport aux lieux de décision issus du principe électif.

Le volontarisme municipal repéré à Bordeaux autour d'Alain Juppé est riche de sens. Une charte d'Écologie urbaine et de DD a été mise en place en janvier 2007, et des démarches participatives organisées ensuite seulement, en aval : c'est au printemps 2007 que le maire et les élus municipaux prennent part aux conseils de quartier pour présenter la charte et recueillir des propositions d'amendements. L'exemple montre que les dispositifs participatifs peuvent servir d'outils de légitimation ou de « passage obligé » au titre de la démocratie locale, *ex post*, une fois les axes fixés. Ce mode de fonctionnement se retrouve en effet dans d'autres agglomérations, telle Nantes Métropole, comme le souligne ce salarié d'une association d'environnement : « Sur les autres Agendas 21, ils ont commencé à communiquer à la fin du processus : "Oui, on a élaboré un Agenda 21" » (Nantes, 19/06/07).

1. Des modes de participation plus ou moins institutionnels

1.1. Les échelles des projets urbains comme critère pratique

La proximité géographique, toute ambiguë qu'elle soit, participe, une fois associée aux proximités institutionnelle et organisationnelle, de la définition de la « gouvernance locale », aujourd'hui promue, et dont la démocratie de proximité est une déclinaison (Talbot, 2006). À l'échelle de la ville ou de l'agglomération, c'est au sens générique de l'action publique locale, avec une dimension institutionnelle, qu'il est question d'associer les habitants : « Les habitants sont régis par des groupes de travail avec des réunions plénières sur des gros projets d'aménagement de parcs. [...] Mes collègues de quartier sont pilotes, nous on assure les différentes directions parce qu'on est partenaire de l'aménagement, et les habitants sont représentés », note ce fonctionnaire des Espaces verts de la ville de Nantes. Au contraire, pour des « aménagements localisés », les riverains sont directement sollicités comme interlocuteurs, vis-à-vis desquels une gestion différenciée de l'espace public pourra être menée à échelle réduite, suivant le même interlocuteur :

> Après, il y a le stade de la consultation pour un projet précis dans un quartier, ça correspond plus à un aménagement localisé, comme des jardins familiaux, des aires de jeu. Quand on abat les arbres dans une rue, on va faire une réunion avec les riverains, ils ont leur invitation, on le fait sur site avec eux, on leur dit pourquoi on les abat. Et puis après on « négocie » avec eux, on concerte sur le choix des essences à mettre à la place, etc. On les incite aussi à faire des végétalisations de pieds d'arbres, on essaie de les associer. [...] C'est la notion d'appartenance, l'espace public est à tout le monde, c'est vrai, mais ça peut aller au-delà de ça. [...] Après, en fonction des lieux, des types d'habitat, il n'y a pas les mêmes attentes, on s'adapte aux besoins, différemment (Nantes, 19/06/07).

Ceci traduit plus largement une participation citoyenne organisée par la commune en mettant en place des conseils à l'échelle des quartiers ; ainsi, « la ville de Nantes s'appuie depuis le milieu des années 1990 sur les conseils consultatifs de quartier, qui sont des groupes d'habitants, représentants d'associations ou non, qui, à l'échelle du quartier, travaillent soit sur une thématique territoriale, soit par thème », souligne un aménageur (Nantes, 22/06/07). Ces structures regroupent, spécifiquement pour des projets d'aménagements correspondant au cadre du quartier en question, des associations ou des personnes impliquées, à l'instar de celles qui ont travaillé aux anciens chantiers navals dans le cas de l'Île de Nantes :

> Sur l'Île de Nantes, il y a eu une bonne participation avec les anciens ouvriers et contremaîtres du chantier naval. Ils sont toujours présents avec nous sur le site des chantiers. C'est eux qui ont tenu à préserver l'héritage. [...] Régulièrement, il y a des contacts, et des choses qui s'adaptent en fonction de leurs demandes (fonctionnaire à Nantes Métropole, 21/06/07).

1.2. Une participation citoyenne médiée

Il en va donc d'abord d'une participation citoyenne médiée (et non directe) par le canal de différentes instances *ad hoc* qui sont autant d'arènes intermédiaires d'encadrement des énoncés. Le format de la « réunion publique » est en soi un premier cadre. Ainsi, cet urbaniste bordelais se souvient-il de l'organisation des réunions relatives aux aménagements du tramway, sans tenir un discours irénique sur la participation : « Il y a eu des débats, mais il y a dix ans de cela. Il y a eu des débats relativement intenses, en 1996-1998, sur les variantes. Moi je me suis payé 40 réunions de concertation en soirée à l'époque, avec toutes les limites qu'il peut y avoir dans une réunion de ce type ! » (Bordeaux, 06/03/07).

Mais c'est surtout un processus d'institutionnalisation des formes de participation citoyenne par le truchement d'une scène intermédiaire qui se dégage de nos enquêtes. Ce peut être plus ou moins formel, et rattaché aux services de la collectivité, comme le note un aménageur nantais : « Il y a une équipe de quartier, qui sont les équipes décentralisées de la ville, qui sont un peu le relais des habitants vers les structures ville et Communauté urbaine ». Il peut aussi s'agir d'un montage spécifique, censé témoigner d'une prise de distance par rapport aux institutions publiques mais demeurant dans une logique institutionnelle, *via* un prestataire mandaté :

> Il y a la création d'un observatoire de la Biodiversité. On accompagne le processus, en termes de conditions techniques, on organise les réunions, on mobilise les acteurs. Ce sont des réunions portées par une structure indépendante parce que c'est un des points de l'Agenda 21, participatif, ce n'est pas la ville, c'est cette structure indépendance qui fait une réunion, invite les gens et il y a une fonction de secrétariat qui nous est un peu déléguée (salarié d'un CPIE, Nantes, 19/06/07).

S'inscrivant dans la montée en puissance du « débat public » en France[1], le cas des « ateliers de co-production » de l'Agenda 21 de Nantes Métropole nous fait comprendre le fonctionnement d'un dispositif participatif, en quoi il est cadré par la collectivité et comment interviennent les acteurs de la « société civile », à commencer par une association d'environnement comme intermédiaire entre les acteurs présents, avec une fonction d'animation et de communication, sur le modèle de la « conférence de citoyens » (Barbier & Bédu, 2008) :

> Il y avait quatre thèmes : vivre ensemble, l'urbanisme, la consommation responsable, et puis la diversité. [...] Sur les quatre thèmes, il y avait quatre

[1] Sous des modalités très différentes, expérimentales et fréquemment assez mal identifiées (Revel *et al.*, 2007).

réunions d'organisées. La première, c'était une réunion d'information : voilà les politiques en cours, voilà ce que c'est que le DD, ce que c'est qu'un Agenda 21. Maintenant, c'est à vous de décider, ce qui manque, vous pouvez voir et on discute de comment on fait. La deuxième réunion, sur des ateliers, il y avait une trentaine de personnes par atelier, qui se séparent en petits groupes et font des propositions. [...] Et nous, on était en animation de ces sous-groupes, donc on essayait de prendre en note. À la fin des sous-groupes, l'atelier se remettait ensemble et un porte-parole faisait la restitution. La troisième réunion, c'était sur la base des propositions qu'il fallait qu'on rediscute. Il y avait tous les tableaux avec un certain nombre de colonnes déjà faites : compétence métropolitaine, compétences autres que ville, et on discutait sur ce qui avait été identifié comme intéressant par les élus. Et il y avait un retour. Quatrième réunion, la réunion de clôture : sur la base de vos propositions, on a fait des choix, mais on va faire ça. Nous, on est intervenu surtout sur les deux du milieu et sur la diffusion de l'information, le site Internet, sur la rédaction de comptes-rendus des ateliers, et sur l'animation des sous-groupes au niveau de la co-production. Ça s'est étalé sur un an (salarié d'un CPIE, Nantes, 19/06/07).

1.3. Les « Dialogues en Humanité » au Grand Lyon

Mettre en avant des démarches participatives suppose ainsi aux yeux des décideurs d'encadrer les modalités. Par rapport à ce constat général, une expérience lyonnaise se veut originale et plus ouverte : la démarche des « Dialogues en Humanité ». « L'idée, c'est de faire dialoguer à la fois des élus, des techniciens, des habitants et des intellectuels, sur des grands enjeux de la société, actuels et futurs, sur un autre mode que la concertation que nous connaissons, là c'est vraiment le principe de l'*agora* qui est mené à 100 % », insiste la chef de projet DD du Grand Lyon (Lyon, 10/10/07).

Concrètement, il s'agit de tenir sur quelques jours, à Lyon, des forums, discussions et expositions entre un grand nombre d'acteurs comme autant de dispositifs participatifs. Pour la 6e édition, les « Dialogues en Humanité » de 2007, qui se sont déroulés du 6 au 8 juillet dans le parc de la Tête d'Or (*Illustration 8, cahier central*), comptaient environ 175 intervenants « inscrits », dont la liste traduit bien le sens donné à la manifestation :

- quelques 25 élus, dont le président de la CU de Lyon et un certain nombre de ses vice-présidents, des députés, des maires et adjoints de communes des alentours.

- environ 25 fonctionnaires, allant du chargé de mission en DD au conservateur de musée et au documentaliste.

- 40 membres d'associations diverses, environnementales, à vocation « humaniste », de défense des droits de l'homme, etc.

- quelques 65 personnes de statuts très divers (la « société civile » !) : écrivains, artistes de scène (chorégraphe, danseur, musicien, voltigeur), journalistes, architectes, sportifs, entrepreneurs, etc.

- et une vingtaine d'universitaires, chercheurs en sociologie, philosophie, économie, anthropologie, sciences de l'éducation et autres sciences humaines et sociales.

Programme de l'édition 2007 des « Dialogues en Humanité »

De plus, tout un chacun qui souhaite écouter, participer ou seulement regarder les œuvres exposées est invité à le faire ; la chef de projet DD de la CU de Lyon l'explique longuement, et donne à saisir la pluralité des registres en jeu :

> L'idée, c'est de faire se rencontrer les gens à la fois du monde entier, de toutes les cultures, de tous les continents, de toutes les spiritualités, et des praticiens de nos quartiers, de nos associations, de nos entreprises locales. [...] Il y avait les mamans maghrébines d'un centre social de Villeurbanne qui étaient venues faire du thé et des gâteaux délicieux, qui étaient offerts aux passants, dans le parc de la Tête d'Or, et c'est elles qui attiraient le public, en quelque sorte. [...] Aucun intervenant n'est payé, bien sûr. Chacun vient

> et apporte sa contribution. […] Donc tout est basé à la fois sur un espace extrêmement ouvert, à l'extérieur, sans murs, sans inscription, pas de badge pour les gens, tout le monde est à égalité. Il n'y a pas d'expert en humanité. […] Ensuite, on a insisté beaucoup sur la notion d'écoute, d'égalité, de liberté de parole, mais aussi de bienveillance, qui va un petit peu plus loin que le respect. C'est une autre façon de travailler, de faire connaître les enjeux du DD à l'aune de la question humaine (Lyon, 10/10/07).

Ces différents exemples montrent en creux qu'il faut distinguer l'intégration d'acteurs collectifs dans les processus participatifs en DD, à l'exemple des associations, et celle des citoyens en tant qu'individus : habitants, riverains, etc.

2. La participation associative

On l'a vu, certaines associations s'accommodent fort bien des dispositifs de participation mis en place par les collectivités sur les projets de DD urbain, y trouvant l'occasion d'obtenir des financements publics. Le constat dépasse de beaucoup les associations qui exercent une délégation de service public, comme les CPIE. En effet, la dimension participative, rattachée au principe d'exercice de la démocratie, est désormais posée comme une composante inhérente au DD, qui représente de ce point de vue un cadre légitimant pour la société civile organisée. On le comprend à travers les propos de cette associative lilloise, qui va jusqu'à parler d'une fonction arbitrale des associations et autonomiser la démocratie participative comme un « 4e pilier » du DD, à l'égal des trois autres, là où on y verrait plutôt une déclinaison transversale ou sociale : « On a aussi à faire ce travail de conviction, voire d'arbitrage des pouvoirs publics quand il y a des intérêts divergents. C'est le 4e pilier du DD : généralement, on définit le DD à la croisée de l'environnemental, de l'économique et du social ; la démocratie est un pilier indispensable » (Lille, 05/06/07).

La réalité est pourtant complexe, et on ne manque pas d'entendre des responsables associatifs se plaindre du peu de cas qui leur est porté par les édiles municipaux ou intercommunaux.

2.1. L'intégration variable du champ associatif

« Participation fonctionnalisée ou ouverture démocratique ? », ainsi peut se résumer la dialectique correspondant à la place des associations dans l'action publique locale (De Maillard, 2002). Plus précisément, s'agissant de peser sur la décision, c'est l'émergence, dans le secteur associatif, de figures « professionnelles » de la participation (Nonjon, 2005) qui mérite d'être questionnée, entre militance et expertise. Ceci amène à penser ensemble, dans les tensions possibles, ces deux « pôles » du champ associatif engagé autour de la production de la ville durable. De la sorte, c'est bien la participation au risque de l'enrôlement de la population et la désignation d'un nouveau type d'experts sommés de participer à la vie publique qui retient l'attention (Rudolf, 2003).

La mise en place de l'Agenda 21 de la LMCU est un exemple de participation d'associations « reconnues » à des dispositifs de DD urbain : « Il y a eu une concertation des associations quand la ville a eu la volonté de bâtir son Agenda 21. On y a participé largement. La fête des Jardins, qui date d'avant-hier, c'était co-organisé, [...] avec notamment un village associatif, donc nous étions présents. C'est un exemple concret, mais il y en a des centaines », précise la présidente de la Maison Régionale de l'Environnement et des Solidarités de Lille. Regroupement d'associations, la MRES participe régulièrement à différentes commissions mises en place dans le domaine du DD :

> Au quotidien, peut-être pas, mais à l'hebdomadaire, on participe à des organismes de concertation comme le conseil de Développement de la Communauté urbaine, le conseil communal de Concertation de Lille, le syndicat permanent pour la prévention de la pollution industrielle, différentes commissions locales d'information et de surveillance, ce genre de structures (Lille, 05/06/07).

De la même façon, dans l'agglomération de Nantes, la place faite à l'association « Les Badauds Associés » dans le cadre du GPV Malakoff correspond non pas à une posture militante ou critique mais à un soutien au projet et à sa diffusion auprès des publics locaux :

> Mes collègues du GPV Malakoff ont participé à certaines démarches avec « Les Badauds Associés », une association qui inclut certains chercheurs, qui a fait des photographies dans le quartier de Malakoff. Donc les gens ont pu voir des lieux qui leur sont étrangers, comme l'intérieur de la mosquée, les toitures, etc. Chaque public a vu les lieux des autres publics en photos. Ça a été un dialogue qui se faisait (chargé de mission à Nantes Métropole, 21/06/07).

2.2. *Enjeux de légitimité autour de la participation associative*

Ces processus participatifs constituent un enjeu de légitimation pour les différents acteurs en présence, associatifs et décideurs. Il en va en effet du bien-fondé des premiers à prendre position au nom d'un collectif sur la scène publique, pour prétendre peser, et simultanément de la crédibilité des seconds pour asseoir les projets menés (suivant le registre « les citoyens ont pu s'exprimer ») ; dans les deux cas, c'est le « nombre » qui vaut, en liaison avec l'expertise que peuvent mettre en avant par ailleurs les intervenants.

« Faire nombre » est une préoccupation constante pour des groupements qui se mobilisent, devant faire avec une réalité des adhérents pouvant être en demi-teinte, ce qui ne permet pas de s'imposer de façon « naturelle » sur la scène publique ; ce responsable d'un collectif montpelliérain l'explique :

> Le GÉTRAM [Groupe d'Étude du Futur Tramway de l'Agglomération Montpelliéraine], que je préside, ça n'a jamais été plus de vingt adhérents. C'est une petite association qui a beaucoup de mal à faire des adhérents. C'est vrai qu'on est dans un pays d'individualistes ! Quand je vois à Grenoble l'ADTC [Association pour le Développement des Transports en Commun] où ils sont plus de 1000… Là, les élus ils sont prudents, […] sinon ils ne prennent pas de gants (Montpellier, 03/03/07).

Le comptage des participants dans les réunions publiques et le choix de la salle (elle ne doit pas être trop petite si l'on pressent un public acquis, mais pas trop grande si l'on craint une mobilisation d'opposants…) deviennent alors objet de l'attention des uns et des autres. Le même associatif mobilisé autour du tracé des lignes de tram à Montpellier se souvient :

> En fait, dans les réunions de concertation, dans les quartiers où il y avait des problèmes, ils faisaient les réunions dans des petites salles. Si bien qu'on s'y retrouvait à 90 personnes dans une toute petite salle. Et là, vous avez 20 personnes de la TAM [société des transports] et de l'agglo qui occupent une grande partie de l'assistance. Il y avait des empêchements comme ça. […] Je suis allé à toutes les réunions de concertation, dans tous les quartiers, j'ai comptabilisé le nombre de personnes, ce qui m'a montré que le chiffre de l'agglo était gonflé. Mais depuis qu'il y a le numérique, ils se méfient, parce que, comme on prend des photos et que le lendemain elles sont sur Internet, ils mentent moins, quand même.

Mises en scène, données à voir, les réunions participatives constituent des cadres où la tension s'exprime et la parole devient contestée, sachant que des associatifs critiques s'y rendent précisément pour avancer publiquement un contre-énoncé. La proximité des uns et des autres favorise au demeurant un registre personnalisé. Le responsable du Collectif Tramway se remémore un échange avec le responsable des opérations du tram à Montpellier à l'occasion d'une de ces rencontres :

> Le directeur des trams, il était à Strasbourg avant, et […] je me suis engueulé avec lui lors d'une réunion à la mairie. […] Parce que, dans le courant 2005-2006, je lui ai envoyé une lettre tous les trimestres, il ne m'a jamais répondu. Par contre, il y avait cette réunion de concertation pour la ligne 2 à la mairie, il y avait 400-500 personnes, et puis à la fin il est arrivé : « Bonjour Monsieur », très poli, bien sûr : « Vous savez, si vous voulez savoir quelque chose, vous demandez et je vous le dis ». Alors je lui fais : « Ça tombe bien, je vous ai envoyé huit lettres et vous n'avez jamais répondu ».

> [...] Et il me dit : « Oui, je sais ce que je fais, j'ai quand même fait cinq lignes de tram, deux à Grenoble, deux à Strasbourg et une ici ». Je lui dis : « Oui, mais ce que vous oubliez de dire c'est qu'à Grenoble et à Strasbourg, vous aviez Monsieur M. avec vous ». G.M., un responsable technique qui était à Strasbourg, c'est lui qui a fait vraiment le réseau. [...] Il était furax ! (Montpellier, 03/03/07).

Sont ainsi conjugués en pratique, lors de ces moments d'exposition des divergences, les trois registres du nombre, de l'expertise et du scandale, dégagés par Michel Offerlé (1998). Face à la contrainte que peut représenter pour une association la mobilisation physique des personnes, on observe une évolution du répertoire d'action, intégrant des modes davantage « dématérialisés » qui permettent aussi de prendre position dans le débat public. La construction d'un site Internet en est un exemple, qui « dérange », c'est-à-dire a valu au Collectif Tramway montpelliérain de ne pas être associé aux procédures de concertation, mais en même temps fonctionne comme outil de production d'un discours concurrent dans l'espace public : « On a monté le Collectif Tramway avec le site Internet. Et le site, ça a beaucoup déplu, bien sûr. Parce que à l'agglomération, ils ont un discours "On est les meilleurs, on est infaillibles", autant les élus que les techniciens » (président d'association, Montpellier, 03/03/07).

Être partie prenante aux processus participatifs suppose de pouvoir parler « au nom de »[2]. C'est en cela que, dans l'agglomération de Lille, la création de la MRES permet un « grandissement » pour des associations de taille réduite qui y sont regroupées et pour leurs porte-parole. Ceci est d'autant plus sensible qu'il s'agit de structures contraintes par le fait de dépendre de financements accordés projet par projet (Prouteau, 2003), en sollicitant des aides publiques, comme l'explique la présidente d'une association d'environnement :

> On n'a pas de financements réguliers. Par exemple, on veut créer une exposition sur le thème de l'eau, on bâtit un projet d'exposition et on cherche des financements. On a des financements croisés en général : l'agence de l'Eau, le Conseil régional, la Communauté urbaine de Lille, l'ADEME, etc. (Lille, 05/06/07).

De ce point de vue, si entrer dans l'action publique peut se faire en la contestant (Le Naour, 2005), même des associatifs critiques vis-à-vis des décideurs locaux développent des compétences techniques en DD.

2 Voir aussi Rui & Villechaise-Dupont (2005), qui analysent comment les associations locales utilisent l'espace public institutionnalisé à Bordeaux : sans modifier leurs répertoires d'action traditionnels, mais en articulant participation et action collective, elles trouvent un entre-deux « propre à régénérer la démocratie locale ».

S'il s'agit de participer pour changer les politiques menées, encore faut-il exprimer un avis ou une contre-expertise qui puisse apparaître valablement fondé. La posture du président du Collectif Tramway de Montpellier le montre. Elle se veut appuyée sur une compétence avérée, une spécialisation ; ainsi ne parle-t-il que de problématiques de transports urbains lors d'interventions publiques, alors qu'il représente une personnalité de la société civile locale que les journalistes interrogent plus largement :

> Je ne prends la parole que sur ce que je connais ! C'est-à-dire les transports en commun. Pour l'inauguration du tram [décembre 2006], pour la *Gazette de Montpellier*, j'ai aidé le rédacteur à faire un numéro spécial, on a fait notre petit classement des tramways de France et j'ai fourni les photos. [...] Mais on m'a demandé aussi pour l'Europe, si je votais oui ou non, parce qu'ils ont demandé à une centaine de personnes sur la ville, et ils m'ont demandé à moi. Oui, mais [...] je ne suis pas politique, je suis associatif, je ne veux pas prendre la parole sur tout, sur la « Nouvelle Star » [émission télévisée], sur le prix des carottes !

La nécessaire production d'alliés dans les réseaux techniques peut être comprise dans le même sens d'une expertise à constituer ; si notre interlocuteur n'a pas de rapports avec les élus, il prend soin d'entretenir des relations avec les « hommes du terrain » :

> J'ai de bons contacts avec certains responsables techniques de l'agglo. Je connais beaucoup de conducteurs qui me donnent des renseignements, je connais quelques responsables du matériel avec qui je discute. Et, officieusement, ils ont pas mal de critiques, d'inquiétudes, par rapport à ce que décide l'agglo. Ils ne s'en cachent pas en privé ! Mais pas de contacts avec les politiques (Montpellier, 03/03/07).

C'est là une marque de ce que la démocratie participative s'interprète comme une transaction tripolaire : tandis que la démocratie représentative combine deux légitimités – politique et technique –, en apparaît ici une troisième, celle de la mobilisation citoyenne. Cette dernière induit une ouverture du champ des alliances possibles[3], davantage fluctuantes de ce fait : une partie des habitants peut, sur tel ou tel sujet, s'appuyer sur le soutien d'une fraction des élus, des administratifs ou des techniciens (Blanc, 2006, p. 33 ; Smith & Blanc, 1997, p. 298).

---

3 Ceci correspond au passage de la *dyade* à la *triade*, au sens de Simmel, 1981 (1917).

2.3. Un processus de professionnalisation de la participation associative

Dans ce contexte, le constat dressé par la présidente d'une association d'environnement lilloise est assez simple : les questions de DD urbain emportent une dimension proprement politique, si bien que, pour agir, le militantisme critique hors des canaux de la décision ne suffit pas ; d'où l'utilité de prendre part aux procédés participatifs : « Sur les choix d'aménagement du territoire, est-ce qu'on construit des voies ferrées ou des autoroutes, là c'est clairement des arbitrages publics, la bonne volonté de quelques citoyens ne suffit pas, même très mobilisés. On est carrément dans le champ du politique » (Lille, 05/06/07). La problématique des friches industrielles, marquante dans la région de Lille, le fait comprendre. Le rôle premier des associatifs serait ici d'exercer une attention maintenue : « Il y a le souci et la nécessaire vigilance des riverains et des associatifs pour qu'il y ait une prise en compte réelle, pour qu'on ne construise pas n'importe quoi sur n'importe quel sol. C'est un vrai problème sur l'agglomération » (présidente d'association, Lille, 05/06/07). Ceci passe par la prise de parole, ce qui exige de détenir un « équipement expert », au sens de la sociologie de l'expertise (Trépos, 1996, p. 49-50). L'association Environnement Développement Alternatif (EDA) que notre interlocutrice anime met clairement en avant une expertise technique :

> Il y a des actions de repérage, de diagnostic, d'évaluation, de mise en sécurité, de surveillance, voire de re-médiation, mais c'est extrêmement compliqué comme domaine. Nous avons fait des propositions relativement novatrices, pour les traitements, ce qu'on appelle la « phytoremédiation » : utiliser des plantes qui ont la capacité d'abord de résister aux métaux lourds, et pour certaines de les accumuler, ça stabilise la pollution qui est déjà dans le sol, et dans certaines conditions ça peut permettre d'en extraire une partie.

La rédaction de textes sur des grands enjeux de la ville durable, à laquelle s'attache la MRES de Lille, est une autre illustration d'une démarche « engagée » faisant appel à des ressources expertes et les mettant en avant pour l'accès aux scènes de décision :

> Ces textes sont destinés à s'adresser aux élus, aux décideurs régionaux. Le premier texte, c'était en 2005 sur les politiques énergétiques, en plein au cœur du DD. Le deuxième thème qu'on a abordé, c'est le logement, en janvier 2007, [...] des problèmes sociaux impliquant des décisions d'aménagement. Le troisième texte, c'est sur mobilité, déplacements, transports. Donc on part du constat, on fait une analyse de la situation et puis des préconisations qui sont clairement engagées (responsable de la MRES, Lille, 05/06/07).

La production d'expertise apparaît comme une condition première pour les associatifs (Lochard & Simonet-Cusset, 2003, 2005) afin d'être reconnus par les collectivités et les services de l'État comme acteurs en DD, que ce soit pour obtenir des financements ou pour prendre position dans des débats :

> C'est nécessaire quand on veut parler d'un sujet : pour le démonter, il faut le connaître par cœur. Parce que sinon le retour est d'autant plus violent. Si on dit qu'il y a trop de nucléaire, et qu'on nous dit : « Combien il y a de centrales ? », et qu'on ne sait rien là-dessus, on passe pour un guignol (salarié de l'association Alisée, Nantes, 20/06/07).

Émergent alors un certain nombre de « figures » associatives locales, dont la trajectoire porte la trace d'un engagement militant qui se conjugue à une dimension d'expertise[4]. Ainsi la présidente d'EDA à Lille « assemble »-t-elle plusieurs propriétés, y compris professionnelles, qui en font un partenaire « acceptable » dans les réseaux d'action publique, par la surface acquise, notamment en tant qu'administratrice de la MRES :

> Je suis là au nom d'un certain nombre d'associations, je suis engagée dans une des associations de cette maison [MRES], et je suis aussi administratrice et vice-présidente en charge du DD. J'ai été enseignante du second degré en sciences physiques et chimie, j'ai une formation de chimiste. Et ensuite j'ai travaillé dans une usine, j'étais responsable de laboratoire dans une petite entreprise qui fabrique des objets techniques en tissu enduit de caoutchouc.

Sa posture associative n'est donc pas strictement militante, même si sa socialisation ressort d'engagements antérieurs à des causes : « J'ai eu d'autres engagements avant dans d'autres domaines. [...] J'ai commencé à l'UNEF [Union nationale des étudiants de France], c'était la Guerre d'Algérie et c'était un engagement Droits de l'homme et pacifiste ». L'élément déclencheur d'un investissement environnemental correspond à la confrontation personnelle à un dossier technique local jugé injuste :

> L'épisode fondateur, c'est le soutien à un agriculteur dont les terres se sont révélées polluées par du plomb et du cadmium émis par l'usine Métal Europe voisine. [...] Il a refusé de continuer à cultiver dans ces conditions et il a intenté un procès à Métal Europe et notre association s'est créée [...] spécifiquement pour le soutenir dans ses procès. Ça a pris très longtemps mais il les a gagnés (Lille, 05/06/07).

En même temps, comme l'explique un salarié de la fédération associative Écopôle à Nantes, plus une association peut faire valoir de

---

[4] Sur ces circulations, et les logiques de reconversion qui traversent les carrières militantes, les individus pouvant passer d'un secteur à l'autre ou d'une organisation à l'autre, voir Ollitrault, 2001.

partenariats déjà actés, plus faciles à obtenir seront de nouveaux soutiens, ce qui souligne l'importance de la qualité d'*insider* au sein des réseaux publics :

> En général, on arrive à obtenir quelque chose, c'est reconnu dans le fait institutionnel. Il y a une certaine incitation à soutenir les projets qu'on développe, parce que ce sont des projets qui sont soutenus par les villes, par beaucoup de partenaires. [...] Et on a un partenariat assez fort avec l'Agence de l'eau depuis 2005. C'est le label CPIE. Actuellement, il y a un peu moins de 80 associations labellisées sur l'ensemble de la France. Dans le cadre de la direction européenne, les agences de l'Eau ont obligation de faire participer le public aux plans de gestion, et ils nous ont sollicités pour mener cette action. Donc là on a un partenariat *via* le fait qu'on est labellisé (Nantes, 19/06/07).

En cela, le mouvement de professionnalisation d'associations œuvrant dans le domaine du DD peut être lu comme une limite à l'ouverture des processus participatifs. On rejoint alors le constat assez général (Fialaire, 2003, p. 123) selon lequel, dans la démocratie locale, la participation aux dispositifs mis en place par les collectivités est d'abord celle de groupes constitués et (au risque de la « récupération » ?[5]) d'associations « labellisées » – par exemple, dans le cas nantais, celles qui pourront se prévaloir d'une reconnaissance nationale ou au moins régionale :

> Sur le thème de la biodiversité, il y avait des associations [consultées]. Mais ça montre encore les limites de la participation de citoyens. Il y avait le directeur de Bretagne vivante, il y avait la Ligue de protection des oiseaux, deux ou trois représentants. Sur trente personnes, on en élimine facilement quinze, des associatifs voire des salariés d'associations, qui sont là pour récolter de l'info et savoir se positionner (salarié d'un CPIE, Nantes, 19/06/07).

Se pose alors la question des relations entre associations locales impliquées autour du DD. On connaît les appréciations convenues pouvant être formulées par des groupements qui sont soutenus financièrement par des administrations et les risques de clientélisme (Sainsaulieu & Laville, 1997, p. 191). Par ailleurs, on sait également que les associations environnementales défendent un intérêt « collectif », dont la définition dépend de l'état des rapports de force existant au sein du champ, avec finalement une différenciation des objectifs poursuivis, derrière une même sémantique de l'écologie et du DD (Waldvogel, 2005a et b). Aussi des conflictualités sont-elles bien présentes au sein du

---

5 Le « processus de récupération » des associations par le pouvoir municipal a été analysé de longue date par Bonnier, 1972.

paysage associatif. Il en va à chaque fois et pour chaque collectif de sa propre institutionnalisation, entendue comme le fait de réussir à perdurer et vivre de ses activités (Sawicki, 2003). La genèse de la fédération Écopôle à Nantes l'illustre, en tant qu'instance intermédiaire entre associations locales et collectivités territoriales. Une première difficulté a été de ne pas apparaître comme une concurrence pour les collectifs membres (en termes de « division du travail » entre ce qui relève des associations et d'Écopôle comme structure faîtière) et une deuxième de ne pas être dénigrée au sein du champ associatif compte tenu du soutien direct, matériel et financier, de la municipalité de Nantes :

> Écopôle a été créée en 2000, il avait un tissu associatif déjà dense. C'était un peu difficile, il y avait un problème de légitimité au départ, de positionnement. La mission de mise en réseau, de regrouper des associations, [...] ça n'était pas forcément facile d'arriver, d'avoir beaucoup de moyens tout de suite donnés par la collectivité, et se dire on est animateur de réseau. [...] Il y avait des structures à apprendre. Parce que les acteurs de l'environnement ont des personnalités assez... Il n'y a qu'à voir l'organisation interne des partis politiques, il y a une multitude de courants qui n'arrivent pas à se mettre d'accord. On retrouve ça au sein du tissu associatif. Donc les quatre premières années, ça a été un petit temps de calage, avec des conflits latents. [...] Quand on faisait une animation initiation à l'environnement, chaque fois on avait un conflit : pourquoi vous intervenez, pourquoi vous n'avez pas sollicité le réseau ? Maintenant, on intervient sur un noyau de compétences qui nous est reconnu, en écologie urbaine, sensibilisation dans le domaine de la qualité de l'eau, la qualité de l'air, des choses comme ça. En dehors de ça, on n'intervient pas (salarié d'Écopôle, Nantes, 19/06/07).

3. Les citoyens : quelle participation ?

Le répertoire de la participation citoyenne prétend dépasser les seuls groupes organisés, comme les associations, pour s'adresser aussi au citoyen en tant qu'individu. Or, l'engagement citoyen ne va pas de soi, et peut-être aujourd'hui encore moins qu'hier. Jacques Ion a proposé à cet égard le modèle dit de l'« engagement distancié », une implication réversible et limitée, symbolisée non par un timbre mais par un *post-it* (Ion, 1997, 2001). Si ce concept a été relativement discuté (Brodiez, 2004), on y reconnaît bien la part prise par les thématiques contemporaines des engagements locaux et de la participation, où émerge l'acteur consommateur, usager ou client (Barthélémy, 2000a, p. 205 ; Dubar, 2000, p. 145-146). Il n'est alors pas rare d'entendre auprès des associatifs le souhait d'une mobilisation plus intense de la population, qui s'avère fluctuante en fonction des sujets et de leur degré de perception concrète :

> La mobilisation des habitants, c'est jamais assez ! Il y a eu une forte mobilisation dans la région à propos de l'EPR [*European Pressurised water Reactor*], on a quand même une grosse centrale nucléaire à Gravelines, pas très loin de chez nous, il y a une sensibilité nucléaire motivée. Sinon, la mobilisation au quotidien, on fait tout ce qu'on peut pour la stimuler, ce n'est pas facile ! (présidente EDA, Lille, 05/06/07).

Le point de vue exprimé dans les collectivités n'est d'ailleurs pas très différent : tout un chacun ne participe pas aux dispositifs proposés et ceux qui participent constituent un groupe assez facilement identifiable. Une chargée de mission à Nantes Métropole témoigne de son souci pour renouveler les modalités de consultation relatives au GPV Malakoff :

> Les habitants y prennent part, mais on constate que malheureusement c'est souvent les mêmes, c'est difficile d'associer les gens qui n'ont pas envie, qui ne sont pas intéressés par le projet. Là, on va changer de format, on va essayer d'inviter la population à visiter le quartier, on essaie de diversifier nos animations de manière à toujours créer un intérêt pour la population (Nantes, 22/06/07).

De plus, le « citoyen » peut avoir plusieurs casquettes, au titre desquelles il est amené à s'exprimer : à proximité d'un aménagement urbain, il est d'abord riverain ; mais, à une échelle plus large, il est aussi usager potentiel de services produits par la collectivité. Au-delà, on peut repérer l'investissement d'un groupe particulier que sont les commerçants, sensibles à la façon dont on fabrique une ville dont l'accès se montrera plus ou moins favorable à leurs activités. Une dernière catégorie repérée concerne les propriétaires, lorsque des opérations publiques se répercutent sur leurs biens immobiliers.

3.1. Le dilemme de la participation : riverains versus usagers ?

Nos enquêtes soulignent la place première occupée par les riverains, « proches » des opérations urbaines, dans les cadres participatifs mis en place par les collectivités[6], notamment autour des enjeux de transports[7]. Aux dires-mêmes de plusieurs interviewés, ce serait l'illustration du fameux « effet Nimby » (*not in my back yard*). Le discours du représentant du Collectif Tramway de Montpellier permet de le saisir : « Ici, à Montpellier, le tram, avec tous les travaux annexes, on doit être autour

---

6 Sur les aspects de conflictualité liés à la proximité, *cf.* Diana Gueorguieva-Faye (2006), qui montre que si le changement climatique fait l'objet en France d'une attention accrue, et que la production d'énergie à partir du vent offre des possibilités d'action, cependant, la présence des éoliennes est source de conflits, dont un fondement est visuel et peut s'analyser en termes de proximité géographique.

7 Que l'on pense à la mise en avant de figures de la concertation par la CU de Lyon quant à l'élaboration du PDU et du tramway : Amzert & Chignier-Riboulon, 2003.

des 22-23 millions d'euros du km, ça coûte très cher ! Ma femme me dit toujours : "Ça se passe ailleurs pareil !" Moi je m'en fous, ailleurs j'y suis pas, je m'en occupe pas ! On bataille dans l'endroit où on vit ! » (Montpellier, 03/03/07). Ce registre qui a connu un certain succès dans l'analyse politiste se retrouve désormais approprié par les acteurs sociaux, à commencer par les décideurs publics (Trom, 1999 ; Jobert, 1998 ; Lascoumes & Le Bourhis, 1998). C'est pour eux l'occasion d'écarter, en faisant appel à une notion issue de l'analyse scientifique, ce qui serait l'expression d'intérêts individuels et localisés, illégitimes de ce fait en rapport à leur mission de défense de l'intérêt général[8]. Le propos de cet élu vert de Montpellier est typique : « De toute façon, sur toutes ces questions [de DD], il y a des mobilisations citoyennes. Pour, contre, ça va dans tous les sens. Sur les déchets, on a eu des opposants de type Nimby, c'est-à-dire des gens qui ne veulent pas de ça chez eux, et on a eu également des soutiens d'associations d'environnement ! » (Montpellier, 01/03/07). Et ce responsable de la CU de Bordeaux de confirmer :

> Vous avez le phénomène Nimby qui s'installe. C'est quelque chose d'hallucinant sur le terrain : « Non pas ici, vous passez n'importe où, mais pas chez moi ». [...] Qu'est-ce que ça veut dire la « démocratie de proximité » ? Est-ce qu'elle est pertinente par rapport aux problèmes que vous traitez ? Est-ce que ce qui est bon pour le quartier est bon pour la ville ? Est-ce que ce qui est bon pour la ville est bon pour l'agglo ? C'est très très compliqué (Bordeaux, 05/03/07).

De fait, de réelles contraintes pèsent sur les processus de participation lorsqu'on aborde des questions quotidiennes comme les déplacements urbains : comment associer la population sans tomber dans des contradictions, qui seraient de réduire l'usage de la voiture... des autres ! Le témoignage d'une élue municipale lilloise l'illustre :

> Ça reste difficile de limiter la place de la voiture en ville, on a 20 % des gens qui pensent qu'on laisse trop de place à la voiture, et 50 % qui pensent l'inverse. Sauf que c'est parfois les mêmes, mais à une autre place. On a fait la semaine dernière une présentation à la population, et il y avait des gens dans la salle qui disaient : « Oui, vous ne pénalisez pas assez les voitures sur les trottoirs ! ». Sauf qu'en sortant il y a eu des contraventions aux mêmes personnes, qui étaient sur les trottoirs et qui protestaient ! (Lille, 06/06/07).

De plus, les usagers, qui représentent les destinataires des services publics (transports en commun, équipements publics), seraient souvent

---

8 C'est là le produit d'une construction socio-historique singulière, qui repose sur la distinction État/société civile au 19e siècle : au premier la défense de l'intérêt général, à la seconde d'être associée aux intérêts particuliers (Chevallier, 1996).

absents de scènes participatives « confisquées » par les groupes les plus mobilisés. Un fonctionnaire de la CU de Bordeaux y insiste :

> Sur le projet d'aménagement d'une rue, on se concerte avec les riverains. Et les usagers, où sont-ils ? La plupart du temps, on les oublie. On se concerte avec les riverains, puisque les riverains vous disent « chaque devant-de-porte m'appartient et qu'est-ce que vous allez faire devant ma porte ? ». On a longtemps dit que les usagers des transports collectifs étaient très mal représentés. On est carrément dans le domaine du politique là (Bordeaux, 05/03/07).

En même temps, ceci peut correspondre, de la part des décideurs, à un discours de justification d'une politique locale, par une montée en généralité. Ainsi un fonctionnaire de l'agglomération de Montpellier met-il en balance, relativement à l'inauguration du tramway, quelques mécontents de voir la ligne circuler à proximité directe de leur domicile, par rapport à une amélioration générale du service rendu à la population :

> C'est réellement l'attente des gens, le tramway. On l'a bien vu lors de la concertation puis de l'enquête publique de la 3e ligne, au-delà des débats naturels qui se font sur le tracé, puisque certains préféraient que ça passe dans une rue plutôt que dans une autre, d'autres personnes qui sont directement touchées bien évidemment demandent la modification du projet parce qu'ils préfèrent que ce soit à côté. Au-delà de ça, l'attente unanime des gens, c'est « quand est-ce que l'on va pouvoir enfin monter dans ce tramway ? » (Montpellier, 28/02/07).

3.2. Les propriétaires et les commerçants

La place des propriétaires dans les modes de participation en DD peut aussi s'avérer sensible. Un exemple lyonnais est parlant : la municipalité a mis en place des dispositifs d'association avec certains propriétaires afin de rénover et rouvrir des « traboules », passages datant de la Renaissance, à travers des cours d'immeubles, permettant de se rendre d'une rue à une autre, principalement dans les quartiers du Vieux Lyon et de la Croix Rousse. Après des travaux de réhabilitation, les propriétaires et occupants de ces immeubles tendaient à les fermer face à des dégradations et au sentiment d'insécurité qui pouvait y être ressenti. Une convention de droit de passage dite « convention cour/traboule » a été adoptée en juillet 1990 par le conseil municipal de Lyon et celui de la CU, afin de permettre à ce patrimoine historique d'être ouvert quotidiennement aux Lyonnais et aux touristes, tout en assurant aux propriétaires une meilleure propreté et tranquillité. Une autre illustration, tournée cette fois vers l'aspect énergie, concerne l'aménagement de la

ZAC de la Pierre Blanche à Nantes, qui inclut une dimension participative faisant appel aux propriétaires :

> Il y a un projet d'éco-quartier à la ZAC de la Pierre Blanche. [...] Ils ont fait un appel à candidats des gens qui veulent construire à cet endroit des maisons écologiques. Il y a des projets qui rassemblent des personnes intéressées, qui échangent sur comment on va faire, est-ce qu'on va mettre des récupérateurs d'eau de pluie, est-ce qu'on en met pour chaque maison, est-ce qu'on met un chauffage collectif avec un réseau de chaleur, un chauffage bois, etc. Donc il y a un projet de la ville, ça s'adresse aux privés, et il y a une concertation sur l'élaboration du projet (salarié d'un CPIE, Nantes, 19/06/07).

De leur côté, les commerçants se mobilisent régulièrement sur des enjeux de circulation et de stationnement en centre-ville, qui influent sur leur activité économique. Une responsable de l'agence d'urbanisme de Lille le note : « Les commerçants, ah là là ! Dès qu'on enlève des places de stationnement, c'est "oh, grrrr !". Et comme on donne souvent la parole aux commerçants avant de la donner aux habitants... Je pense que c'est le domaine où il y a le plus de conflits » (Lille, 08/06/07). On voit de la sorte comment des questionnements de DD urbain circulent entre les groupes d'acteurs et sont appropriés en fonction d'intérêts divers, en même temps que cela traduit la nécessaire production d'« alliés » pour qu'une cause prenne. Le président du Collectif Tramway de Montpellier le fait comprendre lorsqu'il évoque la constitution du groupement :

> C'était principalement des commerçants du centre ville qui auraient aimé que la ligne 2 du tram fasse le tour de l'Écusson plutôt que d'aller vers le Lez, pour desservir le centre ville. [...] Mais il y avait aussi d'autres gens, avec qui on avait de très bons rapports. On a réussi à fédérer tous ces gens-là. [...] Les associations de commerçants sont venues se joindre très rapidement à nous (Montpellier, 03/03/07).

Finalement, que des formes de coopération émergent autour du DD urbain, s'inscrivent dans des textes et des pratiques, ne signifie pas un nivellement des rapports de pouvoir entre acteurs. Le constat prévaut, selon lequel les élus et les techniciens demeurent d'un poids premier au sein des « coalitions de planification urbaine » (Dormois, 2006, p. 863). Les associations et autres formes de représentation des intérêts sociaux doivent accepter des relations asymétriques dans une participation qui conserve une dimension coercitive. Notre étude témoigne ainsi du fonctionnement de forums qui, pour être hybrides, n'en restent pas moins restreints à certains acteurs davantage que d'autres[9].

---

[9] Si la notion de forum hybride est couramment associée à celle d'assemblée publique hétérogène et largement ouverte, le texte précurseur de Michel Callon et Arie Rip

Plutôt que de parler de dispositifs participatifs au service de la ville durable, on peut soulever l'hypothèse inverse : ces démarches en matière de DD produisent d'abord, au stade actuel, une légitimité locale plus forte des processus délibératifs et potentiellement des acteurs qui les portent, acquerrant davantage de légitimité à parler. On a pu le voir du président du Collectif Tramway à Montpellier, qui apparaît aux yeux des élus et des journalistes comme un militant, bien avant d'être un défenseur du DD. Mais c'est en ayant investi, à travers le dossier singulier des lignes de tramway, ce domaine d'intervention dans la sphère publique qu'il s'est forgé un sentiment de compétence à s'exprimer sur les politiques urbaines. On souligne ainsi que les ressources détenues par un acteur ou un groupe social avant une mobilisation ne peuvent expliquer à elles seules son déroulement et ses suites : la mobilisation associative n'est pas la résultante d'une logique d'action unique, mais la conjonction de dispositions, de moments et de conditions de faisabilité de projets sociaux, où le répertoire du DD urbain s'inscrit comme une possible fenêtre d'opportunité.

Mais la conclusion n'est pas univoque, et l'encadrement des « offres » de participation apparaît solide. Ceci invite à revenir, en relation, sur les enjeux d'une « pédagogie » du DD urbain, telle que nous l'avons soulignée dans plusieurs chapitres précédents. Car, là on l'on pourrait penser voir, en surface, une contradiction, c'est au contraire une articulation qui ressort de notre étude, celle de la convergence entre un travail pédagogique de portage du DD (incarné notamment autour de l'appel aux « bonnes pratiques ») et une participation souvent « verrouillée » ; en fait d'opposition, ce sont plutôt les mêmes visées et les mêmes moyens qui apparaissent à l'analyse.

(1992) décrit un espace d'intégration des diverses contraintes existantes dans une dynamique de co-production des savoirs et des normes.

Campagne d'année 2005/2006

Journal **Lille, ville nature**

Colloque européen	Fête des Jardins	Changez d'air !	Veiller à la biodiversité

Ville de Lille

Plaquette « Ville Nature » disponible à la mairie de Lille (recueillie le 5 juin 2007)

Parc-relais de la Buttinière, à Bordeaux[10]

[10] Photographie prise à Bordeaux par Christine Blanc et Flore Henninger.

Cinquième partie

Le DD dans la fabrique de la ville, du « multi » à l'« inter »

Introduction

Analyser le DD urbain à partir d'une entrée par le « multi » : multi-acteurs, multi-compétences, multi-échelles, multi-instruments, etc., amène, à l'aune des développements précédents, à considérer deux grands enjeux. Souligner que le DD ne vaut pas en soi mais dans le rapport à la fabrique de la ville suppose en effet de le penser comme chaînage, dont la consistance se situe au niveau des intersections entre les domaines, périmètres et acteurs en co-présence (Chap. 11), où l'on repère des modes de circulation à questionner (Chap. 12).

Par là, ce sont les rapports discours-pratiques que l'on saisit, sachant qu'il y a aujourd'hui un relatif consensus repérable sur les principes du DD urbain, tandis que leur mise en œuvre locale peut emporter des tensions. Ce constat ressort des différents terrains enquêtés, aux dires des personnels techniques comme des élus. « Le DD est polémique comme toutes les politiques qui visent à un changement de pratiques. Les discours n'ont jamais résolu les problèmes », résume une fonctionnaire municipale lilloise (Lille, 04/06/07). Un chargé de mission à Nantes Métropole relève de même les conflits d'usage qui se font jour en termes de concrétisation :

> Après, c'est une action plutôt qu'une autre, il y a toujours ceux qui sont tenants du tout, il y a toujours potentiellement des petits conflits. Les pistes cyclables, il y a des gens qui défendent le vélo systématiquement, mais il y a des contextes urbains qui ne s'y prêtent pas bien, donc il y a débat, et là il y a potentiellement de la polémique, avec ce qui pourra apparaître comme de l'excès et ce qui paraîtra raisonnable, durable, ça c'est perpétuellement (Nantes, 20/06/07).

Du côté des élus également, l'adjoint au DD parle de dissonances : « En paroles, tout le monde se revendique du DD. C'est comme le pacte de Nicolas Hulot[1], tout le monde l'a signé. La différence, c'est dans le concret : sur la bataille contre la voiture, la durabilité des bâtiments qu'on construit, la préservation des espaces verts aussi » (Montpellier, 01/03/07). Des écarts entre l'idéel et l'opérationnel sont ainsi pointés ; le vice-président vert de la CU de Lille en charge des transports y revient à son tour, à partir de la question de l'étalement urbain :

---

1 Écrit-programme en faveur du DD que cette personnalité a demandé de ratifier aux différents candidats à l'élection présidentielle française de 2007.

> [Le DD] est très mis en avant par tout le monde, et tant mieux, c'est très bien. Il y a le discours. Après, il y a des dispositifs qui sont parfois bafoués. Il y a des beaux documents qu'on appelle schémas d'urbanisme commercial, que nous persistons à défendre, pour limiter l'extension commerciale périphérique et conforter les villes centres. On a beaucoup d'élus qui se battent pour des extensions de supermarchés. C'est toujours : « Bon, c'est la dernière, après on arrête ». Un petit dernier pour la route ! (Lille, 05/06/07).

S'agissant d'interroger ces décalages toujours possibles entre le « dire » et le « faire » – car c'est bien le « faire » que mettent en avant les décideurs[2] –, nous souhaitons dépasser une lecture nominaliste (se focalisant sur la présence ou l'absence de la terminologie DD, dont on a vu qu'elle est à géométrie variable) au profit d'une approche processuelle. La diversité à la fois des outils (de projets comme de mesure), des acteurs impliqués (à différents niveaux institutionnels et échelles territoriales) et des secteurs d'intervention invite à porter l'attention sur le fait de savoir si, dans pareilles configurations, on aboutit à des compromis pratiques et des transactions sociales ou si l'on en reste à des contradictions.

---

2 Ce serait le signe d'une nouvelle phase dans la mise en œuvre des projets de DD urbain. Significativement, l'adjointe au DD de la ville de Lille y insiste : « Je le dis souvent, je pense que, modestement, on fait. On fait et on essaie de faire pas en superficiel » (Lille, 06/06/07).

CHAPITRE 11

Penser le DD urbain comme chaînage

Dans leurs travaux aujourd'hui classiques, Cohen, March et Olsen (1972) ont montré qu'une décision correspond à une « combinaison changeante des problèmes, des solutions et des décideurs ». En considérant « chaque occasion de choix comme une corbeille à papiers dans laquelle les différentes sortes de problèmes et de solutions sont jetées par les participants au fur et à mesure de leur apparition », les auteurs ont souligné l'indépendance de chacune des trois composantes – problèmes, solutions, décideurs – ainsi que le caractère contingent de leur rencontre, car relevant des « occasions de choix ». Le chaînage qui les relie perd ainsi son caractère d'évidence pour devenir un objet à interroger. C'est le travail spécifique des acteurs urbains visant à produire et fixer de tels chaînages qui nous retient, autour de la construction d'énoncés de politiques publiques, particulièrement nombreux s'agissant du DD. Et l'on sait précisément, depuis les analyses de Herbert Simon (trad., 1983), qu'une décision peut s'apparenter à un énoncé, choisi parmi plusieurs, chaînant des moyens et des fins, des valeurs et des faits, au point de les rendre indifférenciables. En partant d'une autre approche, Michel Foucault (1996) suggérait également de tenir les juxtapositions de mots et de choses au sein d'énoncés non comme des évidences mais comme des rapprochements à interroger.

1. Du DD à la qualité de vie, en passant par la qualité environnementale

Dans les différentes agglomérations étudiées, le répertoire de la ville durable correspond à un chaînage qui, sous différentes variantes, va du DD à la qualité de vie en passant par la qualité environnementale. Ceci s'accompagne d'entrées dans le chaînage variant selon les positions des acteurs et les compétences détenues : élus, techniciens, administratifs, associatifs, experts, etc. Les ateliers « éco-quartiers » lillois l'illustrent bien, mettant en présence de nombreux acteurs d'abord rassemblés en fonction de leur position, en trois collèges distincts, puis répartis en ateliers transversaux, favorisant des échanges :

> On a mis en place, pour travailler sur la notion d'éco-quartier partout dans la ville, un comité d'acteurs avec trois collèges : un collège des promoteurs-

bailleurs-financeurs ; un collège de ceux qui font physiquement la ville : les architectes, les urbanismes, les énergéticiens, la fédération du bâtiment ; et un collège des représentants des habitants, conseils de quartier, associations, etc. Et ce comité d'acteurs, que j'anime, travaille en plénière de manière transversale, mais on a mis douze ateliers en place, qui travaillent eux aussi de manière transversale. Il faut permettre le dialogue entre ceux qui vont investir, ceux qui vont y habiter, etc. Tous travaillent avec la volonté de faire un référentiel qui servira à tous les projets dans la ville (adjointe au DD, Lille, 06/06/07).

Un certain nombre de constantes se dégagent à partir de nos investigations, s'agissant de penser les enjeux des déplacements urbains, les espaces verts ou encore la place de la « nature » dans la ville, *via* le DD.

1.1. L'enjeu des déplacements urbains

En partant des modes de déplacements urbains sur l'Île de Nantes, on voit nettement comment fonctionne un chaînage DD-qualité environnementale-qualité de vie, qui mobilise ici la notion-liant de « qualité de l'espace public » :

[Nous allons] avoir par cette offre de TC une ligne qui maille le territoire et qui nous permettra d'intervenir sur la qualité de l'espace public. On peut toujours faire des immeubles extrêmement mixtes, il n'empêche que les gens se rencontrent quand même sur l'espace public. Donc si on donne aux gens l'envie de sortir de chez eux et de se rencontrer sur des espaces agréables, c'est toujours ça qui sera gagné. [Montrant des exemples sur un plan :] On a un petit square qui a été créé sur une ancienne friche industrielle, on avait un certain nombre de végétations qui avaient poussé naturellement, donc on a tenté de conserver et de remettre en valeur. Là, on avait un petit carrefour, il y avait trois ou quatre voies autour du giratoire, des trottoirs relativement restreints, sur cet espace on a agrandi les trottoirs, du coup les quelques restaurants ont sorti les terrasses et ça produit des lieux de rencontre qui sont intéressants (aménageur SEM SAMOA, Nantes, 22/06/07).

Deux salariés d'une association environnementale locale précisent dans le même sens que les décideurs de Nantes Métropole « valorisent leur politique de transports à travers la qualité de vie » :

– Améliorer la qualité de vie dans le centre ville, c'est moins de voitures, moins de pollution, plus de transports en commun. C'est avec ces termes-là qu'ils positivent la démarche. Ce n'est pas sur une préoccupation environnementale pure. C'est plus sur la qualité de la ville, la qualité du centre. – Oui, ils ont d'abord imaginé leur politique du transport sur la qualité de vie et l'ont raccroché ensuite sur la réduction de gaz à effet de serre. La politique des transports sert ces deux choses (Nantes, 19/06/07).

Dans le cas du Grand Lyon, le DD s'incarne plus particulièrement à travers un chaînage air-mobilité-santé, où figurent à la fois des énonciations en termes de qualité (de l'air, etc.) et d'intermodalité en rapport aux transports urbains :

> Dans l'action publique locale, un des axes les plus importants, [c'est] air-mobilité, mobilité-santé, les trois liés. C'est l'amélioration de la qualité de l'air de l'agglomération lyonnaise, avec la réduction du trafic automobile. À travers une action majeure sur l'organisation de la mobilité urbaine, et, bien sûr, amélioration de la qualité de l'air à des fins sanitaires. Un exemple aujourd'hui bien connu, c'est l'action Vélo'V, l'incitation à la pratique du vélo en ville. [...] Et ensuite, la démarche pour l'intermodalité des transports collectifs. [...] C'est l'organisation des déplacements à l'échelle de l'aire métropolitaine pour répondre à des enjeux de qualité de vie (chargé de mission au Grand Lyon, 09/07/07).

Une déclinaison proche se retrouve dans l'agglomération de Nantes, où le DD est lu comme un maillon entre urbanisme et santé : « Sur certains objectifs, les plus quantitatifs, il faut hiérarchiser les gains les plus forts en CO_2, les gains sur la santé. Pour moi, il y a une interface urbanisme et santé, qui est assez importante, assez vitale » (fonctionnaire à Nantes Métropole, Nantes, 21/06/07). Renvoyant à la fois à des enjeux environnementaux et sociaux dans des filiations d'acteurs allongées qui rappellent celles dégagées par la sociologie de la traduction (derrière l'affirmation que « la pollution tue », etc.), la production de ce chaînage permet de construire un problème, d'identifier des causes et des victimes, donc de légitimer des actions publiques, et de rechercher à cet effet de nouveaux alliés (tout un chacun est concerné par sa santé). Le trinôme air-mobilité-santé forme un lien qui rapporte la question circonscrite à une solution à mettre en œuvre, en fournissant « des raisons communicables et partageables » (au sens de Boudon, 1995), car on sait que de la capacité à accroître le nombre de lieux où des acteurs reprennent cet énoncé dépend en partie son succès en termes d'application effective.

1.2. L'enjeu des espaces verts

Les espaces verts sont couramment intégrés dans l'aménagement de projets urbains, en particulier touchant à la mobilité durable, au titre de la perception positive que les habitants pourront ressentir. L'attention qui y a été portée dans la réalisation du réseau de tramway de Montpellier est parlante :

> On fait en sorte de planter au maximum le long d'une ligne de tramway, y compris de faire des plates-formes engazonnées, c'est-à-dire de remettre de la pelouse entre les rails, ce qui est fort apprécié par la population qui, au

lieu d'avoir une voirie classique, se retrouve avec un beau ruban vert (fonctionnaire à la comm. d'agglo. de Montpellier, 28/02/07).

Végétalisation le long des lignes de tram à Montpellier[1]

Exemple d'un autre énoncé liant DD, qualité environnementale et qualité de vie, ce fonctionnaire de la métropole nantaise exprime l'attention portée localement à la biodiversité :

> Nantes est un territoire riche de beaucoup de biodiversité parce qu'il y a un réseau hydrographique assez développé, et Nantes a vraiment une notion de qualité environnementale basée sur le respect des biotopes. On a sur l'Île de Nantes des Angélies des estuaires ! [fleurs protégées] Et puis on peut dire que la qualité environnementale croise la qualité de vie : les Nantais sont très attentifs aux parcs. Il y a une tradition de parcs urbains avec le jardin des Plantes : chaque capitaine de navire ramenait une plante exotique, donc il y a une collection de végétation un peu exotique (Nantes, 21/06/07).

Les espaces verts apparaissent ici non pas en tant que tels mais dans un chaînage de DD. Celui-ci peut aussi inclure une dimension sociale et culturelle, que l'on sait prégnante dans les appropriations locales de la « ville durable » dans l'agglomération de Lille :

> La qualité du cadre de vie, c'est une question extrêmement importante pour l'agglomération lilloise. C'est une agglomération anciennement industrielle, où il y a un retard du côté cadre de vie, qu'il faut rattraper. L'espace public

---

[1] Photographie prise à Montpellier, le 28 février 2007, par Christine Blanc et Flore Henninger.

est une problématique importante. Il y avait peu d'espaces verts constitués, donc ça c'est des enjeux très forts. On avait très peu d'espaces de respiration. Il a été inclus dans le schéma directeur à horizon 2015 qu'il y ait 10 000 ha d'espaces de loisirs, d'espaces verts dans l'agglomération lilloise. Un des projets moteurs est le parc de la Deûle qui doit faire 450 ha et, à terme, 1000 ha. Il a remporté le prix du paysage en 2006 sur l'ensemble de la démarche du parc. Et, dans le parc, il y a un jardin qu'ils sont en train de faire. Il est formé de sept ou huit « cultures » : chaque communauté de l'agglomération lilloise, les Polonais, Portugais, Anglais, etc. C'est intéressant ! (urbaniste, Lille, 08/06/07).

Plaquette du parc de la Deûle (recueillie à la LMCU le 8 juin 2007)

1.3. La nature dans la ville durable

Il n'est pas uniquement question d'espaces verts lorsqu'on examine les modes de végétalisation opérés dans les aires urbaines (Blanc, Hamman & Henninger, 2008b). La notion de nature, *a priori* davantage associée aux espaces ruraux, est également mobilisée : la ville ne doit pas désormais s'opposer à la nature (Rudolf, 2008 ; Calenge, 1995 ; Donadieu, 1999 ; Donadieu & Fleury, 1995 ; Werquin & Demangeon, 1995 ; Lafaye & Thévenot, 1993). Ceci permet de relire et relier des enjeux sectoriels comme ceux des espaces verts. À Montpellier, par exemple, il n'en va pas uniquement de l'appellation courante de « ville verte », mais encore d'un glissement vers l'appréhension des espaces naturels et agricoles (Mormont, 1994), notamment en se situant à une échelle plus large, celle de l'agglomération, voire au-delà en direction du péri-urbain, comme le soulignent Younès, Marcillon et Rebois :

> L'enjeu est de trouver une nouvelle manière de réguler la relation entre la nature et l'urbain. Il s'agit à la fois de les distinguer en créant de nouvelles limites entre la ville compacte, parcimonieuse de consommation du territoire, et la nature valorisée. Mais en même temps, il s'agit d'ouvrir des possibilités de passages de l'une à l'autre. Il ne s'agit plus d'opposer le naturel et l'artificiel [...], mais de travailler dans l'épaisseur de leurs interfaces, faites à la fois de différenciations et de porosités (2007, p. 168).

Le principe de l'« agri-parc » l'illustre, dans le cadre de la vallée du Lez en tant que site naturel (la rivière) et agricole (l'agriculture maraîchère), où un réseau dit de « mobilité douce » permet une activité de promenade, en continuité entre ville et nature, et en associant d'autres valorisations paysagères (vers la mer et vers les garrigues). De la sorte, viennent se rencontrer DD et cadre de vie à travers le respect de l'environnement et le rapport aux espaces naturels, et pas seulement urbains ; ce technicien de l'agglomération l'exprime :

> Je pense que c'est le cadre de vie qui est [privilégié]. On l'a vu récemment dans les campagnes d'affichage, avec des touristes qui essayent dans les étangs de rester au milieu des flamands roses, en disant « on est très bien sur Montpellier, on ne voudrait pas en partir ». C'est ce type de clins d'œil ! [...] La mise en évidence des enjeux environnementaux a donné lieu à la démarche du SCOT, qui a consisté à définir les limites intangibles des espaces naturels à conserver, que ce soient des espaces agricoles mais aussi les autres espaces naturels, les espaces lagunaires ou les garrigues environnant Montpellier. Ça a été la démarche pour dire : identifions bien ces espaces de façon à pouvoir définir les limites qu'il ne sera pas possible de franchir dans le cadre d'une urbanisation future (Montpellier, 28/02/07).

À Lille, une initiative originale porte sur des ruches urbaines. Elle est révélatrice d'un référentiel de DD transversal urbain-rural, qui revisite la lecture de la campagne comme grenier de la ville à travers la « boucle fermée » du DD ; un vice-président vert de la LMCU signale ainsi :

> On a des actions sur l'apiculture urbaine, en lien avec les professionnels qui sont en recherche de partenariats pour sauver le cheptel apicole, parce qu'on a une érosion en France liée à l'agriculture intensive, et les villes présentent une biodiversité intéressante. On produit plus de miel en cœur de ville qu'à la campagne. Par exemple, on a trois ruches installées sur le toit de l'Opéra (Lille, 05/06/07).

Derrière le registre de « la nature dans la ville », qui monte en puissance, ressortent ainsi plus largement les rapports entre nature, environnement et DD, qu'il ne faut pas identifier trop vite (Wintz, 2008) ; un urbaniste bordelais insiste :

> Vous pouvez tenir un discours sur les espaces verts qui soit complètement anti-DD. Par exemple, vous pouvez devenir un propagandiste des golfs, la forme la plus catastrophique de dilapidation de l'eau et de l'espace. DD et nature, ce sont deux choses différentes. C'est pas parce qu'on a un discours très avancé sur la nature qu'on est DD. L'illustration la plus magnifique, c'est Hulot[2] ! C'est un anti-DD explosif, pour moi ! [...] Le type qui va à la nature avec une débauche de matériel, d'hélicoptères [...]. C'est un travail de démolition culturelle extraordinaire (Bordeaux, 06/03/07).

2. Le DD urbain, un jeu sur les marges ?

Au sein des chaînages mis à jour, ce sont les interrelations et intersections, entre échelles, instruments, acteurs, et aussi entre dimensions environnementale, économique et sociale, qui apparaissent comme fils conducteurs des projets de DD urbain. Les propos de l'adjointe au DD à Lille le traduisent :

> Le DD, pour moi, c'est la recherche d'un nouvel art de vivre ensemble, [...] dans lequel on peut intégrer les modes de déplacements, les modes de consommation, d'aménagement, l'éco-quartier, tout ça. C'est un peu tout ce qui globalise. Et comment co-produire ça, c'est pour moi le point essentiel (Lille, 06/06/07).

L'« inter » se révèle de la sorte comme enjeu de consistance de la ville durable, ce qui amène à interroger la place du DD comme un jeu sur les marges, lorsqu'il en va de problématiques complexes et transversales, telles la maîtrise de l'étalement urbain et l'organisation des déplacements, en particulier quant à la part de la voiture.

---

2 Nicolas Hulot, personnalité engagée dans des causes de protection de l'environnement et de DD, et présentateur d'une émission télévisée grand public de « découverte » de la nature, *Ushuaïa*, qui fait appel à des moyens techniques lourds.

2.1. Un étalement urbain complexe à maîtriser

Par ses implications, la question de la densification urbaine apparaît autant centrale que délicate parmi les politiques locales en DD ; une associative lilloise est explicite :

> L'étalement urbain, ça touche à différents domaines de la condition de vie des gens et de la préservation de l'environnement. On ne peut pas parler politique énergétique, on ne peut pas parler de logement sans parler de l'étalement urbain, de la mixité sociale, du rejet de certaines populations dans certains quartiers périphériques, on ne peut pas parler d'étalement urbain sans parler des transports, donc les décisions d'urbanisme sont au cœur de ces problématiques (Lille, 05/06/07).

Un certain nombre d'initiatives visant à maîtriser l'étalement urbain se repèrent dès lors d'agglomération en agglomération. Dans la CU de Lyon, le renouvellement de la ville sur elle-même et la performance du réseau de transports sont retenus comme deux axes d'action complémentaires. À travers l'utilisation d'anciennes friches industrielles pour développer de nouvelles zones urbaines, il s'agit pour le Grand Lyon de ne pas recourir à des zones « naturelles » pour accroître son urbanisation. Le développement des transports en commun en anticipation des constructions futures se comprend dans le même sens, étant censé offrir d'entrée de jeu un service efficace aux résidents et usagers de ces « nouveaux » quartiers :

> Le quartier Confluence, qui est une ancienne friche industrielle, dans le prolongement du centre de Lyon, se trouve en situation de construction avec une démarche HQE. Bien sûr, un tramway arrive avant même que la construction ne se fasse. [...] Ce quartier se bâtit sur la ville préexistante, donc on est bien en train de construire sur la ville, pour lutter contre l'étalement urbain. Il y a tout ce travail de développement des transports en commun, et des modes de déplacements doux, le plus en amont possible (chef de projet, Grand Lyon, 10/10/07).

Dans l'agglomération lilloise également, les décideurs prônent la ville compacte, à l'instar du vice-président vert de la LMCU délégué aux transports : « Moi je suis un militant de la ville compacte, la ville dense et compacte, ce sera le meilleur combat pour l'écologie. Ce sera un espace où on partage les ressources, on partage les équipements, et ça restera un espace de solidarité et puis de préservation d'éléments » (Lille, 05/06/07). Ce volontarisme n'est pourtant pas sans limites. L'exemple de la ZAC de la Haute Borne, qui se veut en pointe en matière de DD, l'atteste, puisque la partie logement y a fait l'objet d'un traitement différent de la partie dite « économique ». Une responsable de l'agence d'urbanisme de Lille le souligne : « Le problème, c'est que autant la partie habitat est assez dense, autant la partie éco non. Peut-être que ça va évoluer après, mais nous on considère qu'elle n'est pas assez dense. À Villeneuve d'Ascq, les parties affectées aux bureaux sont très peu denses ! » (Lille, 08/06/07).

Quant à la métropole nantaise, on y repère là aussi un positionnement dans un référentiel de maîtrise de l'étalement, notamment sensible autour du projet phare de l'Île de Nantes :

> À chaque fois qu'on parle en termes de DD de l'Île de Nantes, le premier objectif de la collectivité, c'est de dire : on a un territoire à proximité immédiate du centre ville, qui a une réserve assez importante disponible, et plutôt que de contraindre les gens à aller s'éparpiller à 30 ou 40 km de Nantes, on fait tout pour qu'on ait des nouvelles implantations à la fois d'activités et d'habitats (aménageur SEM SAMOA, Nantes, 22/06/07).

Pour autant, on repère très vite le poids des contraintes pesant sur ce mode d'intervention en DD ; tout un travail de construction d'énoncés est en effet produit, où apparaît une notion d'« extension maîtrisée » (et non de renoncement à l'extension), significative d'un mode de pensée pragmatique : « C'est la maîtrise de l'étalement urbain. On l'a traitée à travers l'atelier des densités, ce qui a permis de bien définir la notion de densité de l'étalement urbain, en croisant cela avec les politiques de mobilité, et qui maintenant va servir à sensibiliser les maires de l'agglomération », nous dit un technicien à Nantes Métropole (Nantes, 21/06/07).

2.2. La voiture contre le DD urbain

La difficulté pratique à réduire la part de la circulation automobile revient comme un autre point sensible commun aux terrains étudiés[3]. Les politiques relatives aux aménagements de voirie et à l'offre de modes alternatifs, pour réelles qu'elles soient, ont leurs limites. À Montpellier, la voiture est bien au centre de la question des déplacements urbains :

> Le débat qui persiste sur les infrastructures routières, où on voit encore des gens qui défendent le tout routier, c'est le gros point noir. [...] Pour le tram, sur la ligne 3 qui va se créer, [...] l'enjeu du tracé est toujours pareil : est-ce qu'on cherche à desservir le maximum de gens, mais en ayant quand même un tracé direct et en prenant sur la voiture, ou bien on fait zigzaguer le tram pour laisser la place à la voiture (adjoint au DD, Montpellier, 01/03/07).

Dans ce contexte, « l'objectif clair qui est affiché, c'est réduction de la circulation automobile au centre ville, et le report modal le plus fort possible sur les transports en commun », énonce un responsable des

3 Repenser la place dévolue à la voiture, pour la réduire, constitue un véritable chantier en termes d'innovation sociale et culturelle : *Revue Durable*, 2005-2006.

transports à la Communauté d'agglomération (Montpellier, 28/02/07). En regard de cet objectif, un cadre de la société d'exploitation reconnaît en pratique un vrai défi :

> L'enjeu, pour nous, c'est favoriser les échanges et gagner des parts de marché par rapport à la voiture. Je veux dire, ce n'est pas en disant « la bagnole, c'est l'ennemi ». C'est sûr qu'on ne peut pas. Mais développer un effort, pour les étudiants, pouvoir répondre à des gens qui n'ont pas le choix, qui ne peuvent pas se déplacer. Je crois que l'engagement dans le forfait, dans du long, ça entre bien là-dedans, dans une mobilité qu'il faut... gagner (Montpellier, 02/03/07).

L'enjeu des circulations ressort aussi du projet de l'Île de Nantes, où l'on voit que les opérations de DD, se voulant pourtant exemplaires sur cet espace, peinent à se positionner par rapport aux flux automobiles et expérimentent des compromis :

> L'Île de Nantes, [...] aujourd'hui, l'espace public est utilisé à 70 % par l'automobile, le stationnement et la circulation, donc l'objectif, c'est dès qu'on peut, on pince un peu les circulations, on propose des bandes cyclables. On a une politique qui n'est pas anti-voiture, puisque l'objectif, c'est d'avoir une île qui soit toujours circulée par la voiture. [...] L'objectif est d'arriver d'ici 2012-2013 à un taux de voitures, pour les gens qui font du domicile-travail, de 50 %, alors qu'il est de 70-75 % aujourd'hui. Évidemment, réduire les emprises de circulation automobile, ça peut générer des problèmes de circulation, d'où une volonté parallèle de travailler sur la desserte en TC, pour offrir une alternative à la voiture (aménageur, SEM SAMOA, Nantes, 22/06/07).

Du reste, si les décideurs prônent couramment le report modal de la voiture vers les TC, et spécialement les TCSP, il ne faut pas passer sous silence le fait que ces derniers ont aussi un certain coût environnemental. Qu'il s'agisse d'un bus (carburant) ou même d'un tram (électricité), il leur faut de l'énergie pour circuler ; or, comment celle-ci est-elle produite ? Là encore, on demeure dans une logique incrémentale, en fonction de ce qu'on peut appréhender ou pas. Une réflexion se développe ainsi parmi les services en charge des transports métropolitains : « J'espère qu'EDF nous donne le maximum d'électricité verte, mais bon, on ne peut pas vérifier, malheureusement on n'a pas les compteurs assez précis pour vérifier ça » (fonctionnaire à la comm. d'agglo., Montpellier, 28/02/07). « Le tram, ça a un coût social, environnemental, il faut que les gens l'assument et c'est de toute façon moins cher que la voiture », concède pour sa part l'adjoint au DD (Montpellier, 01/03/07).

CHAPITRE 12

Circulations et traductions de la notion de DD urbain

D'une aire urbaine à une autre, le DD se traduit dans des processus d'adaptation et de torsion, lorsqu'il passe par différents filtres et groupes d'acteurs, et dans la mesure où ces enjeux s'inscrivent localement dans des espaces de contraintes et des cadres de références. Dans de telles configurations, on peut se demander, d'une part, qu'est-ce qui circule et, de l'autre, par qui et par quels canaux la diffusion s'opère. Ce sont autant de dynamiques de traductions et de transactions sociales que l'on analyse, pour mieux cerner les rapports entre discours et réalités, affichages et concrétisations autour des projets de DD urbain.

1. L'inscription du DD urbain dans des configurations de contraintes locales

L'action publique en DD s'inscrit dans des espaces de contraintes locales, qui ne correspondent pas uniquement à des variables socio-politiques (tel le portage des dossiers par les élus) mais aussi à des éléments morphologiques ou socio-économiques, portant la trace d'un certain passé, de longue durée, qui imprègne le territoire. La configuration socio-spatiale de chaque localité influe ainsi sur les conditions de faisabilité de la ville durable ; parmi d'autres, les situations suivantes en convainquent.

Ainsi, à Bordeaux, une contrainte forte s'exerce-t-elle sur les opérations d'aménagement en centre ville ; son classement en secteur sauvegardé par l'UNESCO rend encore plus tendue qu'ailleurs la maîtrise des déplacements et de l'étalement urbain :

> À Bordeaux, on a le deuxième secteur sauvegardé en France en termes de superficie en nombre d'immeubles après Versailles ! [...] Donc la question se pose vraiment de comment rendre accessible cet hyper-centre alors que la population de l'agglomération ne cesse de croître, de se motoriser. Alors, on dit depuis très longtemps qu'il faut donner la priorité aux transports collectifs, comme dans toutes les villes, mais comment faire... (fonctionnaire à la CUB, Bordeaux, 05/03/07).

S'agissant des circulations de tramway à Montpellier, il en va aussi de conformations très matérielles, tenant à la largeur de la voirie. Un cadre de la société des transports de l'agglomération l'évoque :

> Le problème, c'est qu'il faut passer là où il y a du monde pour ramasser le plus de voyageurs, mais la voirie de Montpellier n'a pas été touchée par les bombardements, donc il n'y a pas de grosses voies qui ont été faites, forcément c'est des difficultés en centre-ville. Et pour la troisième ligne [projetée], il y aura aussi un passage en centre-ville, très étroit (Montpellier, 02/03/07).

Ces obstacles, dont on ne peut faire table rase, ne peuvent être ignorés par les techniciens : « On dit toujours, il n'y a pas 600 m de voirie sur la même caractéristique dans Montpellier. On a toujours un rétrécissement, un défaut d'alignement, un obstacle. Donc c'est assez pénalisant pour le transport en commun, ça gène pour avancer les grosses infrastructures ». Aussi les aménagements locaux de mobilité durable sont-ils réinscrits dans tout un travail transversal :

> C'est là que la cohérence des politiques, entre la politique de la ville, en termes de pouvoir de police, de gestion du stationnement, et la cohérence de l'agglomération en termes de transports en commun, permet justement d'essayer de rattraper ça (fonctionnaire à la comm. d'agglo., Montpellier, 28/02/07).

Dans l'agglomération nantaise, c'est le fleuve Loire qui s'avère structurant par rapport aux politiques de DD, à commencer par l'emblématique projet de l'Île de Nantes : « Sur la question environnementale, le traitement des berges, la valorisation du rapport au fleuve, c'est assez essentiel dans le projet », déclare un technicien en charge du dossier, qui appuie :

> [Une] thématique extrêmement forte, c'est toute cette relation à la Loire et à la rive, en améliorant et en pacifiant un peu les berges. Ça a été pendant très longtemps des grands axes de circulation. [Il y a une] volonté de proposer par endroit des berges avec une circulation extrêmement réduite, et puis donner de grands espaces de promenade, de vélo, de déambulation. […] Il y a un travail aussi de reconquête de l'usage du fleuve. On avait un fleuve ouvrier, qui était un peu sa vocation. Aujourd'hui, quels nouveaux usages peut-on donner pour qu'il ne soit pas une barrière entre l'Île de Nantes et le centre-ville ? Un certain nombre de pontons sont aujourd'hui aménagés […], l'idée aussi d'allier des activités plutôt culturelles, loisirs, créatives, qui permettent un peu de redonner vie à ce site (Nantes, 22/06/07).

La Loire à Nantes[1]

[1] Photographies prises à Nantes, le 20 juin 2007, par Christine Blanc et Flore Henninger.

En outre, le traitement des friches industrielles et/ou des sols pollués marque régulièrement de son empreinte l'action publique en DD. Le terme de « renouvellement urbain » est d'ailleurs apparu à cet effet dans l'agglomération lilloise, avant de se diffuser nationalement, et d'être approprié dans d'autres métropoles telles Bordeaux[2] ou Nantes, à partir d'une question qui était d'abord celle des quartiers complexes issus de l'industrialisation du 19e siècle et ce qu'on en fait aujourd'hui. Cet élu vert de la LMCU l'accentue : « À Lille, on a un gros passé industriel et chaque fois qu'on réaménage, qu'on récupère une friche pour en faire un espace vert, ou recréer un morceau de ville par de l'habitat, on a le problème » (Lille, 05/06/07). La difficulté de la gestion du passé industriel va jusqu'à induire des disjonctions entre, d'un côté, le principe de la dépollution des sites et son corollaire, la « ville renouvelée », et, de l'autre, le principe de précaution, pour l'installation de logements ou d'équipements dans ces espaces quand bien même ils sont considérés comme dépollués. Une responsable de l'agence d'urbanisme de Lille remarque :

> Ça touche un ensemble de sites, c'est une vraie question. Il y a des enjeux financiers très forts pour dépolluer, la CU s'investit de plus en plus. [...] Mais le Conseil général refuse de mettre les collèges sur un certain nombre de sites, même s'ils ont fait l'objet de dépollution partielle, parce qu'il y a un principe de précaution qui est maximisé. [...] Ça va poser des problèmes. Parce qu'on a beau dire « il faut réinvestir dans la ville renouvelée », et puis après on dit : « non, il y a trop de risques ». C'est des questions qui sont difficiles : les friches industrielles, il y a toutes sortes de pollutions (Lille, 08/06/07).

Au sein de l'agglomération nantaise, on retrouve la notion de friches appliquée cette fois au niveau portuaire – « Il y a toute la zone industrielle, le port sur l'Île de Nantes qu'ils sont en train de faire redevenir vivable » (salarié d'une association d'environnement, Nantes, 20/06/07) – et s'agissant de friches maraîchères : « La ZAC Bottière-Chênaie est sur le site d'une ancienne zone maraîchère, et il y a un projet de jardins familiaux » (fonctionnaire à Nantes Métropole, 21/06/07). Par rapport à ces espaces singuliers, symptomatique est la construction locale de la notion de « friches valorisées ». Elle témoigne de la prégnance d'une question, à savoir comment intégrer aux projets actuels de la ville

2 « Il y a dans la ville de Bordeaux trois sites qu'on appelle les "3 B" : la Bastide, Belcier, qui est tout le site derrière la gare, Bacalan, qui est tout le site des vieux quartiers portuaires et industriels autour des bassins à flots. Ces trois sites sont les quartiers anciens pourris avec des friches », commente sans détour un urbaniste bordelais (Bordeaux, 06/03/07).

durable des éléments d'un passé qui fait sens dans l'imaginaire collectif, à l'exemple des nefs au sein de l'opération Île de Nantes :

> On est sur un territoire qui est déjà fortement occupé, c'est vraiment de faire avec des bâtiments qui existent, [...] pour garder des traces de la mémoire collective. [...] On n'est pas là pour raser, on a une volonté de conservation, parce que c'est des éléments du territoire qui fonctionnent, et puis pour certaines traces patrimoniales que sont typiquement les nefs. Il y a un jardin couvert, le jardin des Fonderies, qui va prendre place sur une ancienne nef industrielle, c'est pour dire que ce sont des lieux de la mémoire nantaise et qu'on conserve, non pas en mettant sous cloche, mais en redonnant une autre activité (salarié SEM SAMOA, Nantes, 22/06/07).

2. L'inscription du DD urbain dans des espaces de référence construits localement

On le voit, se focaliser uniquement sur l'articulation entre les échelles d'un territoire passerait abusivement sous silence la problématique, non moins révélatrice, de l'articulation des espaces de référence au sein desquels se définissent des modes cognitifs et opératoires de l'action en DD pour chaque agglomération. Le cadre local apparaît le plus fréquemment retenu, mais il est appréhendé de diverses façons. Sans qu'ils soient nécessairement exclusifs l'un de l'autre, le deuxième espace repérable s'avère bien plus large, puisqu'il est à la dimension planétaire.

À Lille, il est d'abord question de l'héritage industriel des lieux qu'il s'agit de réhabiliter. Une responsable de l'Agence d'urbanisme l'énonce : « La ville renouvelée, au sens de la reconquête des espaces de friches industrielles, c'est une question cruciale dans la métropole » (Lille, 08/06/07). Quant à Bordeaux, il en va de l'actualisation d'une configuration locale marquée, inversement, par un important patrimoine classé secteur protégé au centre-ville, ainsi que ce fonctionnaire en charge du DD l'explique : « Ce qui nous intéresse, c'est les rénovations, parce que les constructions neuves c'est bien, mais notre vrai souci c'est de réparer nos constructions anciennes. [...] Ça veut dire que tout notre patrimoine ancien, ça va être le problème des Bordelais » (Bordeaux, 06/03/07). De même, dans l'agglomération nantaise, les politiques urbaines de DD se définissent prioritairement dans un cadre de pensée de proximité, ici dans le rapport à l'eau, très présent dans l'environnement direct. La référence première est celle de la Loire, qui traverse le centre-ville de Nantes. Ainsi, le projet « Rives de Loire » « remet la Loire au cœur du projet métropolitain. C'est l'idée, un peu comme Barcelone a pu se retourner vers la mer, qu'à un moment Nantes, qui fait dos au fleuve, va se retourner vers son fleuve et retrouver une occupation, une nouvelle activité », explique un aménageur (Nantes, 22/06/07). La démarche de développement des transports collectifs fluviaux le confirme, tels les « Navibus » : « Nantes a été une des premières à réintroduire le transport fluvial en commun avec la navette fluviale sur l'Erdre et sur la Loire », rappelle notre interlocuteur (Nantes, 22/06/07).

Le Navibus nantais[3]

S'agissant du cas toulousain, les références mobilisées sont également territoriales, mais elles ne correspondent pas à un passé à retrouver et à insérer dans les projets de DD ; au contraire, c'est d'un local modernisateur dont il est question, tourné vers les industries de pointe et ouvert à l'Europe. La ZAC Aéroconstellation, affichée sur le site Internet du Grand Toulouse, le traduit :

> Le plus grand site aéronautique européen… Le 15 octobre 2004 était inauguré le site AéroConstellation. Le Grand Toulouse, maître d'ouvrage, [a] relevé le défi de réaliser en 24 mois la zone d'activités de 260 ha entièrement dédiée à l'aéronautique. C'est la plus grande de ce type en Europe. Pour aménager le site qui accueille le hall d'assemblage de l'A380, les ateliers de maintenance d'Air France Industries, les industriels associés au projet A380 et les services techniques, le Grand Toulouse a mobilisé 158 millions d'euros[4].

3 Photographie prise à Nantes, le 20 juin 2007, par Christine Blanc et Flore Henninger.

4 http://www.grandtoulouse.org.

Qui plus est, les espaces de conception des politiques urbaines de DD ne sont pas uniquement locaux. Le cas lillois le montre, qui n'est pas exclusif de références globales, notamment en direction des pays du Sud. L'adjointe au DD s'en félicite :

> Ce n'est pas seulement pour les habitants, les Lillois. D'ailleurs, on est jumelé avec un certain nombre de villes, y compris dans le tiers-monde. Dans notre marché éclairage public, on a mis en place une clause [qui stipule] un envoi de 400 lampadaires de consommation longue durée à Y. au Sénégal, qui a un éclairage public très énergétivore et très défectueux. L'éclairage est arrivé là-bas il y a deux ou trois semaines (Lille, 06/06/07).

Plus encore, la démarche des « Dialogues en Humanité » portée par le Grand Lyon atteste la prise en compte d'un référentiel large, à l'échelon mondial : « En 2010 viendrait le Dalaï-Lama. La proposition est de faire se rencontrer les sages du monde entier et les sages de nos quartiers », explique la chef de projet (Lyon, 10/10/07).

3. Qu'est-ce qui circule : une stabilisation de « modèles » d'action en DD entre villes ?

Ville par ville, compte tenu des contraintes et des espaces de référence propres à chacune, les opérations de DD urbain viennent prendre place sur les agendas territoriaux selon des modalités qui donnent à saisir des processus de « filtrage » locaux. Par exemple, dans le cas lillois, les priorités sociales définies renvoient à l'appréhension du passé industriel du Nord ; la responsable de la MRES estime bien que « la façon dont on s'est emparé dans la région des questions de DD et notamment de l'Agenda 21, ce sont des signes tangibles, c'est pas seulement l'air du temps, c'est aussi les conditions locales d'une zone qui a beaucoup souffert d'un développement typiquement non durable » (Lille, 05/06/07). Du coup, on observe une circulation d'enjeux de DD entre des échelles de définition et d'action nationale et locale, suivant divers modes d'appropriations. La « Fête des Jardins 2007 » qui s'est tenue à Lille en constitue un exemple. Il s'agit d'une manifestation d'initiative nationale, avec un thème fédérateur lui-aussi fixé nationalement : l'eau, mais qui donne lieu à une mise en forme locale spécifique : « C'est une fête à travers les jardins pour sensibiliser au DD, d'ailleurs l'accent était mis cette année sur le thème de l'eau, c'est une fête nationale. La traduction locale, c'était notamment un village associatif où nous étions » (présidente de l'association EDA, Lille, 05/06/07).

Peut-on toutefois repérer une stabilisation de « modèles » d'action à partir des expériences rencontrées dans les différentes aires urbaines ? Différents circuits d'échanges s'interconnectent, et ce à plusieurs échelons : au niveau régional, national et au-delà. Dans cette configuration, et en regard des appropriations territoriales précitées, les circulations – à l'« import » comme à l'« export » – d'initiatives ponctuelles comme de visions d'ensemble de la ville durable font que l'on retrouve un certain contenu transversal de DD, qui se diffuse dans les réflexions menées et les projets urbains mis en œuvre, désormais davantage comparés entre eux par les décideurs locaux.

3.1. Des circulations d'expériences inter-échelles

On recense à la fois des échanges entre métropoles régionales voisines, entre grandes agglomérations au niveau national, et à présent aussi vis-à-vis de pratiques d'aménagement urbain dans les pays européens. Le terrain nantais montre bien que ces circulations se font à différentes échelles : régionale, nationale et européenne ; et à la fois de façon large (« voir ce qui se fait ») ou plus précise, comme pour une charte des éco-quartiers ; cet échange entre deux fonctionnaires de la CU de Nantes le traduit :

> – On a beaucoup de relations avec les villes européennes, et puis on va construire des relations avec la CU de Lille sur les éco-quartiers ; – Il y a un petit travail de démarchage qui se fait au fil des contacts, sur la thématique des éco-quartiers, qui permet de voir où en sont les autres villes. Soit dans un projet précis, soit dans l'élaboration de chartes, où justement j'ai pris des contacts dans le travail d'une charte d'éco-quartier ; – Pour la gestion de l'eau, on a contacté la ville de Douai. Sur les éco-quartiers, on va aussi s'intéresser au sud de la France comme Frontignan [près de Montpellier] par exemple. Voilà, il y a plusieurs pistes (Nantes, 21/06/07).

Exemple de circulations régionales, la réflexion sur un référentiel du DD en urbanisme à Nantes Métropole passe par la formalisation de « règles du jeu », en rapport à des expériences qui seraient « en pointe » et fonctionnant dans des agglomérations géographiquement pas trop éloignées. C'est notamment le cas entre Nantes et Angers, un associatif le pointe : « Angers, c'est une référence depuis longtemps, de manière plus ambitieuse, plus systématique : le DD est présent à peu près partout » (salarié d'un CPIE, Nantes, 19/06/07). On peut parler de « réseau d'hybridation » pour qualifier ces déplacements et contacts entre acteurs de plusieurs villes, où les relations se nouent au niveau des administratifs, mais aussi des élus et des experts, comme l'explique le responsable du Renouvellement urbain à Nantes Métropole, s'agissant de Rennes :

> On a été hier à Rennes, avec la direction territoriale de l'Aménagement et de l'Environnement et l'élu, on regarde l'exemple rennais à travers les ZAC périurbaines, et on essaie de voir quelles actions sont déclinées sur le terrain et ce que l'on pourrait prendre à Nantes. Et puis on est aussi en contact avec l'agence d'urbanisme pour l'aspect plutôt forme urbaine (Nantes, 21/06/07).

Les échanges de pratiques se font à partir des expérimentations « réussies » des uns et des autres. Il s'agit d'éviter de rechercher des solutions à mettre en œuvre sur tel ou tel aspect du DD urbain, alors que des actions validées peuvent déjà exister ailleurs. La réflexion sur les essais de désherbants alternatifs (non chimiques), auxquels assistent des représentants de différentes villes est intéressante en ce sens. C'est une illustration à la fois de la démarche expérimentale en DD à petite échelle (chacun testant une voie possible) et des échanges qui permettent d'avancer collectivement entre villes, en passant à chaque fois par des processus d'accommodation liés aux cadres locaux ; les explications du responsable des Espaces verts à la ville de Nantes sont éclairantes :

> Rennes, on s'en est inspiré, quand on a mis en place la gestion optimisée [...]. Sinon, Caen pour la protection biologique intégrée, ils ont une longueur d'avance. Et puis il y a un groupe au niveau national qui travaille là-dessus. Donc on s'inspire des autres à un moment ou à un autre. Il y a un principe de base : ça ne sert à rien de refaire ce que le collègue a fait, c'est du temps de perdu. Il faut s'inspirer de ce qui fonctionne à un autre endroit et voir si on peut le transposer, en amendant, en faisant différemment évidemment, parce qu'il y a des contraintes qui ne vont pas être les mêmes. C'est l'exemple de ce qu'on met en place actuellement sur Nantes et Nantes Métropole dans le cadre des alternatives au désherbage chimique, on fait des essais les uns et les autres, mais on ne fait pas les mêmes, on les cible, on s'invite aux démonstrations et on en profite les uns les autres (Nantes, 19/06/07).

Nationalement, les emprunts entre grandes villes françaises sont également courants : « On a tout copié ! [rire] On a regardé un petit peu partout. Le Grand Lyon est assez impressionnant. Pour rester sur des villes, j'ai regardé Toulouse, Nantes, Montpellier, Nice, etc. », déclare le chargé de mission DD à la ville de Bordeaux (Bordeaux, 06/03/07). Un exemple parlant est celui du tramway de Strasbourg, pris non seulement comme modèle « technique » à Montpellier, mais aussi comme preuve de réussite d'un tram intra-urbain en termes de gestion politique, malgré les désagréments subis par les habitants durant la période des travaux. Cette réalisation avérée désamorce par la suite certaines préventions d'élus, comme l'explique l'adjoint au DD de la ville de Montpellier :

> Le tram, il est évident que certaines villes ont essuyé des plâtres, comme Strasbourg, qui a montré qu'on pouvait faire un tram et avoir l'approbation des gens, parce qu'il y avait beaucoup de craintes chez les maires que les travaux des tramways fassent tellement peur aux gens que ça leur fasse perdre les élections. Donc le fait que des villes ont réussi, que cela a été populaire et que ça a marché, ça a permis d'avancer (Montpellier, 01/03/07).

Au-delà, il en va aussi d'espaces européens d'échanges, comme le mentionne l'adjoint au DD à Montpellier : « Il ne faut pas s'imaginer que la France est en avance au niveau du DD. On a trouvé des exemples d'innovation et de politique souvent en Espagne, en Suisse ou en Allemagne. [...] On a imposé la méthanisation en montrant ce qui existe [dans ces pays] » (Montpellier, 01/03/07). Deux caractéristiques principales ressortent ici. D'une part, les mêmes villes « modèles » se retrouvent d'une façon ou d'une autre citées dans les différentes agglomérations analysées, à commencer par Fribourg-en-Brisgau – « On a regardé [...] un certain nombre d'expériences européennes, et pour certaines on a été voir sur place. On retrouve toujours les mêmes exemples, comme Fribourg. [...] Pour travailler sur la charte du Renouvellement urbain durable, on a fait intervenir quelqu'un de Fribourg », relève une responsable de l'agence d'urbanisme de Lille (Lille, 08/06/07) – et Barcelone : « J'allais dire, pour l'espace public, on est comme tout le monde, on a été sous la pression de l'École de Barcelone. [...] Le fait est qu'on reclasse avec un niveau de hiérarchie élevé la question des lieux publics », remarque un urbaniste bordelais (Bordeaux, 06/03/07). Le vice-président chargé des transports à la LMCU ne dit pas autre chose : « J'aime bien Barcelone : c'est achevé, tout est pensé, il n'y a pas un centimètre carré qui n'est pas pensé : le banc, la corbeille, la gestion des déchets, il y a une intégration urbaine, c'est assez extraordinaire. L'objectif, c'est pas de reproduire des Barcelone partout, mais je pense qu'on peut s'inspirer de cette ville » (Lille, 05/06/07).

D'autre part, des aires de proximités élargies se dessinent. Ainsi, les décideurs lillois observent-ils plutôt au nord : « Des quartiers durables en Allemagne, aux Pays-Bas et en Grande-Bretagne », dit une fonctionnaire municipale (Lille, 04/06/07). « On était à Malmö, on a été à Copenhague, donc tous les exemples un peu du nord. On a été voir BedZED dans la banlieue de Londres[5], etc. », ajoute une responsable à l'agence d'urbanisme (Lille, 08/06/07). Réciproquement, à Montpellier, c'est davantage vers l'Espagne que l'on se tourne ; cet élu municipal vert s'en fait l'écho :

> Sur les déchets, on a été voir ailleurs des exemples comme Barcelone. En Espagne, on a été voir aussi la collecte pneumatique des déchets : au lieu de collecter en camion, sous terre on raccorde des tuyaux, vous mettez vos déchets dans une borne, ils sont aspirés et arrivent dans un central, dans des containers où les camions les prennent. Barcelone collecte 100 000 habitants comme ça, et ils vont le développer encore (Montpellier, 01/03/07).

[5] BedZED, pour *Beddington Zero Energy Development*, est un îlot de 90 logements et 2300 m^2 de bureaux construit en 2000 au sud de Londres, sur 1,7 ha, qui se veut un éco-village exemplaire en termes de performance énergétique ; son empreinte écologique est deux fois moindre que celle d'un quartier traditionnel.

De même, un aménageur du projet Île de Nantes a porté son regard en direction de la péninsule ibérique :

> On est toujours extrêmement à l'écoute quand on va voir des opérations et qu'on essaie de faire un parallèle entre ce qui se fait sur l'Île et ce qui se fait ailleurs. [...] J'ai eu l'occasion de voir des projets à Bilbao, [...] sur des parties friches industrielles, et on se rend compte que très souvent, c'est des friches qui sont à l'écart du centre ville, avec des développements plus spécifiques, où on rase tout et on fait des nouveaux quartiers. Après, il y a un certain nombre de choses, je pense à l'expérience de Barcelone, qui s'est retournée vers la mer et a reconquis son bord de mer, la reconquête du fleuve telle qu'elle a pu avoir lieu à Porto ou à Lisbonne. (Nantes, 22/06/07)

De façon générale, on perçoit de la sorte une imprégnation croissante des modes de faire locaux par un référentiel européen ; la comparaison que fait un élu vert de la LMCU à cette aune pour définir l'institution en pointe sur le biogaz en est une marque palpable : « La méthanisation des déchets pour obtenir du biogaz, c'est exemplaire au niveau européen, à terme on aura 120 bus sur les 400 qui vont fonctionner au biogaz, et ils intéressent d'autres villes en Europe » (Lille, 05/06/07).

3.2. Un double circuit : importations et exportations

En même temps, s'il est couramment question de « veille permanente » entre grandes villes et à plusieurs échelles, l'« autonomie du local » ne disparaît pas pour autant ; l'adjointe au DD à Lille l'exprime clairement :

> Je pense qu'on ne peut pas faire de DD sans faire de la veille permanente. Aller voir des choses, c'est très important. [...] Moi, la ville de Fribourg, avec les maisons à énergie passive, elle m'a intéressée. On va à Mulhouse bientôt. Encore une fois, les échanges, la veille, pas pour reproduire. C'est très important de mutualiser. Surtout pas d'aller chercher des recettes, mais des réflexions, et puis les confronter à nos propres réalités, nos propres acteurs (Lille, 06/06/07).

C'est là un signe de ce que les réalisations en DD menées par les collectivités circulent non seulement par l'observation de villes de référence, mais encore, de façon dialectique, suivant un modèle importations-exportations entre les différentes aires urbaines. À Montpellier, un élu vert souligne :

> Apparemment, la méthanisation donne des idées à d'autres, à Marseille par exemple. En matière de recyclage, notre usine a été une des premières en France, qui a été pas mal visitée par d'autres villes. Le tram de Montpellier n'est pas le premier, n'empêche qu'il intéresse aussi. Une fois, j'ai eu la surprise d'avoir une délégation australienne, le maire d'Adélaïde est venu à

Montpellier pour voir nos réalisations en matière de DD (Montpellier, 01/03/07).

De façon proche, deux fonctionnaires de l'agglomération de Montpellier font comprendre que des transferts existent simultanément dans les deux sens :

– Quand on travaille dans une collectivité, il faut éviter de réinventer la poudre ! Pour commencer, on est allé voir ce que font les collègues, faire une critique, une synthèse, essayer de discuter, faire comme eux ; – De la même manière, dans le cadre des démarches PDU, tout le monde les relançaient en même temps, on a évidemment regardé de quelle manière les autres collectivités intervenaient. Et toujours pareil, adapté au contexte particulier ; – On a notre capacité de création, d'innovation, mais aussi au regard de ce que les autres font. On [gère] les choses intelligemment, j'espère. Et ils en font autant (Montpellier, 28/02/07).

C'est ainsi qu'un certain nombre de « bonnes pratiques » s'exportent de ville en ville[6]. L'adjointe au DD de la ville de Lille en fournit un témoignage : « Les marchés publics ! Ça, c'est évident. Y compris la manière de faire l'Agenda 21. Nos campagnes annuelles, la notion d'éco-quartier. Sur les campagnes d'alimentation, je vais à Dunkerque actuellement. Je suis pas mal sollicitée pour aller présenter ce qu'on fait ailleurs. Ce qui est exporté surtout, c'est une manière très concrète de parler de DD, en ne surfant pas sur les questions, mais en essayant que ça modifie en profondeur la notion-même de DD » (Lille, 06/06/07). Une responsable de l'agence d'urbanisme de Lille cite en particulier l'attention suscitée par le projet « Maisons en ville ». Cette opération de renouvellement urbain se définit par la construction d'un habitat dense de maisons individuelles, sur deux sites, l'un à Lille et l'autre à Tourcoing :

L'opération « Maisons en ville », qui n'est pas HQE, mais qui est DD, a intéressé beaucoup de villes françaises. On a reçu des gens de Grenoble, de Metz, etc. Vraiment plein de gens ont été voir sur place. Ça a été un exemple [...] qu'on retrouve quand ces agglos font des chartes, on retrouve les maisons de ville de Lille ou de Tourcoing dans leur charte. On voit des photos, c'est assez marrant. Comme il y a eu une assez grande médiatisation, une page entière dans *Le Monde*, du coup... (Lille, 08/06/07).

---

6 Pour une analyse critique de cette notion appliquée au DD, *cf.* Navez-Bouchanine, 2007.

3.3. Un double contenu qui circule : entre vision urbaine et enjeux techniques

Ce sont à la fois, à un niveau « macro », des expressions de la ville en tant que telle et, à un niveau « micro », des enjeux techniques de faisabilité qui sont observés, des visions urbanistiques autant que des expériences pratiques qui font l'objet d'une diffusion élargie. Un urbaniste libéral exerçant à Bordeaux estime ainsi que « des réalisations en tant que telles, je ne crois pas, mais ce qui s'exporte, c'est l'image d'une ville transformée, transfigurée même, de manière homogène. Ça ne fait pas de doute », avance par exemple un expert urbaniste libéral à Bordeaux (Bordeaux, 06/03/07), là où un fonctionnaire de la CU de Bordeaux complète de son point de vue : « Je crois que Lyon a joué un grand rôle, qui a mis en place des politiques d'agglomération assez tôt, et Lille aussi. Sinon, GERTRUDE[7], par exemple, est exportée mondialement. Mais là, c'est plutôt un système » (Bordeaux, 05/03/07). Des solutions techniques peuvent ainsi circuler en réseau. C'est le cas des parkings-relais, que rapporte un cadre de la société des transports de l'agglomération montpelliéraine, qui s'est appuyé sur deux « modèles », Strasbourg et Toulouse, et explique son choix :

> Il y a deux principes de tarification pour les parkings-tram : celui « à la strasbourgeoise » et celui « à la toulousaine ». Le [premier], vous arrivez, deux possibilités : soit vous êtes abonné et vous utilisez votre carte, la barrière s'ouvre, vous vous garez et vous prenez le tram. Deuxième possibilité, vous n'êtes pas abonné, il y a un gardien qui vous vend un ticket à 3 euros. Si vous êtes tout seul, vous payerez 3 euros, si vous êtes deux, trois, pareil, jusqu'à cinq. Le deuxième principe, c'est « à la toulousaine » : vous rentrez, il n'y a pas de barrière, vous prenez votre ticket et c'est votre ticket qui vous permet de sortir. Par contre, ça ne favorise pas le covoiturage. Je pense que le principe « à la strasbourgeoise » est plus DD dans cette optique (Montpellier, 02/03/07).

Deux conclusions principales peuvent être tirées. D'une part, regarder ce que fait l'autre participe de la routinisation d'un certain nombre d'actions, comme le laisse paraître ce fonctionnaire des Espaces verts à Nantes : « Le DD, on est tous pareil [...] et on est tous au stade des essais, depuis quelques années, que ce soit sur la région nantaise ou d'autres régions, parce qu'en fait elles communiquent entre elles et on va voir ce qui se passe à droite et à gauche » (Nantes, 19/06/07). Un exemple actuel concerne le prêt de vélos qui essaime dans plusieurs

---

[7] GERTRUDE, acronyme de Gestion Électronique de Régulation en Temps Réel pour l'Urbanisme, les Déplacements et l'Environnement, est une société anonyme d'économie mixte, créée en 1981 par la CUB : http://www.gertrude.fr/.

agglomérations françaises, à partir du « modèle » lyonnais ou bordelais, suscitant des réflexions à Montpellier :

> Avec les pistes cyclables, il y a aussi toute une politique de promotion du vélo où on a demandé qu'il y ait des systèmes de prêt. Un appel d'offre a été lancé, on attend de voir. Il y a le système de prêt de vélo à la façon lyonnaise ou bordelaise. Bordeaux, c'est les vélos en très longue durée, c'est pas des vélos avec des stations automatisées : on prête le vélo à quelqu'un moyennant une caution, il le garde avec lui. Le système de Lyon, c'est une location, la première demi-heure est gratuite, mais si vous le gardez plus, vous payez (adjoint au DD, Montpellier, 01/03/07).

D'autre part, ces maillages constituent aussi des modes de réassurance fonctionnels pour l'élu ou le technicien qui souhaite développer localement telle ou telle politique ; ce chargé de mission à Nantes Métropole voit dans ces transmissions pratiques une part de sa mission, qui concourent à produire des référentiels d'action partagés :

> Systématiquement, quand on est avec une commune qui veut urbaniser, on lui renvoie l'expérience qu'on a vu ailleurs, on dit « Ecoutez, ailleurs on a fait comme ça et on est sorti avec tel prix ». Donc on renvoie des images qui ne sont pas une solution en soi, mais qui permettent d'avoir une grille de lecture, et ça on est en train de le développer (Nantes, 20/06/07).

3.4. La diffusion par la comparaison

Ces circulations induisent des formes de normalisation relative des projets de DD, dans la mesure où elles favorisent une comparabilité accrue entre villes et entre agglomérations, en termes d'appréciation positive ou de relativisation. Un discours comparatif est de plus en plus fréquemment construit par les décideurs locaux en regard de ce que font d'autres métropoles françaises ou européennes ; cet extrait d'entretien avec une chef de projet DD à Nantes Métropole l'exprime :

> Nantes, bonne élève, c'est toujours par rapport à d'autres élèves [...]. Il y a eu des échanges dans le cadre de l'Agenda 21, des échanges avec Rennes, Angers, Bordeaux, et puis [...] des échanges avec d'autres villes européennes comme Stuttgart [Allemagne], Bréda [Pays-Bas], sur nos manières d'intervenir sur les friches industrielles, donc il y a eu un échange de bonnes pratiques (Nantes, 22/06/07).

C'est la construction d'une exemplarité qui se dégage de ces initiatives, car elles induisent de la comparaison entre villes, objectivée dans des labels et des récompenses dont il est possible de se prévaloir localement : « On a eu le trophée dédié au DD dans le cadre de notre Agenda 21 ! », complète un fonctionnaire intercommunal (Nantes, 21/06/07).

De la même façon, la connaissance réciproque, entre grandes villes, d'un certain nombre d'actions en DD permet aux techniciens de se positionner quant aux dynamiques engagées ; la chargée de mission DD à la LMCU le fait comprendre :

> Sur l'éco-quartier, sur la concertation, Lyon est beaucoup plus en avance. Le Plan climat à Nantes a un an de recul. Le PDU, on est dans les villes qui l'ont mis en place. Il y a aussi toutes les réflexions sur l'évaluation, certains ont commencé par d'autres choses et nous par le baromètre du DD. [...] On voit que certains émergent plus sur une thématique que sur une autre, mais il y a cette force de travail qui fait qu'on innove (Lille, 05/06/07).

Une dimension réflexive par rapport aux pratiques développées localement devient possible pour les acteurs, qui ont aujourd'hui une certaine connaissance de ce qui se fait ailleurs, et y relient leurs propres expériences (organisationnelles, conceptuelles, d'outillage, etc.) : « Sur des questions difficiles comme le désherbage, où il faudrait arrêter de désherber chimique, certaines villes y sont parvenues comme Rennes. Il faudrait nous aussi qu'on y parvienne, on s'est fixé cet objectif », nous dit le chargé de mission DD à Bordeaux (Bordeaux, 06/03/07).

Au final, les références et les pratiques qui se diffusent s'avèrent concomitamment de trois ordres : il y a à la fois des circulations de *représentations* (notamment de tel ou tel domaine d'action à prioriser parmi les dimensions sectorielles du DD, comme l'intermodalité pour les déplacements), de *théories d'action* (sur la définition de que recouvre un « éco-quartier », de ce que représente le « renouvellement urbain », etc.) et de *connaissances* (par exemple pour mettre en place de façon viable un système de vélos libre-service, etc.), pouvant permettre ensemble des diagnostics sinon des pronostics pour les praticiens. C'est la portée autant que la complexité de ces transformations des répertoires d'action publique en DD qui apparaît ainsi.

4. Par qui et par quels canaux les circulations s'opèrent-elles ?

Les circulations relatives aux modes de penser et de faire du DD urbain prennent place entre des acteurs et des groupes sociaux qu'il s'agit de qualifier, en même temps que de repérer les lieux, les porteurs et les circuits, passages et passeurs[8], importateurs et traducteurs[9], des processus d'hybridation.

[8] La fécondité du questionnement en termes de passages et de passeurs entre des univers *a priori* différents, par-delà des frontières mouvantes, a été éprouvée dans Hamman *et al.*, 2002, notamment Anquetin, 2002.

4.1. Des acteurs-passeurs du DD urbain

Aussi bien des élus que des administratifs et techniciens en charge des problématiques de DD urbain peuvent incarner des figures intermédiaires, des acteurs-passeurs entre des mondes sociaux distincts sinon distants, entre lesquels ils participent de la production d'intersections. L'endossement d'un tel rôle se retrouve également s'agissant de « professionnels de la ville » auxquels il est fait appel.

Les chargés de mission DD des villes et agglomérations comme passeurs

La carrière d'un certain nombre de techniciens et d'administratifs, les conduisant dans plusieurs aires urbaines et à différents postes, est un premier facteur notable. Le directeur du Renouvellement urbain à Nantes Métropole le fait ressortir : « J'étais au Havre, j'étais à Dijon, j'ai fait beaucoup de villes. [...] À Nantes Métropole, on peut noter qu'il y a quand même une empreinte très forte en faveur du DD, de l'environnement, avec des dispositifs qui ont été pris depuis longtemps sur beaucoup de registres » (Nantes, 20/06/07). Un autre fonctionnaire, aujourd'hui en charge des éco-quartiers à la CU de Nantes, a lui aussi connu différentes villes ; ce bagage est palpable dans la remarque comparative qu'il esquisse sur la prise en compte du DD ; « [Nantes est] peut-être une meilleure élève que d'autres villes [rires]. Moi, je sors de Montpellier et j'y ai vu une différence, voilà ! » (Nantes, 21/06/07).

On comprend alors que des approches du DD urbain se diffusent également en fonction des trajectoires de leurs porteurs. À la Communauté d'agglomération de Montpellier aussi, le personnel technique de direction « bouge » de ville en ville, n'étant ni simplement « local » ni non plus national, mais se situant à la jonction entre des scènes et des échelles différentes ; par exemple :

> Je suis ingénieur de formation, ingénieur en Génie civil d'une école des Mines. J'ai occupé plusieurs postes dans la fonction publique territoriale, essentiellement en maîtrise d'œuvre, pour passer ensuite à la maîtrise d'ouvrage, et maintenant à la fois maîtrise d'ouvrage et également responsable de l'exploitation et du développement des transports. [...] J'ai commencé ma carrière en banlieue parisienne, à Saint Denis, et j'étais sur Grenoble, pour ensuite venir sur Montpellier (Montpellier, 28/02/07).

Autre illustration, au Grand Lyon, la chef de projet DD s'apparente à un acteur-passeur tant par son parcours que par ses fonctions d'entremise entre différents acteurs publics et privés. En effet, l'intéressée a

[9] Voir également, pour la scène internationale, Dezalay & Garth, 2002 ; Hassenteufel, 2005.

auparavant été en charge de la Direction générale des services de la CU de Strasbourg pendant deux ans, a également été, au niveau national, chef de cabinet du ministre de l'Environnement, et, à l'échelle internationale, a exercé des missions en prise avec la coopération décentralisée et les enjeux de formation et d'échanges de pratiques entre collectivités territoriales. Son poste actuel de conseillère technique pour le DD auprès du président du Grand Lyon l'amène à assumer un rôle d'interface entre le champ politique (elle est directement rattachée aux élus en charge de ces enjeux) et les différents acteurs locaux, ainsi que l'administration intercommunale – ceci tenant à la fois, souligne notre interlocutrice, en « de l'innovation » et la « valorisation de l'existant », afin que « chacun puisse s'en saisir à son échelle et selon ses compétences » (Lyon, 10/10/07).

En cela, c'est l'exercice de fonctions d'entremise qui ressort, confirmant des postures de passeurs dans l'activité courante de ces acteurs. Ceci correspond bien à la définition du poste de responsable du Renouvellement urbain à Nantes Métropole que son titulaire nous résume : « On impulse les politiques publiques, mais on a aussi un côté régulateur en fonction des moyens dont on dispose. [...] On est perpétuellement sur des arbitrages, qui ne sont pas toujours en faveur du DD. Ils le sont, mais pas forcément toujours » (Nantes, 20/06/07). Dès lors, les chargés de mission DD s'apparentent non seulement à des entremetteurs mais aussi à des organisateurs de passages ; un fonctionnaire du Grand Lyon évoque une « mission de *reporting* » :

> J'anime une mission de coordination des politiques d'agglomération, c'est une mission transversale d'organisation des politiques publiques sectorielles du Grand Lyon : PLH, PDU, Schéma directeur d'urbanisme commercial, mission pour l'Écologie urbaine, développement économique bien sûr, DD aussi, et, à ce titre-là, c'est moi qui assure le *reporting* sur l'ensemble des services (Lyon, 09/07/07).

Très concrètement, l'exemple du responsable de la 1re ligne du tram à Montpellier donne à saisir ce qu'être passeur sur un dossier précis peut signifier. On voit dans le récit du président du Collectif Tramway, très investi sur le sujet, que ce technicien parvient à être reconnu, par ses titres et sa compétence, autant par le maire que par l'associatif, et devient de la sorte un intermédiaire :

> Le responsable de la 1re ligne, c'est un de mes voisins, directeur de la région SNCF, il a été à la mission TGV, et Georges Frêche lui a proposé d'être coordinateur de la ligne 1, parce que beaucoup de techniciens disaient « Attention, on ne sait pas faire ». En bon politique, Frêche se dit que c'est un polytechnicien, donc il pouvait considérer que c'était un égal quoi ! [...] Et ce monsieur avait organisé des réunions, et il m'a même invité chez lui, où on a discuté, il m'a demandé mon avis. Et je suis arrivé à le convaincre, et

lui il a convaincu Georges Frêche, que les rames devaient avoir une grande largeur, 2m65, ce qui permet deux banquettes de deux personnes. Même deux personnes avec un gamin s'asseyent facilement, ça permet une capacité importante (Montpellier, 03/03/07).

Les élus locaux comme passeurs

Les élus représentent eux-aussi souvent des passeurs en DD urbain, à commencer par les cas où, par leur parcours, ils conjuguent un investissement militant dans le champ de l'environnement ou du social et l'exercice d'un mandat électif. Cet élu vert, vice-président de la LMCU, souligne une mise en relation entre différents univers professionnels :

> Je suis élu vert. C'est mon premier mandat. [...] Membre des Verts depuis 1989. Ça va faire 25 ans. [...] J'ai une maîtrise d'Histoire et un DEA d'Études politiques. Et ensuite j'ai fait beaucoup de choses, notamment journaliste, maître-auxiliaire, chargé de mission auprès de la présidente du Nord Pas-de-Calais de 1993 à 1998, et après j'étais animateur d'un collectif associatif sur la réforme de la politique agricole communautaire.

Il se décrit comme « marchant sur deux jambes », l'une étant son engagement de militant écologiste (jusqu'à prendre part à des actions coup-de-poing) et l'autre sa participation aux instances de décision publiques, en faisant alliance avec le parti socialiste local :

> On a eu la présidence au Conseil régional de 1992 à 1998, moi j'ai participé à cette aventure-là. [...] Les écologistes dans le Nord ont une double culture. De lutte de terrain : moi-même, j'ai été condamné dernièrement à deux mois de prison avec sursis pour arrachage d'OGM. Donc on assume. Mais en même temps, on a une culture de la responsabilité institutionnelle. On pense que pour changer les choses, il faut être présent au cœur des institutions, et exercer des responsabilités. Donc on marche sur deux jambes, une jambe pour militer et faire des luttes de terrain, et une jambe dans les institutions. [...] C'est pas sale de passer par des alliances avec d'autres partenaires, sur des contrats transparents et clairs ! (Lille, 05/06/07).

En même temps, ce peut être aussi directement dans l'exercice de sa délégation que l'élu exerce une intermédiation, lors de déplacements ou par l'accueil d'autres décideurs : « Moi j'en reçois des collectivités ! Et on m'a souvent demandé d'aller dans les communes qui voulaient faire la démarche de DD, expliquer comment on avait fait, etc. », note une élue municipale lilloise. Lorsque cette dernière expose sa vision de la tarification de l'eau, y compris à ses propres services techniques, on peut parler d'une tentative de mise en accord d'univers qui jusque-là ne se rencontraient guère :

> Je présente souvent l'exemple de l'eau, puisqu'il démontre comment la logique de DD modifie en profondeur l'aspect logique et culturel. La tarifica-

tion progressive, c'est tellement anti-culturel aujourd'hui que le service me disait : « Dégressif, non ? » C'est ça la logique du développement *non durable*, deux achetés, le troisième gratuit ! Or, au contraire, la tarification progressive, c'est assurer les droits fondamentaux. Et si on gaspille, eh bien on paie plus cher. Un, c'est une logique de solidarité. Deux, c'est parce qu'il y a une surconsommation qu'on est obligé d'aller chercher de l'eau très loin, ça demande des investissements très importants. Trois, ça demande de l'assainissement qui coûte de plus en plus cher. Vous voyez, une autre logique. Mais ça progresse (Lille, 06/06/07).

Ce rôle d'intercesseur des élus locaux est plus net encore lorsqu'ils exercent simultanément plusieurs mandats, dans différentes scènes, politiques et expertes, dégageant une position de « spécialiste », à l'instar de l'adjointe au DD de la ville de Lille. Si c'est tout un travail que de soutenir des notions de DD dans des arènes différentes, c'est aussi tout un champ des possibles qui s'ouvre :

> Moi, je pars de l'idée que le DD, c'est remettre l'homme au cœur du développement. Après, chacun dans sa compétence, doit favoriser cette nouvelle logique. Bon, moi je suis aussi à la commission DD à la LMCU, je participe au Comité 21 au Conseil général... Cela ne veut pas dire que l'articulation soit simple. C'est aussi un combat. [...] La question, c'est comment on répond ensemble aux besoins des citoyens de la manière la plus sobre, la plus économe et qualitative. [...] C'est une idée qui a été introduite jusqu'au conseil national de l'Eau, où je siège (Lille, 06/06/07).

Les professionnels de la ville comme passeurs

D'autres impulsions sont liées aux appels d'offres ouverts à différents prestataires, bureaux et experts extérieurs (architectes, consultants, etc.). Il en va d'abord de procédures légales relatives aux marchés publics ; ce cadre de la société des transports de l'agglomération de Montpellier le pointe, tout n'est pas volontarisme d'échanges : « Il y a des personnes de toute la France qui interviennent, c'est par la loi des marchés publics de toute façon » (Montpellier, 02/03/07). Ceci dit, on repère des régularités entre les villes ; les mêmes noms reviennent, et apparaissent comme autant de « figures obligées » semblant valoir label de qualité ou de modernité. Le constat vaut en particulier pour les architectes les plus souvent retenus, ce que ne manque pas de souligner un urbaniste bordelais :

> La ville de Bordeaux, à travers un marché public qui a paru très suspect, a désigné [...] en plein mois d'août deux stars parisiennes pour s'occuper [du quartier] de la Bastide, pour y faire un plan-guide. Ces deux stars, un architecte et un paysagiste, il est question de leur faire un contrat de 5,6 millions d'euros, ce qui fait un joli paquet. Mais la ville s'est retournée vers la CUB, en leur disant qu'il fallait en payer la moitié ! (Bordeaux, 06/03/07).

Force est de constater une tendance à la sollicitation d'un petit nombre d'architectes nationaux « réputés », pouvant correspondre pour les élus, en termes d'affichage, à l'importance qu'ils entendent donner à des opérations de DD urbain. On peut citer en ce sens les interventions de Michel Desvigne, paysagiste retenu pour la création d'une trame verte sur la Rive droite à Bordeaux, après avoir travaillé sur les aménagements du square Vinet, mais aussi, à Lyon, sur ceux du parc des Hauteurs, de la place des Célestins et actuellement ceux du projet Confluence. À projet pensé comme majeur, figure majeure, pourrait-on résumer. Les aménagements de l'Île de Nantes le laissent également paraître, avec l'intervention d'un architecte-paysagiste de premier plan, Alexandre Chemetoff[10].

> Sur l'Île de Nantes, l'architecte expert, c'est Alexandre Chemetoff, qui est paysagiste, et même s'il n'a pas construit le discours sur le DD, il l'a quand même mis en œuvre à travers beaucoup de types d'actions, et d'actions majeures, telles que les aménagements sur les sites des chantiers, enfin toutes les dispositions d'aménagement relèvent de son fait, énonce un fonctionnaire à Nantes Métropole (Nantes, 21/06/07).

Faire appel à ces « célébrités » n'est alors pas forcément exempt de difficultés pratiques à gérer localement. Le même cas nantais délivre un exemple suggestif, lorsqu'on écoute le vice-président chargé des circulations douces à Nantes Métropole regretter le choix architectural de ronds-points en ovale fait par A. Chemetoff, qui ont amené des congestions automobiles et finalement la réduction des pistes cyclables :

> L'Île de Nantes est en fait l'État dans l'État : c'est M. Chemetoff [...]. Il est très difficile de travailler avec lui, il a fait des aménagements sur l'Île de Nantes qui sont totalement inopérants, de mon point de vue [...]. Ce qui fait qu'il y a régulièrement des bouchons pour les voitures ! [...] [Il montre un plan] Quand on fait un aménagement en rond-point en ovale, parce que c'est plus joli, selon M. Chemetoff, les voitures qui arrivent en face [...] bloquent toute la circulation. [...] L'aménagement de M. Chemetoff étant tout à fait personnel, eh bien ça ne fonctionne pas ! Résultat, compte tenu de tous les

---

10 A. Chemetoff a été distingué par le Grand prix national de l'urbanisme 2000. De la motivation du jury ressort une marque de la surface professionnelle acquise : « Paysagiste hors normes, [...] Alexandre Chemetoff est de ces professionnels qui pratiquent tous les métiers, le paysage, l'urbanisme, l'architecture, avec une approche sensuelle et tactile. Il est surtout un réalisateur. À moins de 50 ans, il a une œuvre considérable : jardins, quartiers, bâtiments, plages, places, grandes études de territoires. [...] Ses projets sont toujours des manifestes : Sainte-Geneviève des Bois, Rennes, Boulogne centre, Les Minguettes, la place de la Bourse à Lyon, la plage du Havre. Aujourd'hui l'Île de Nantes. Ces projets sont toujours en dialogue avec les autres : son équipe, qui fonctionne de manière très soudée, ses partenaires élus, techniciens, habitants. À l'écoute, sans effacement. Le jury a salué "la complétude du parcours de cette figure du paysage dans l'urbanisme" ».

bouchons, on a décidé que les bandes cyclables, qui étaient très confortables, d'1m50 de chaque côté, au niveau [...] de ces ovales, sont supprimées ! (Nantes, 19/06/07).

La conclusion que l'on peut tirer est à double portée : les professionnels qui proposent leurs services aux différentes villes et agglomérations valent comme passeurs d'idées et d'outils, mais ils peuvent aussi devenir des vecteurs de « standing » en DD, suivant une dimension qui s'apparente alors à l'imposition plus qu'aux transactions. En même temps, le fait que le nombre d'intervenants « légitimes » se réduise nationalement signale que des références se stabilisent, par l'intermédiaire de ces acteurs, mais ce processus comprend une part de contraintes.

4.2. Des réseaux d'hybridation des pratiques

Il ne s'agit pas pour autant de surestimer le poids d'un acteur, pris individuellement, dans les processus de diffusion de référentiels et d'expériences de DD urbain. Les passages s'opèrent à travers des porteurs mais aussi dans des lieux de mutualisation : ce sont des scènes d'hybridation collective qui apparaissent. Le chargé de mission DD de la ville de Bordeaux reconnaît ainsi un handicap à être seul en termes d'expertise transversale :

> J'ai besoin d'avoir quelqu'un qui a une culture DD forte avec qui échanger, sinon je m'aperçois que par rapport à d'autres villes j'oublie des choses, il y a des dossiers sur lesquels je devrais être plus présent. Bon, il y en a d'autres sur lesquels je suis peut-être un petit peu en avance, mais globalement je sens bien que ce n'est pas bon de travailler seul. Dans tous les services, il y a des gens compétents, mais avec cette préoccupation transversale je suis tout seul (Bordeaux, 06/03/07).

Ces réseaux peuvent être protéiformes, de contours et d'intensité variables : ateliers externalisés des organigrammes des collectivités, structures associatives ou encore collectifs de villes engagées en DD, telle l'association des Communautés urbaines de France :

> Plusieurs CU se sont réunies au sein de l'Association des CU de France et un groupe DD à part entière. On se réunit à peu près une fois par mois et on échange sur nos pratiques. Ça permet réellement de partager nos inquiétudes, nos doutes en tant que techniciens, de partager nos bonnes pratiques et de permettre de les rééquilibrer. Il y a vraiment une culture de l'échange qui s'est développée entre CU (chargée de mission au Grand Lyon, Lyon, 09/07/07).

Des échanges se font aussi lors de séminaires et colloques, auxquels participent les techniciens des villes : « Je commence à avoir fait plusieurs séminaires, colloques nationaux ou internationaux, on retrouve

Nantes, Lyon, Lille et Grenoble, les quatre métropoles qui sont très actives sur le sujet », note une fonctionnaire chargée du DD à la LMCU (Lille, 05/06/07). Corrélativement, les formations du CNFPT (Centre National de la Fonction Publique Territoriale) représentent d'autres moments de mises en rapport : « Je peux vous donner des exemples qui en ce moment font le tour des collectivités, dans la formation avec le CNFPT, c'est celui d'un aménagement NATURA 2000[11] » (fonctionnaire au Grand Lyon, 09/07/07). Dans le même sens, les élus sont aussi conviés à des séminaires spécifiques sur le thème du DD : « Je suis allé la semaine dernière à Munich pour un congrès européen sur l'usage des vélos », rappelle l'élu de la CU de Nantes en charge du dossier (Nantes, 19/06/07).

Sans oublier qu'il n'y a pas que les élus qui promeuvent des innovations, pas que les services techniques qui cherchent à s'informer des réalisations d'autres villes, mais aussi les sociétés privées souhaitant vendre leur matériel ; un associatif montpelliérain le pointe avec raison dans le cas du tramway :

> Il y a beaucoup de visites, parce qu'elles sont organisées par le constructeur. Il va y avoir deux lignes qui vont vraiment ressembler à Montpellier : c'est la ligne 4 à Toulouse, c'est la même équipe qui a obtenu le marché de réalisation, […] et c'est le tram de Tenerife au large du Maroc. […] Les visites sont organisées par Transept, qui gère le réseau, la société privée de transports de la Caisse des Dépôts. Mais ailleurs c'est pareil, tous les réseaux, il y a quand même un marché ! (Montpellier, 03/03/07).

Des instances externalisées des collectivités comme scènes de passages

À un premier niveau, les ateliers urbains mis en place par les collectivités ou leurs démembrements peuvent s'analyser comme un lieu de passage, notamment par le biais de voyages d'étude qui mettent en présence différents acteurs, comme dans le cas des initiatives lancées par l'agence d'urbanisme de Lille :

> On a organisé un stage de formation pour les ingénieurs qui venaient de rentrer à la CU en 1999, une formation sur l'espace public. On a été voir avec eux un certain nombre de réalisations à Paris, à Gand, à Dunkerque, etc. […] Et on a organisé un certain nombre de voyages d'études, qui ont rassemblé les membres de l'atelier. On a été à Barcelone, à Bordeaux, à Paris, et nous allons aller à Rennes pour voir la problématique de l'environnement, espace public et HQE (urbaniste, Lille, 08/06/07).

---

[11] Réseau européen de sites écologiques de préservation des habitats naturels et d'espèces (flore et faune sauvage) d'intérêt communautaire : *cf.* www.natura2000.fr.

L'atelier éco-quartier de Nantes constitue une autre déclinaison ; on décèle à travers ce club de réflexion suscité par une agglomération comment se produit le DD urbain en transitant par des instances transversales à vocation d'opérationalité :

> C'est un atelier qui a été mis en place en 2007. L'objectif était de réunir un certain nombre d'acteurs locaux et puis de penseurs, au sens chercheurs, de ces thématiques, afin de réfléchir ensemble à cette notion d'éco-quartier, mais aussi de produire et de définir des critères, des actions, des solutions à mettre en place pour des aménagements de quartiers dits durables. [...] Il y a un planning de séances plénières à une fréquence d'environ une fois par mois. Et l'idée, c'est de se voir en plus petit comité sur des thèmes précis (fonctionnaire à Nantes Métropole, 21/06/07).

De même, à sa façon, la structure « Montpellier Grand Cœur » apparaît elle aussi comme une scène intermédiaire socio-technique, à la fois entre spécialistes et à l'endroit du public :

> Grand Cœur, c'est une structure qui réunit quelques architectes, quelques fonctionnaires de la ville, quelques élus, avec des gens de l'extérieur, la chambre de Commerce et d'Industrie, des services de l'État. C'est un peu comme un atelier d'urbanisme. Grand Cœur, c'est une structure au service de la mairie, mais qui ne reçoit pas de correspondants comme les associations. Par contre, si vous avez des démarches à faire pour le ravalement des immeubles, plutôt que d'aller à la mairie, vous allez à Grand Cœur. C'est une annexe du service d'urbanisme (président d'association, Montpellier, 03/03/07).

Des réseaux de villes en DD

Le tableau suivant restitue la participation des collectivités étudiées au sein des principaux réseaux de villes actifs sur les enjeux de DD urbain[12].

---

[12] Les réseaux dont font partie au moins cinq des six aires urbaines étudiées apparaissent en grisé prononcé et ceux dont au moins deux de ces collectivités sont membres sont repérables en grisé clair.

	Bdx	Lille	Lyon	Montp	Nantes	Tlse
Comité 21[13]	X (CU)	X (CU)		X (Ville)	X (Ville)	X (Ville)
RAFID[14]	X					
IDEAL[15]	X (CU)				X (CU)	
Orée[16]	X (CU)					
Eco-maires[17]		X				
Association 4D[18]		X (CU et villes)	X (CU et ville)	X (ville)	X (ville)	
ICLEI[19]		X (CU)			X	
Réseau des villes européennes durables		X				
ACUF[20]	X (CU)	X (CU)	X (CU)		X (CU)	
Eurocités[21]	X (ville)	X (CU)	X (ville)		X (CU)	X (ville)
Global city[22]		X (CU)	X (CU et ville)		X (ville)	
BioVision[23]			X			
Tempo					X	
Réseau Grand Ouest commande publique et DD[24]					X (ville)	
Alliance pour le climat					X	

13 Source : site Internet http://www.comite21.org.

14 Réseau Aquitain Formation et Information pour le Développement. Source : http://www.rafid.u-bordeaux.fr.

15 Environnement et aménagement local. Source : http://www.reseau-ideal.asso.fr.

16 Source : http://www.oree.or/.

17 Source : http://www.ecomaires.com.

18 Source : http://www.association4d.org.

19 Conseil international pour les initiatives écologiques locales : http://www.iclei.org.

20 Association des Communautés Urbaines de France : http://www.communautes-urbaines.com/.

21 Source : http://www.eurocities.org.

22 Source : http://www.globalcityforum.com.

23 Source : http://www.biovision.org.

24 Source : http://www.achatsresponsables.com/index.php?nb_rec=27.

4.3. La dimension européenne des circulations d'actions de DD urbain

L'inscription dans des programmes européens pèse aujourd'hui sur les définitions territoriales du DD urbain, comme le fait comprendre ce chargé de mission à Nantes Métropole : « Dans le domaine des mobilités, il y avait le programme VIVALDI[25], avec plusieurs villes européennes. Ça relève éminemment du DD puisque les villes avaient toutes un objectif ambitieux, notamment dans le domaine des transports en commun » (Nantes, 21/06/07). Le levier du financement joue ici. De plus, le fait de se situer par rapport à un référentiel européen est mis en avant par les décideurs locaux comme garantie de qualité des actions menées. Cet extrait du site Internet de la ville de Montpellier fournit une illustration : « La Ville de Montpellier a reçu en 1996 le Label européen des villes durables qui récompense la qualité de son développement urbain et économique respectueux de l'environnement et la mise en place de sa charte d'Environnement adoptée en 1994 », peut-on lire[26]. Le cas de l'agglomération nantaise est également suggestif de ces circulations de références entre les échelles « macro » et « micro », l'Union européenne et un territoire. Ce technicien en charge des éco-quartiers au niveau intercommunal le relève, l'engagement dans des réseaux européens de DD se veut exemplaire d'un investissement local en la matière : « On voit vraiment un programme d'action ! Et c'est relié justement par les jumelages et les échanges avec la Communauté européenne et des programmes européens qui n'existent pas ailleurs » (Nantes, 21/06/07). De même, l'établissement d'un référentiel de qualité environnementale au Grand Lyon traduit le rôle d'aiguillon joué par des projets européens, dont les priorités se répercutent sur la détermination d'opérations locales en DD :

> Dans un premier temps, c'est un travail de programme européen, ça avait permis d'identifier les bonnes pratiques à l'échelle européenne, et donc voir après comment les décliner localement. Notre innovation, c'est pas seulement un travail en chambre, mais une prise en compte des expériences européennes (chargée de mission, Lyon, 09/07/07).

Reviennent en particulier, à Lille, Lyon et Nantes, les programmes REVIT et CONCERTO. Ce dernier, lancé en 2003 par la Commission européenne, vise à promouvoir l'efficacité énergétique et l'utilisation

---

25 Prenant place sur la période 2002-2006 (5e Programme cadre de recherche et développement de la Commission européenne), les mesures VIVALDI concernaient plusieurs champs d'action : véhicules propres, gestion de l'accessibilité, stratégies tarifaires, encouragement des modes collectifs, etc. : http://www.nantesmetropole.fr/.

26 http://www.montpellier.fr.

des énergies renouvelables dans la construction de bâtiments. « L'opération Confluence est une opération de la centralité de l'agglomération lyonnaise, qui se développe sur près de 500 ha, et qui a fait l'objet d'une démarche HQE [...] dans le cadre du programme européen CONCERTO », met en avant un technicien au Grand Lyon (Lyon, 09/07/07). Concrètement, c'est l'impact des aides européennes sur la qualification locale du DD que l'on observe et que donnent à saisir un fonctionnaire de Nantes Métropole, évoquant le cadre CONCERTO, et un aménageur de l'Île de Nantes :

> Il y a d'énormes partenariats. Sur CONCERTO, porté par la Commission européenne, il y a une centrale photovoltaïque sur le centre commercial de l'Île de Nantes [...] qui va être mise en place. Vous avez d'autres opérations de bâtiments qui bénéficient aussi des cibles CONCERTO et des financements. La cible, c'est la norme RT 2005 moins 15 à 20 % [réglementation thermique] (Nantes, 21/06/07) ; On a obtenu 20 millions d'euros, principalement par des programmes européens sur la qualité énergétique des opérations, la réhabilitation des friches industrielles, et puis les fonds classiques FEDER [Fonds européen de développement régional], etc. (Nantes, 22/06/07).

La place prise par ces programmes montre plus largement que les projets de DD urbain fonctionnent pour une part croissante *via* des partenariats – de l'« inter » – entre différentes instances, de l'Europe au local ; l'évocation du programme REVIT[27] par un technicien de Nantes Métropole l'atteste : « Vous avez toutes les collectivités territoriales : département, région, qui viennent là-dessus, l'État, l'ADEME, les agences nationales, avec l'Europe bien évidemment. Notamment sur l'Île de Nantes, on avait un projet européen qui s'appelait REVIT, pour les friches industrielles » (Nantes, 20/06/07). Dès lors, preuve de l'importance prise par le cadre européen autant que des compétences qu'il suppose pour se positionner, un poste y est dédié à présent au sein de la CU de Nantes. C'est un signe d'institutionnalisation de ce canal de financement et de labellisation, donc de son influence : « Ici, à la direction générale du Renouvellement urbain, j'ai quelqu'un dédié aux questions européennes, de manière intégrée », nous dit le chef de service (Nantes, 20/06/07).

---

[27] *Towards More Effective and Sustainable Brownfield Revitalisation Policies* : vers des politiques de revitalisation des friches urbaines plus efficaces et durables. Entre 2003 et 2007, ce programme s'est concentré sur des opérations d'urbanisme relatives à des friches industrielles. Les villes portuaires de Nantes et Medway (Royaume-Uni) ont notamment participé à des échanges d'expériences : http://www.revit-nweurope.org/.

De même, un autre programme, RESTART[28], a permis à l'agglomération lyonnaise de développer dès 1997 un certain nombre de logements en HQE ; la chef de projet DD du Grand Lyon l'ajoute : « À partir de 1997, il y a eu un programme sur 200 logements sociaux, avec un certain nombre de critères HQE mis en place, avec l'aide du programme européen RESTART » (Lyon, 10/10/07), dont l'objectif tient à la réduction des émissions de gaz à effet de serre, notamment par la baisse des consommations d'énergie, en recourant à l'énergie solaire pour le chauffage et la production d'eau chaude sanitaire (serres solaires, capteurs solaires pour l'eau chaude ou les planchers solaires directs). D'autres opérations en lien à des référentiels européens peuvent aussi être repérées dans l'agglomération lilloise, qui attestent les répercussions croissantes de cette échelle élargie sur les actions locales. Ainsi la CU de Lille est-elle chef de file d'un projet européen appelé BIOGASMAX, visant à la gestion innovante des déchets, en développant des biocarburants et en particulier du Biogaz. De même, la ville de Lille et la LMCU participent à un programme européen sur l'énergie, dénommé DISPLAY :

> Les questions énergétiques sont difficiles à appréhender, mais il y a une volonté de le faire : plusieurs collectivités de la région sont inscrites au programme DISPLAY, un programme européen d'affichage et d'amélioration des performances énergétiques des bâtiments, en termes de consommation d'énergie, d'isolation, de type d'énergie qu'on utilise, d'efficacité énergétique des appareils, relève la présidente de l'association EDA (Lille, 05/06/07).

On pourrait multiplier les exemples de cette mise en réseau européenne sur les enjeux de DD urbain : « Sur la mobilité, on est en réseau au niveau européen dans le cadre d'un programme que l'on appelle “6 vitesses”, c'est l'échange d'expériences, mis dans un réseau avec Stockholm, Prague, et puis en Autriche », signale pour sa part le vice-président chargé des transports à la LMCU (Lille, 05/06/07). L'ouverture à l'international est de plus en plus intégrée par les acteurs territoriaux, témoignant de nouvelles circularités à partir des principes généraux du DD :

> On est dans quatre programmes européens, les marchés responsables, on est dans SUS-CIT A[29] et on va travailler sur l'éco-quartier durable, avec des partenaires, on est dans un programme sur les déchets, sur la culture, on est dans des réseaux européens. Tout ça, je pense que c'est extrêmement important. Moi je suis allée à Porto Alegre, à Johannesburg, on travaille sur la

---

[28] *Renewable Energy Strategies and Technology Applications for Regenerating Towns.*

[29] Réseau européen SUS-CIT, qui s'inscrit dans le projet INTERREG IIIB, notamment entre le Nord-Pas-de-Calais et la Wallonie.

charte d'Aalborg, on travaille !, insiste encore l'adjointe au DD de la ville de Lille (Lille, 06/06/07).

Le regard des élus et des techniciens des grandes villes françaises n'est donc plus seulement national (par rapport à d'autres agglomérations), mais va au-delà, en termes d'européanisation du registre d'action et de figures de l'exemplarité. Une échelle renouvelée de référence s'impose de la sorte progressivement, à laquelle essaient de se rattacher les décideurs locaux ; c'est bien à ce niveau que l'adjointe au DD à Lille se situe pour se féliciter du succès d'une opération d'efficacité énergétique : « On a un marché public sur l'éclairage [en] éco-efficacité. [...] Cette démarche a été reprise par une trentaine de villes. C'est un des cinq exemples que l'Europe veut mettre en évidence pour les marchés responsables. Donc on voit bien qu'on sort complètement du territoire pour essayer d'être un levier à d'autres échelons » (Lille, 06/06/07).

5. Penser le DD urbain dans les traductions et transactions

Ressortent de ces circulations autour des projets et réalisations de DD urbain des processus que l'on peut qualifier en mobilisant les concepts sociologiques de traduction, transcodage, transactions sociales et percolation.

5.1. Traductions et transcodages

Une première conclusion s'impose : les sigles, les normes et les dispositifs portés par des acteurs et des groupes investis sur les enjeux du DD urbain ne font pas l'objet d'une simple transposition ville par ville à partir de ce qui serait un cadre national d'action publique. Le cas de la HQE le montre : lorsqu'il est question d'être plus directif localement, notamment à l'endroit des architectes et des promoteurs, cela se fait à partir d'une redéfinition territorialisée des cibles nationales, c'est-à-dire de torsions (on sort de la « HQE pure »), avec au final une HQE à géométrie variable (certaines cibles et pas d'autres) suivant les aménagements et face à des résistances, ainsi que le rapporte un chargé de mission du projet Île de Nantes :

> Il y a souvent un blocage chez certains architectes vis-à-vis de la HQE, les gens trouvent que les 14 cibles ne sont pas toujours très pertinentes, et l'idée, c'est de décliner ça un peu selon les contraintes locales, en retenant simplement quelques cibles, qui nous paraissent plus pertinentes. On ne sait pas encore si on sera dans de la HQE pure. Sans doute, respectée, sous le label HQE, dans certains secteurs et sur certains îlots. [...] Là on va un peu imposer les choses aux architectes, même s'ils ne sont pas toujours d'accord.

L'enjeu de la définition locale de priorités au sein de la grille HQE est clairement explicitée : « La cible qui nous semble vraiment cruciale, c'est l'énergie, c'est l'isolation thermique », par rapport à d'autres domaines moins investis : « C'est par exemple l'insertion dans le site. Je veux dire, c'est un peu évident. C'est pour ça que certains architectes la réfutent, car tout architecte qui sait bien travailler et tout maître d'ouvrage qui sait bien travailler travaille à l'insertion dans le site » (fonctionnaire à Nantes Métropole, 21/06/07).

Le cas des normes énergétiques dans le bâti, souvent mis en avant, confirme le fait qu'imposer des conditions étendues dans le cadre de procédures nationales ne va pas de soi ; il en va davantage de compromis limités qui portent la trace des configurations locales. C'est le regret que formule cet élu vert de la LMCU :

> Sur l'habitat, la Région a un peu failli à la tâche, c'est-à-dire de fixer sa contribution financière sur des conditions énergétiques sur le logement, avec la barre des 50 KW/h par m^2 par an. La LMCU ne l'impose pas non plus de son côté, et là je pense qu'on a loupé une étape importante. [...] On essaie de faire coopérer des constructeurs, des architectes, de travailler avec les plus performants, mais s'il n'y a pas un seuil de départ donné... (Lille, 05/06/07).

On l'aura compris, tout cela est en fait « traduit » localement, au sens du concept de *traduction* chez Michel Callon (1986). Les quatre opérations qu'il distingue analytiquement sont pertinentes pour l'appréhension des enjeux de mobilisation comme de diffusion de ce que recouvre ou non le DD urbain :

1/ La *problématisation* correspond à l'activité de reformulation d'un problème afin de le rendre « acceptable ». On l'a bien vu sur la question des modes de transports durables par rapport à la place de la voiture, etc. Le cas lillois est particulièrement instructif, où les questions environnementales du DD urbain sont embrassées dans un discours plus axé sur le pan social, qui participe d'une traduction de la place relative des différents principes du DD pour qu'ils « prennent ». En particulier, est ajouté un quatrième volet labellisé « culturel », au sens du « vivre ensemble », énoncé valant fil conducteur des politiques locales.

2/ C'est ensuite par l'*enrôlement* que des rôles sont assignés aux différents acteurs. Les conformations locales des services (municipaux, intercommunaux, syndicats et SEM, etc.) qui ont trait au DD urbain sont ici suggestives, de même que la place des élus et des associatifs que nous avons pu repérer dans les différentes aires urbaines.

3/ L'*intéressement* correspond aux activités de négociation scellant des alliances : entre collectivités, entre groupes d'acteurs, c'est-à-dire à la fois « entre soi » et transversalement, y compris selon des dynamiques ternaires – élus-techniciens-habitants – que révèlent les modes participatifs développés autour de différentes opérations en DD.

4/ La *mobilisation* permet enfin la réalisation de l'action. Elle renvoie au questionnement de l'attraction du répertoire du DD, qui peut être mis en scène avant toute mise en acte, mais suppose de travailler son acceptabilité, que l'on pense à l'implication citoyenne ou au rôle de la production d'expertise, et donc d'experts. On peut alors compléter l'hypothèse selon laquelle la progression parmi la population d'un « souci environnemental » tiendrait aux effets du travail symbolique des seuls « montreurs de pollution » au sens de Bruno Latour (1984) – que l'on pense à la construction d'un chaînage entre déplacements urbains, air et santé, par exemple, au Grand Lyon. Le fait que des préoccupations de DD urbain s'enracinent n'est pas seulement la résultante d'une lutte symbolique entre des intérêts divergents (incarnés notamment par les militants écologistes d'un côté, les industriels de l'autre), arbitrée par des « experts » réputés (c'est-à-dire reconnus socialement), capables d'évaluer « scientifiquement » la réalité des enjeux, quand bien même la place des urbanistes et des architectes apparaît non négligeable (Jeannot *et al.*, 2008 ; Souami, 2008). Retenir comparativement six agglomérations aura permis de rendre toute la complexité des processus et des interactions en jeu dans la fabrication d'un problème public.

La notion de *transcodage*, développée par Pierre Lascoumes (1996b), permet d'affiner cette grille de lecture. Les opérations qu'il met en avant ne sont pas très éloignées de celles dégagées par Michel Callon :

- reformulation d'un problème ;
- recyclage de conceptions et de pratiques existantes ;
- diffusion des constructions cognitives et organisationnelles effectuées ;
- tracé d'un cadre d'évaluation des actions entreprises.

Mais elles permettent d'appréhender plus spécifiquement le changement dans les politiques publiques, en tenant compte de trois remarques principales. Tout d'abord, les objets et les techniques – ce dont parle M. Callon – sont davantage identifiables qu'un processus d'action publique. La nécessité de suivre les aspects dynamiques des investissements locaux en DD, et les éventuelles redéfinitions qui s'opèrent, se comprend ainsi, à l'exemple du choix entre bus, métro et tramway pour des municipalités qui y voient aussi une incarnation d'image de marque, ou entre tramway et Busway en fonction de contraintes de coûts ou d'emprises au sol. Deuxièmement, les déplacements de sens et les transpositions cognitives sont plus hétéroclites dans le champ politique

que dans le champ scientifique. Focaliser sur les énoncés et les « labels » relatifs au DD, leurs porteurs et leurs appropriations s'est ici révélé éclairant. Enfin, les capacités des acteurs à la traduction sont inégales et dépendent de leurs ressources spécifiques. Là réside tout l'enjeu du repérage des groupes d'acteurs en co-présence, de leurs postures relatives et de leurs interrelations, sur des scènes, dans des arènes et à des échelles plurielles.

5.2. Transactions sociales

Ces phénomènes de circulation et d'hybridation, nombreux autour des problématiques du DD urbain, peuvent également être mis en lumière en mobilisant la sociologie de la transaction sociale promue par Jean Remy, Liliane Voyé et Maurice Blanc (Remy *et al.*, 1978 ; Blanc *et al.*, 1992, 1994, 1998 ; Hamman, 2005), car elle a été pensée pour analyser les processus d'élaboration de « compromis pratiques » (Ledrut, 1976, p. 93), instables et provisoires, dans les situations de coopération conflictuelle[30]. Le DD n'en manque pas, sa définition même l'énonce, dans les multiples conciliations qu'elle suppose entre besoins du présent et attention à l'avenir, entre dimensions environnementale, économique et sociale, voire culturelle, c'est-à-dire entre des principes de légitimité d'égale valeur, mais qui tendent souvent à s'exclure mutuellement[31]. Aussi en va-t-il à la fois :

- de *conflits d'intérêt* : par exemple, l'implantation de la 2e ligne de tram à Montpellier (ouverte au public en janvier 2007) a suscité l'ire d'un collectif local, où le principe écologique ne semble pas premier, mais plutôt l'opposition au tracé retenu parce qu'il rallonge le parcours et coûte de l'argent supplémentaire aux contribuables et du temps aux usagers. Au-delà, on peut penser aux mobilisations de riverains (le fameux « effet Nimby » !) et pas uniquement de militants d'une « cause » (*Politix*, 2005).

- mais aussi de *conflits de valeur*, peut-être plus difficiles à résoudre encore, car entrent en jeu des conceptions intériorisées du DD, diverses

---

30 Le concept de transaction emprunte à l'économie (la transaction est un échange négocié) et au droit (la transaction est une technique de prévention et/ou de résolution non judiciaire des conflits). La transaction sociale comprend alors à la fois de l'échange, de la négociation et de l'imposition (ou rapport de force).

31 On renvoie au sociologue allemand Georg Simmel, selon lequel la vie sociale est structurée par des couples de tensions opposées. En particulier, reprenant le paradoxe de la liberté et de l'égalité d'Alexis de Tocqueville, Simmel montre qu'elles sont antinomiques et que la tension entre les deux est indépassable : « Ce fut peut-être parce qu'instinctivement on a saisi la difficulté de cet état de choses qu'on a joint à la liberté et à l'égalité une troisième exigence, celle de la fraternité », écrit-il (1981 [1917], p. 144-145).

en fonction des acteurs, et qui mobilisent des couples de tension souvent durcis (développement-préservation, ville-nature, urbain-rural, local-global, etc.).

- ainsi que de *dynamiques interculturelles*, qui passent par les jeux du formel et de l'informel, de la confiance et de la méfiance. Ces oppositions forment des couples de tension qui structurent la situation, et sans doute plus encore lorsqu'il en va de partenariats multiples et transversaux entre un grand nombre d'acteurs (potentiels ou avérés) et d'échelles d'action, qui ne coïncident pas en totalité (le bâti, le quartier, la ville, l'agglomération, mais aussi la région, le national, l'Europe, etc.).

Parmi d'autres, le cas de l'agglomération nantaise permet d'appuyer toute la diversité des transactions qui s'exercent au sein des politiques de DD urbain. Opération phare, le projet de l'Île de Nantes est d'autant plus significatif. Son inscription dans le cadre du programme européen CONCERTO se combine avec des logiques expérimentales marquées par des contraintes locales, qui excluent certains bâtiments, signe de transactions qui s'opèrent :

> La principale opération CONCERTO, donc réglementation thermique 2005 moins 15 % à peu près, [...] c'est un projet extrêmement important qui mêle du logement, du bureau, du commerce, une résidence hôtelière. [...] On ne veut pas être sur des quartiers mono-fonctionnels. [...] Sur les 45 000 m^2, il y a 30 000 m^2 sous les critères CONCERTO. Les éléments qui ne sont pas dedans, ce sont les hôtels, qui ont des exigences en termes de climatisation qu'on n'arrive aujourd'hui pas à dépasser, et puis la partie commerce » (salarié SEM SAMOA, Nantes, 22/06/07).

C'est que la mise en œuvre de recommandations de DD sur l'Île de Nantes passe par tout un travail transactionnel et non un modèle de l'imposition, ce qui nécessite un suivi important :

> On est dans une situation où il y a une partie des terrains dont on est propriétaire, et puis 60 à 70 % des opérations qui sortent sont des transactions de privé à privé, et nous on est là pour mettre notre nez dans les dossiers, mais, à la limite, un opérateur privé qui aujourd'hui réalise une opération sur l'île, il peut très bien s'en battre les mains. [...] Il y a pas de règlement particulier qui s'applique. À partir du moment où il va répondre aux règles édictées notamment dans le PLU, rien ne l'empêche de faire son projet comme il veut. Donc nous, tout le travail, c'est un peu des négociations, être au plus près pour faire en sorte qu'un certain nombre de prescriptions, que ce soit sur des questions environnementales, énergétiques, la forme architecturale, la programmation, la qualité urbaine des bâtiments, etc., soient prises en compte. On n'est pas dans un système où on peut imposer vraiment des choses.

La réussite affichée de ces relations repose sur des facteurs autant économiques que juridiques que notre interlocuteur souligne, déterminant ses marges de manœuvre :

> Ça marche bien pour deux raisons. La première, on était sur un site immobilier assez porteur, on avait pas mal de gens qui voulaient travailler ici. [...] Et puis on est au début du projet, à peu près à 1/5e, ce qui veut dire que tous les promoteurs qui viennent, ils savent pertinemment que s'ils font un truc qui ne nous plaît pas, ça sera la dernière sur l'Île de Nantes. On a 60 % des opérations sur du privé, donc quand même 40 % qui sont sous notre maîtrise, donc si l'opérateur nous fait une opération dégueulasse, on ne fera plus appel à lui. [...] Aujourd'hui, le marché du BTP est un peu tendu, ce qui fait qu'on a des capacités de discussion et de pousser la qualité énergétique un peu moins évidentes. Cela dit, on continue à le faire.

Il s'agit en fait de convaincre par le dialogue les parties prenantes de ce que chacun peut être « gagnant » en intégrant des normes de DD ; la réalisation d'un bâtiment de bureaux signalée par cet aménageur en charge de l'Île de Nantes est très révélatrice de ce qui se joue dans la production de compromis :

> Je crois qu'on a su montrer aux privés qu'on n'était pas là pour nuire à leurs opérations, et qu'on pouvait collectivement apporter une amélioration des opérations. Le bâtiment de bureaux où nous sommes est sorti il y a un an. [...] L'opération a été menée par un opérateur privé national qui avait imaginé au départ faire un bâtiment [...] qui n'allait pas très bien avec ce que nous souhaitons : créer des espaces de traversée qui permettent d'accéder à la Loire, d'ouvrir le site. Donc on a travaillé fortement avec le maître d'œuvre, ce qui a permis au final [...] un passage central, qui est une voie privée, mais que tout le monde peut emprunter, et qui pour eux a été d'une utilité non négligeable, puisque, sur le même terrain, ça leur a permis de faire plus de surface constructible (Nantes, 22/06/07).

Une autre situation caractéristique de transactions sociales concerne l'installation de systèmes de vélos libre-service. Le prestataire privé[32] qui met en place le parc de vélos et les stations, en fonction de modalités convenues avec la personne publique, se paie sur les recettes publicitaires du mobilier urbain installé aux lieux de dépose des vélos. Il réalise ainsi des bénéfices conséquents, tout en assurant le service aux usagers demandé par la collectivité, qui, elle, concrétise son objectif de promotion des circulations douces et perçoit les recettes des locations ; c'est le cas dans le projet nantais, comme à Lyon ou Paris également :

> Les publicitaires se paient par les panneaux qui leurs sont attribués, soit ils existent, soit on les autorise à en mettre d'autres. Ce sont leurs recettes,

---

[32] Il s'agit du groupe Jean-Claude Decaux, bien connu pour la gestion de mobiliers urbains.

parce que la recette payée par l'utilisateur revient à la CU. 20 millions d'euros TTC, c'est le coût calculé, avec une tranche ferme de 17 millions d'euros et une tranche conditionnelle, si cela fonctionne bien. Mais si le prestataire est capable de financer pour 17 millions d'aménagements et de vélos, c'est qu'il sait qu'il a au moins le montant en recettes publicitaires, faut pas s'inquiéter ! Il propose un parc, on va arrondir à 1 100 vélos et 88 stations (vice-président Nantes Métropole, 19/06/07).

LE JOURNAL DE LA COMMUNAUTÉ URBAINE DE NANTES - BIMESTRIEL

Nantes Métropole

Les 4e Assises nationales du développement durable

Des forêts dans la ville

L'école de design s'agrandit

Patrimoine : des beautés cachées...

Les transports

Comment mieux vous déplacer ?

A l'occasion de la semaine de la mobilité, du 16 au 22 septembre, un dossier pour faire le tour de vos déplacements.

Journal intercommunal *Nantes Métropole*, septembre-octobre 2006

Corrélativement, d'autres actions en DD, impliquant elles-aussi des dynamiques transactionnelles, ciblent plus spécialement certains publics : à travers une subvention à l'association « VéloCampus » pour tenir un parc de vélos et les louer, le vice-président de Nantes Métropole chargé de la promotion du vélo urbain entend favoriser son utilisation par les étudiants. En même temps, les relations nouées par la CU avec un autre collectif local, « Place aux Vélos », visent aussi à encourager l'usage des cycles auprès de groupes qui pratiquent peu, l'association les invitant à une journée ludique de découverte comme la fête du vélo, organisant des bourses aux vélos et des points d'entretien « desservant » chaque commune de l'agglomération. En échange de cette offre de services au public, les deux structures obtiennent des subventions intercommunales. Cet accord s'explique dans un intérêt réciproque. Dès lors, la collectivité soutient « Place aux Vélos », même si cette dernière peut par ailleurs exprimer des réserves sur certaines opérations urbaines :

> Il y a VéloCampus, qui promeut l'utilisation du vélo sur les facs et qui dispose d'un parc que nous finançons par une subvention annuelle, 300 vélos qui sont loués à l'année à des étudiants. C'est un système qui permet de développer l'utilisation du vélo chez les étudiants. Certains n'ont pas de voiture, mais d'autres en ont, et ça pose des problèmes. C'est une association qu'on soutient, qui fait des actions également en matière d'environnement, qui a fêté ses dix ans. C'est de l'ordre de 27 000 euros. [...] Et puis on soutient aussi pour un budget de 59 000 euros l'association Place aux Vélos, une association assez importante, qui est à la fois critique et conseil, qui a des adhérents un peu partout sur l'agglomération. Il y a régulièrement des réunions avec des techniciens de Nantes Métropole pour faire le point sur des dysfonctionnements ou des améliorations à apporter aux aménagements qui existent. Et on est même parfois en désaccord sur un certain nombre de choses, ça fait partie du jeu ! Ils organisent des bourses aux vélos, des « Bricovélos » pour réparer son vélo. Ils font, sur les 24 communes, au moins une fois une participation à une manifestation pour proposer de réparer les vélos, etc. [...] L'événement qui prend une bonne partie de la subvention, c'est l'organisation de la Fête du Vélo. Chaque année, c'est un circuit qui longe une rivière, qui fait découvrir des paysages. [...] C'est un moyen d'inviter les gens à prendre un jour le vélo, alors qu'ils ne le font pas forcément autrement (élu Nantes Métropole, 19/06/07).

Signe de l'accommodement qui prévaut, entre échange, négociations et rapports de force, un épisode de tension sur un aménagement de voirie n'est pas de nature à remettre en question les relations entre la CU de Nantes et l'association. L'élu chargé des circulations douces est très modéré, témoignage de la position relativement assise de « Place aux Vélos » dans le cadre d'interaction :

> Il y a la rue de Strasbourg qui a été aménagée. C'était une rue à sens unique avant, avec trois voies et un stationnement, et ça s'est transformé en deux stationnements et deux voies, et rien de fait pour les vélos. Donc Place aux Vélos, là c'est un exemple où il y a eu un dysfonctionnement dans la concertation préalable, il y a eu des réunions où ils n'ont pas pu venir et, résultat, on est arrivé à un blocage. Quand je dis qu'ils sont critiques, c'est qu'ils peuvent parfois se permettre ! (élu Nantes Métropole, 19/06/07).

On repère encore bien d'autres transactions entre collectivités territoriales et scène associative environnementale. Ainsi, à Nantes toujours, l'association Alisée se positionne-t-elle comme prestataire pour les communes, pour leur proposer des « audits énergétiques » (le « Conseil en Énergie Partagée »), réalisés par des personnels de la structure et aboutissant à des préconisations, moyennant subsides. Dans cette configuration, l'association augmente sa visibilité et se finance, en proposant aux décideurs publics une expertise-diagnostic et en l'assurant par ses propres salariés (ainsi rémunérés : « Là, on a P., notre responsable territorial, qui est à mi-temps là-dessus », nous dit un interviewé). Quant à la collectivité, elle rentre dans ses frais en suivant les conseils prodigués, qui amènent des économies, et peut affirmer sa préoccupation de DD. Un salarié d'Alisée explique ce fonctionnement conduisant à un bénéfice partagé et bien compris :

> On a une grosse action qui s'appelle le « Conseil en Énergie Partagée ». Elle consiste à prendre contact avec plusieurs élus, et qu'ensemble ces communes viennent nous financer, et on a un technicien qui va éplucher toutes les factures, monter un dossier pour tous les locaux, pour leur dire : voilà, si vous voulez intelligemment réduire vos factures d'énergie, vous faites ça comme travaux, vous sensibilisez telle catégorie de personnes dans tel bâtiment, etc. Vraiment une sorte d'audit énergétique, appliqué à l'environnement, pour les communes qui adhèrent au CEP. [...] Le technicien, c'est quelqu'un de chez nous, qui est ingénieur diplômé, spécialisé dans ce domaine (Nantes, 20/06/07).

Une autre illustration concerne l'évolution des financements du Conseil régional versés pour des installations énergétiques économes de particuliers. Si, auparavant, ces derniers obtenaient une aide régionale pour des achats « éco-énergie », à présent c'est une association comme Alisée qui devient interlocuteur des personnes privées et touche alors une subvention par dossier, charge à elle de faire en sorte, par effet de nombre, que les prix et l'installation reviennent pour le public à un niveau comparable au système antérieur :

> La Région avait mis en place des aides pour les particuliers, de 400 euros pour un chauffe-eau solaire, 1 000 euros pour un chauffage et autour de 6 000 euros pour une centrale photovoltaïque. Mais ces aides vont être retranscrites sous la forme d'un financement qui sera à hauteur de 200 euros

par dossier traité, à des associations qui vont réaliser des groupements d'achats. Et, en retour, c'est du matériel acheté moins cher, puisqu'il est acheté en gros, moins chère la main d'œuvre aussi, puisque ce sera une entreprise qui va faire toute l'installation, qui pourra nous fournir un tarif préférentiel. Donc au final l'aide sera à peu près ce qu'il y avait (salarié d'Alisée, Nantes, 20/06/07).

5.3. Percolation

Enfin, tout particulièrement lorsqu'on cherche à cerner les rapports entre les logiques d'affichage et de concrétisation du DD urbain et leurs circulations, on peut aussi se tourner vers les enseignements des sciences de l'information et de la communication. Ces dernières conduisent à s'intéresser aux épisodes polémiques, car ce sont des moments de cristallisation et de mise en visibilité des modes de production de labels, d'instruments et de projets en appelant, explicitement ou non selon les cas, au registre du DD. Ceux-ci se concrétisent par le biais de « scènes d'expertise »[33] qui « percolent », c'est-à-dire se filtrent et se transforment, passant par divers canaux et relais qui contribuent à leur amplification, et, parfois, à une reconfiguration des enjeux à l'issue de processus que l'on qualifie de « transmédiatisation » (au sens à la fois de médiatique et de médiatisé) (Thanassekos, 2002).

L'exemple, déjà souligné, de l'association lilloise Environnement Développement Alternatif est parlant. Sa genèse est liée à une affaire de pollution de sols opposant un agriculteur à l'entreprise Métal Europe ; l'élargissement se fait ensuite progressivement. C'est bien une percolation que l'on repère, du dossier d'espèce vers la production d'une cause, à partir d'une scène de tension et d'un conflit d'expertises, médiatisé, et réglé *in fine* par le droit, puisque l'agriculteur, aidé par l'association, a porté l'affaire en justice et les tribunaux lui ont donné raison. La présidente d'EDA explique ainsi :

> Notre association s'est créée à partir d'une autre association de défense de l'environnement qui existait déjà [...], en différentes étapes, et ensuite évidemment à partir du moment où on tire ce fil pollution des sols, on arrive immédiatement à pollution d'origine industrielle, rejet dans l'atmosphère, rejet dans l'eau, etc., et on s'aperçoit qu'on n'a pas des compartiments séparés, distincts, dans l'environnement, et qu'il faut avoir un regard transversal et global (Lille, 05/06/07).

Plus largement, qu'il en aille de la qualité paysagère, de la mobilité durable ou du « vivre ensemble », la mise au concret de principes de DD

33 Nous empruntons l'expression à la sociologie de l'expertise développée par Jean-Yves Trépos (1996, 2002).

urbain (telle ou telle ligne de tram, tel parc, tel bâtiment HQE, ici plutôt qu'ailleurs, au centre-ville plutôt qu'en périphérie ou inversement en jouant la carte de la polycentralité, etc.) se fait en de telles « conjonctures critiques » (Dobry, 1992), qui sont autant de moments donnés à voir, tout en induisant potentiellement, par l'exposition dans l'espace public, un relatif flottement du statut des discours. On a alors intérêt à prendre au sérieux les logiques de percolation pour ce qu'elles expliquent des controverses qui se développent ou pas, notamment selon qu'il y a ou non localement des liens qui se tissent entre scènes généralistes et plus spécialisées, c'est-à-dire aussi entre les enjeux techniques et les enjeux sociaux, sinon sociétaux, du DD et de la « qualité » urbaine et environnementale. On sait que la polémique s'inscrit dans une intercompréhension obligée et rend alors nécessaire de sérier – Dominique Maingueneau l'a bien énoncé (1984, p. 117-123) – ce qui appartient à un « niveau dialogique, celui de l'interaction constitutive » et à un « niveau polémique, qui [...] prend en charge l'hétérogénéité montrée, la citation au sens le plus large ». Cela suppose des choix stratégiques menant à l'« intégration » (« critiquer non la sémantique du discours adverse, mais sa prétention à un monopole ») ou à l'« exclusion » (« le rejet de l'univers sémantique adverse comme incompatible avec la vérité »). Ces opérations se font sur la base d'un système de référence, sinon d'un mode ordinaire de représentation de et dans l'action publique, qui implique là encore un lien avec une dynamique de l'expertise et de la contre-expertise – celle-là même qui se joue sur autant de scènes, lesquelles, tout en étant régies par des règles de fonctionnement propres, s'imbriquent l'une l'autre.

Conclusion générale

Les référents à l'œuvre dans les projets et stratégies urbaines françaises de DD confirment avec netteté les acquis sociologiques selon lesquels l'espace n'est pas neutre socialement, ni dans ses dynamiques d'organisation, ni dans ses logiques de fonctionnement (Castells, 1972, 1977). Un domaine en transformation rapide comme celui du DD permet tout particulièrement de repérer comment se nouent progressivement et de façon non linéaire de nouveaux jeux de pouvoir. Ceux-ci viennent se positionner à l'intersection de plusieurs échelles de territoire (le bâti, le quartier, la ville, l'intercommunalité, etc.), où il en va de la construction et de l'identification de liens transversaux, symboliques et matériels, reposant sur des interdépendances (de compétences, de périmètres d'action, etc.) en même temps que sur leur instrumentation (production d'énoncés, modes d'affichages) pour légitimer des répertoires renouvelés de l'action publique. En examinant en termes comparatifs les politiques formulées puis les modalités de mise en œuvre, apparaît tout l'enjeu des interconnexions entre les discours produits et leur concrétisation : diversement et le plus souvent de façon expérimentale, l'*artefact* de la ville durable s'inscrit dans la réalité et non pas seulement dans l'ordre du discursif. Dans ce processus de fabrication d'un cadre opérationnel, l'appel au DD conduit à réfléchir à la portée du registre : le DD urbain est-il si « flou » que cela ?

À un premier niveau, on relève un certain nombre de similarités entre les aires urbaines, à la fois des iconographies (les tramways, comme le montrent bien les illustrations du cahier central, les pistes cyclables, les journaux des institutions, etc.) et des logiques formelles et de postes administratifs qui suivent une même tendance (la montée en puissance des chargés de mission DD, l'appel à des experts, des services intercommunaux qui se structurent autour de ces questions, etc.). On peut en déduire que les représentations du DD sont, de ce point de vue, relativement proches entre les six grandes agglomérations françaises considérées. En même temps, on distingue une fluidité qui est celle du DD comme catégorie pratique. En termes de sociologie de l'innovation, ressort l'hypothèse d'un découplage entre des structures formelles, qui se diffusent et que l'on retrouve largement (le DD venant appuyer par exemple les stratégies de métropolisation comme un mythe rationalisé qui circule), et des pratiques administratives et sociales locales, où se dégagent des réalités différenciées territorialement. On suggère que ce découplage entre structures formelles et contenus constitue une condition de diffusion du DD urbain pour ne pas apparaître trop contraignant. C'est tout l'apport de la démarche comparative que de le montrer, y compris en termes de chaînages, où ce sont les *récits* de causalité qui peuvent varier localement, en puisant tantôt dans les registres de la nature, des transports, du logement, de la qualité de vie ou encore de la santé.

Des modalités variables d'appropriation d'un label apparaissent, et non ce qui serait la simple application administrative d'un principe venu d'« en haut ». Dans chaque ville et agglomération, le DD fait, différemment et partiellement, l'objet d'un processus d'intégration, et c'est donc dans chaque configuration locale qu'il faut rechercher le principe de ces usages. Mobiliser les concepts de traduction et de transactions sociales permet d'identifier des « passeurs » qui diffusent au sein des territoires cette notion de DD et de cerner les logiques propres à chacune des catégories d'acteurs qui s'approprient ces références.

De là se dégage le caractère d'abord expérimental, au cas par cas, fragmenté, localement différencié, des activités techniques, administratives et politiques rassemblées au sein d'une même catégorie de DD : les déplacements, le logement, la densification urbaine, les espaces verts, les réseaux d'eau, l'énergie, etc. Les usages stratégiques de cet énoncé par des équipes politiques en position de gestion municipale ou intercommunale peuvent être approchés de la sorte. Par exemple, certains exécutifs utilisent la promotion du DD pour pouvoir imposer plus aisément un verdissement des ZAC ou de meilleures normes énergétiques pour une opération sur le bâti, à l'endroit des promoteurs immobiliers. Le DD urbain, saisi par des urbanistes et par les gestionnaires du logement, peut aussi s'apparenter à un répertoire alternatif ou complémentaire de celui de la « mixité sociale », censé enrayer la paupérisation de certains des quartiers dits sensibles (Sinigaglia-Amadio, 2008) et favoriser leur « réhabilitation ». En cela, c'est bien la malléabilité de cette notion de DD qui permet son investissement opérationnel par des instances et des acteurs divers et la réussite de sa diffusion. Car, plus qu'une catégorie dotée d'un contenu fixe, il s'agit d'un assemblage hétéroclite et localement spécifié de politiques publiques susceptibles d'être rassemblées en raison de la fluidité de ladite catégorie. À ce titre, loin de se rapporter à une nécessité intrinsèque (« la maison brûle ! »), les usages du label DD obéissent à des processus de politisation, en fonction des espaces sociaux d'inscription et des investissements opérés par des acteurs multiples : techniques, administratifs, politiques, associatifs, experts et autres, à la fois concurrents et associés.

Les transactions tripolaires repérées en liaison ou en marge des dispositifs participatifs en sont une illustration notable. La dimension du portage politique également : les problématiques de DD urbain ne peuvent être saisies indépendamment de l'état des concurrences partisanes pour chaque ville et entre ville et intercommunalité, la force relative des mouvements écologistes et les alliances conclues entre partis politiques. Ceci permet d'identifier des moments de saillance de l'enjeu du DD, en rendant raison à la fois des contextes locaux dans lesquels les acteurs politiques investissent le registre de la ville durable et, relationnellement, des dispositifs nationaux et européens disponibles voire incitatifs, dont les transpositions ne vont pas sans filtrages. Aucun service ne fait exactement la même chose d'une ville ou d'une agglomération à une autre, car il y a justement une historicité politique localisée de la construction des organigrammes et des directions. Mais, en même temps, des processus d'importation du label DD sont désormais palpables dans les structures, et ils relèvent aussi des luttes ordinaires des acteurs politiques, contraints ou non d'adopter certaines postures au gré des coalitions et de la force de leurs concurrents, avérés ou potentiels.

Ceci signifie qu'il y a bien un contenu, une consistance, des actions innovantes dans la façon de faire la ville, qui se lisent autour des projets de DD urbain. Mais, en même temps, le caractère réputé novateur des opérations rassemblées dans la catégorie du DD doit être relativisé par le fait que bien des acteurs qui la mobilisent « recyclent » des activités préexistantes. Les débats autour des échelles de « bonnes pratiques » du DD le traduisent, lorsque certains techniciens, fonctionnaires ou experts interrogés déplorent le cadre de traitement qui leur est imposé (les périmètres institutionnels face à la transversalité d'un projet), tandis que d'autres se produisent davantage comme des entremetteurs dotés de propriétés spécifiques et provenant de formations distinctives (écologiques, urbanistiques, architecturales), comme l'ont aussi été les éco-conseillers (Anquetin, 2002). On appréhende ainsi des dynamiques incrémentales, où le recyclage de l'existant, mais aussi la mobilisation d'importateurs intéressés au titre d'un potentiel d'ennoblissement ou encore d'experts urbanistes utilisés comme des gages de qualité des interventions en DD, viennent se mélanger avec l'émergence de « compétences » (celles notamment des techniciens comme experts dans les appareils administratifs locaux, ou de professionnels de la ville : Jeannot *et al.*, 2008 ; Souami, 2008) voire de professions spécifiques ou recomposées (chargés de mission DD, architecte-paysagiste, conseillers des Points Info Énergie dans le champ associatif, etc.), apparaissant comme nouvelles au sein des institutions locales et autour d'elles.

Aussi les enjeux du DD urbain constituent-ils un analyseur pertinent de transformations plus larges de l'action publique locale, renvoyant notamment aux débats sur la territorialisation qui se sont développés ces dernières années (Faure *et al.*, 2007 ; Faure & Négrier, 2007). Par la transversalité des questionnements qu'ils révèlent, ils donnent à voir à la fois les changements en cours des échelles de pertinence des politiques urbaines, mais également les évolutions en jeu dans les modes institutionnels et organisationnels de la gestion publique se voulant aujourd'hui « responsable ».

Cela se marque d'abord à travers la prégnance des logiques de projets, irriguant autant les dynamiques territoriales que le développement local. Plus encore, l'analyse de ce que recouvre le DD permet de saisir *in concreto* l'émergence de figures renouvelées dans l'ordre de la légitimation de l'action publique. De la sorte, invoquer le DD devient un équipement parmi d'autres pour le pilotage multi-nivelé de proximité, organisé en réseaux, qui témoigne d'une double contrainte à laquelle doivent aujourd'hui de plus en plus faire face les décideurs, entre « politique des problèmes » et « politique électorale »[1]. C'est sous ce rapport que s'éclairent la portée et les limites actuelles de ce répertoire « attrape-tout », d'où se dégagent des processus *en train de se faire*, entre diffusion d'expériences et de capacités posées comme innovantes, et « encastrement » (pour s'inspirer du terme de Polanyi, 1983) dans le territoire et ses équilibres politiques, économiques et sociaux, davantage institutionnalisés.

Conjuguant l'apport de matériaux empiriques et une approche analytique, cette étude fournit une lecture affinée des processus en jeu, dans une dimension comparative dont la portée est d'autant plus assise qu'elle se fonde sur l'examen de pas moins de six terrains. La recherche apporte de la distance et, par là, espère participer d'une meilleure compréhension des modes de faire du DD urbain – et ce sur plusieurs plans, grâce à la multiplicité des focales retenues :

- par rapport à une diversité de contraintes, à la fois en termes de compétences et de périmètres, de portage politique, de dynamiques d'intercommunalité, etc., contraintes mobilisées ou pas selon les cas, contraintes qui arrêtent ou non (Tableau 1).

- par rapport à la mobilisation d'expertises : à la fois internes et externes, et en termes de circularités : pour qui, quand et quoi.

---

[1] La première se traduit dans des politiques publiques de plus en plus techniques, passant par de l'expertise, et ce dans des secteurs de plus en plus divers, tandis que la seconde est marquée par la nécessaire proximité au citoyen et un agenda forgé autour de thèmes « porteurs », qui ne sont pas forcément ceux qui réclament aux élus d'être le plus pointu dans l'exercice de l'action publique. Non seulement ces deux registres ne coïncident pas en soi, mais les écarts s'approfondissent, si on suit Jean Leca (1996), qui voit là le fondement d'une problématique de la « gouvernance ».

- en termes d'instruments et de cadres d'action publique, et donc de potentialités et de dispositifs mobilisés par les acteurs locaux, de façon récurrente ou plus ciblée.

- en termes de thématiques enfin : répétées ou spécifiques à un territoire, plus ou moins transversales (Tableau 2).

Tableau 1 : Échelles et exercice de compétences en DD urbain

	Ville	**Agglomération**	**Échelles élargies et intermédiaires**
Bdx	- Espaces verts - Rénovation urbaine	Communauté Urbaine de Bordeaux (CUB) - Transports - Densification et lutte contre l'étalement urbain - Eau et assainissement - Traitement des déchets	- Schéma directeur valant SCOT (93 communes) - Syndicats intercommunaux (parcs des Jalles et des Coteaux)
Lille	- Propreté	Lille Métropole Communauté Urbaine (LMCU) - Transports - Eau et assainissement - Renouvellement urbain - Traitement des déchets	- Un SCOT (126 communes)
Lyon	- Limitation de la vitesse (zone à 30 km/h)	Communauté urbaine du Grand Lyon - Transports - Eau et assainissement - Traitement des déchets - Voiries et espaces publics	
Montp	- Espaces verts - Eau potable - Rénovation urbaine	Communauté d'agglomération de Montpellier - Transports - Traitement des déchets - Eau et assainissement - Gestion des flux : décalage des heures de début de cours pour les Universités (07h45, 08h00, 08h15) afin de fluidifier les déplacements.	- Le syndicat mixte de l'Hérault : Hérault transport - Un SAGE (schéma d'assainissement général de l'eau) sur le bassin Lez-Mosson
Nantes	- Espaces verts - Transports (avec Nantes Métropole) - Propreté de la ville (avec Nantes Métropole)	Communauté urbaine Nantes Métropole - Transports - Eau et assainissement - Traitement des déchets - Propreté de la ville (compétence partagée)	TAN (Transports de l'Agglomération Nantaise)

Tlse	- Espaces verts - Collecte et traitement des déchets - Propreté - Transports	Communauté d'agglomération du Grand Toulouse - La protection des ressources - La prévention des risques et la lutte contre les nuisances - L'information et l'éducation à l'environnement - L'assainissement et l'eau potable - L'aménagement du territoire : Projet Aéroconstellation	- Le Syndicat Mixte des Transports en Commun

Tableau 2 : Comment sont montées les politiques urbaines en DD

	Domaine environnemental		
	Pollutions	***Transports et déplacements durables***	***Cadre de vie***
Bdx	- Plan TRIVAC (tri sélectif) - Les enjeux de pollution industrielle n'apparaissent pas sur l'agenda politique	- 3 lignes de tramway en site propre - Intermodalité voiture-tram (parking relais) - Gestion des déplacements automobiles : rocades et limitation en centre ville - Piétonisation des centres villes de plusieurs communes de la CUB (Bordeaux, Pessac)	- Embellissement de Bordeaux centre - Développement d'une « qualité paysagère » - Végétalisation
Lille	- « Écologie urbaine et le cadre de vie » : regroupement des thèmes de l'eau et des déchets à concilier avec une dimension environnementale - Déchets à transformer en biogaz (utilisé pour les bus à gaz)	- 2 lignes de métro - 2 lignes de tramway - Projet de lignes de bus à haut niveau de service - Bus au gaz - Développement des « déplacements et des transports »	- Aménagement d'une « Trame verte et bleue » - Plan de propreté de la ville de Lille
Lyon	- Dépollution des sols (la Porte des Alpes) - 8 stations d'épuration - Traitement des déchets	- 4 lignes de métro, dont une ligne automatique - 3 lignes de tramway - 2 funiculaires - 100 lignes de bus urbain - Parc-relais	- Préservation de la « qualité environnementale » - Création d'une trame verte : « V » vert - Mise en place de Projets Nature (réaménagement d'espaces verts…)

Montp	- Programme DEMETER (tri sélectif) - Usine de méthanisation - Station Maéra (traitement de l'eau) - Cogénération dans le quartier Antigone	- 2 lignes de tramway en site propre - Bus rabattus systématiquement sur les lignes de tram - Intermodalité voiture/tram (parking relais hors de la ville) - Éloignement progressif des voitures du centre ville - Bus au gaz naturel - Piétonisation du centre ville de Montpellier	- Engagement qualité au niveau de la propreté du tram - Entretien et développement des parcs urbains - Entretien et végétalisation des berges du Lez - Embellissement du quartier de l'Écusson (Montpellier centre)
Nantes	- Valorena : usine d'incinération d'ordures ménagères - Arc-en-ciel : dispositif multifilières (tri, traitement, valorisation et conditionnement des déchets ménagers et industriels) - Compostage - Réseaux de chaleur urbaine	- 2 lignes de métro - 3 lignes de tram - Service de bus nocturnes - lignes « express » et « chronobus » - Charte de service pour les bus (« Busway ») - Navette fluviale - Intermodalité vélo/tram, vélo/Busway, vélo/navette fluviale et intermodalité voiture/tram, voiture/bus	- Création d'éco-quartiers - Végétalisation - Propreté de la ville
Tlse	- Centre de Valorisation des Déchets Urbains (CVDU), installation classée pour la protection de l'environnement - Tri sélectif et collecte des déchets verts - ORAMIP (Observatoire régional de l'air en Midi-Pyrénées) - Plan Régional de la Qualité de l'Air	- 2 ligne de métro - 2 lignes de train périurbain - Gestion des déplacements automobiles : limitation de la vitesse et de l'usage de l'automobile - Intermodalité voiture/métro, voiture/train (parking relais) - Développement d'une « éco-mobilité »	- Développement d'une « qualité environnementale » et d'une « qualité architecturale » - Végétalisation - Projet de quartier « durable » à Borderouge

	Domaine socio-politique		
	Participation		*Centre et périphéries*
Bdx	- Conseil de développement durable (CUB) - Concertation sur le PLU	- L'association H-Nord : Peu d'aide de la ville et de la CUB ; Volonté de développer un éco-quartier - L'association Trans'Cub : Opposition à la CUB ; Participe à la mise en échec du projet de VAL - L'association Aquitaine Alternative : Entendue par la CUB ; Demande une baisse des coûts de l'eau.	- Politique de recentrage et de renforcement des polarités urbaines - Démarche de complémentarité entre le centre de Bordeaux et les communes de la périphérie - ZAC centre-ville : accent sur la qualité urbaine - Opérations de développement de l'offre de logements.
Lille	- Conseil de développement (LMCU)	- Maison régionale de l'environnement et des solidarités (MRES), Association Environnement Développement Alternatif (EDA) : elles ont en particulier été associées à la démarche d'Agenda 21 local.	- Instauration du Contrat d'Agglomération de Lille Métropole (objectif d'une métropolisation au rayonnement international) - L'Eurodistrict « Eurométropole Lille-Courtrai-Tournai ».
Lyon	- Le Conseil de développement - La nouvelle Commission consultative urbanisme et déplacements	- Avis défavorable contre le projet de Carré de soie, aboutissant à une démarche de concertation avec les habitants	- Développement de nouveaux lieux de centralité - Réaménagement de certains centres-villes de communes en périphérie - Désenclavement avec l'arrivée des lignes de tram
Montp	- Concertation dans le domaine des transports (l'agglo) avec les communes et les habitants	- Collectif Tramway : Exclu de la négociation ; Contre le tracé de la 2e ligne de tram	- Concentration des flux vers Montpellier - Le tram comme lien entre les communes périphériques et la ville centre - Tensions au niveau de la Communauté d'agglomération, notamment au sujet de l'organisation des transports collectifs (ex. : Palavas l'a quittée).
Nantes	Gouvernance et « bonnes pratiques »	- Concertation avec les habitants pour la construction d'îlots d'habitation, dans les ZAC. - Ateliers de concertation	- « Missions centres-villes » pour favoriser la piétonisation

Tlse	- Concertation pour la mise en place d'un Agenda 21 - Promotion de l'apprentissage de l'éco-citoyenneté		- Mise en place d'un réseau de transports en commun d'agglomération et multi-modal comme outil de désenclavement des quartiers et communes périphériques. - Clivage entre « ancienne » et « nouvelle » population à Blagnac au sujet de la future ligne de tram desservant la commune (pas de consensus au titre de la « modernité urbaine »).

Sur un plan davantage théorique, les développements précédents invitent à dépasser les seules interrogations en termes de « gouvernance » pour mettre à jour des enjeux relatifs à la capacité politique. En effet, quelle que soit la conceptualisation proposée – et elles ne manquent pas : « gouvernance urbaine » (Le Galès, 1995), « gouvernement urbain » (Lorrain, 2000), « gouvernement municipal » (Borraz, 2000), « gouvernabilité des villes » (Chevalier, 1996 ; Jouve & Lefevre, 2002), etc. –, les thèses de la gouvernance locale posent une question de base qui rejoint celle du DD urbain (Talbot, 2006) : dans un contexte de pluralisation des systèmes d'acteurs, comment peut se constituer et se maintenir une capacité politique à l'échelle d'une ville ou d'une agglomération ?[2] Considérer des configurations d'acteurs, au sens de Norbert Élias (1991), permet d'opérer une distinction analytique entre activité de gouvernement et contrôle des institutions politiques, et donc de pointer que l'action politique des élus locaux ne se limite pas au contrôle des positions institutionnelles, mais intègre aussi la cristallisation de formes de coordination entre acteurs publics et privés, institutionnels et non-institutionnels (Dormois, 2006).

On comprend ainsi l'intérêt d'une approche combinée des logiques d'acteurs et des logiques institutionnelles dans le DD urbain[3], car on a pu observer que si les coalitions ou les échanges politiques renvoient pour une part non négligeable à une dimension de l'acteur, l'énonciation de règles (les compétences déclinées par la loi, les dispositifs de concertation obligatoire, mais aussi un objectif comme celui de fixer ce que

2 C'est-à-dire la capacité à prendre des décisions et à mobiliser les ressources pour permettre leur mise en œuvre, en référence à la théorie dite des « régimes urbains » : Stone, 1993.

3 S'agissant de tenir à la fois le prisme des intérêts, des idées et des institutions dans l'analyse des politiques urbaines, en s'inspirant des propositions plus larges de Palier & Surel, 2005.

recouvre un « éco-quartier », etc.) autant que celle de récits (par exemple, comment produire un passé local au projet de l'Île de Nantes, etc.) montrent que les institutions demeurent des espaces centraux pour stabiliser la coopération, en favorisant les apprentissages collectifs et la sédimentation de savoir-faire techniques (l'expertise et les experts) et politiques (le portage politique des enjeux de la ville durable, la communication locale).

De cette façon, c'est également à la connaissance des processus socio-politiques de différenciation territoriale que l'on apporte une pierre, dans le contexte de la « décentralisation », c'est-à-dire d'une fabrique des cadres d'action par l'État qui tend à faire davantage reposer sur les territoires – dont les formes d'organisation urbaines – la définition du contenu des politiques locales et des conditions de leur mise en œuvre (Hassenteufel & Rasmussen, 2000). On repère alors des dynamiques transactionnelles de projet, qui portent davantage l'empreinte des lieux et des porteurs de leur élaboration, entre circulations de références et traductions locales des répertoires d'action.

C'est bien là que se pose la question centrale de l'agencement entre problème, politique publique et acteurs. Son appréhension dans le cadre du questionnement des enjeux du DD urbain aura permis de combiner deux approches présentes dans l'analyse de l'action publique, mais souvent séparées (Musselin, 2005) : celle s'intéressant aux acteurs (et à leurs stratégies) et celle qui focalise sur les politiques publiques (et les projets urbains), avec la « mise au jour des chaînes causales qui dépassent les acteurs de la décision » (Muller, 2005).

Postface

Corinne LARRUE

Professeur des Universités en Urbanisme, Université de Tours,
Maison des Sciences de l'Homme « Villes et territoires »,
Membre du Conseil scientifique du programme POPSU

Ce livre est issu d'une recherche menée dans le cadre de la Plateforme d'Observation des Projets et Stratégies Urbaines (POPSU), pilotée par le Groupement d'Intérêt Public EPAU (Europe des Projets Architecturaux et Urbains). Le réseau POPSU a pour objectif de suivre la ville en train de se faire *via* la mise en place de dispositifs d'observation et d'analyse scientifiques. La question du développement durable est rapidement venue en contrepoint des analyses menées et présentées dans le cadre des séminaires de suivi du programme. Cette thématique a été retenue comme l'une des problématiques transversales à analyser pour compléter le dispositif en place.

Le point de vue qui a été développé par les auteurs est celui du regard sociologique. Ce regard apparaît particulièrement complémentaire des analyses habituellement proposées dans le domaine du développement urbain durable, qui relèvent d'une approche en termes d'ingénierie : *quelle ingénierie spécifique développer pour rendre la ville plus durable ?*, ou en termes de planification et d'aménagement : *comment concevoir une ville plus vivable, plus économe en ressources, mieux adaptée aux contraintes environnementales ?* La posture adoptée par le CRESS de l'Université de Strasbourg permet ainsi d'éclairer les contraintes et stratégies des acteurs urbains en charge de concevoir et mettre en œuvre des politiques d'aménagement qui répondent aux problématiques d'un développement durable ou, plus précisément, soutenable.

L'intérêt de ce travail est alors de mettre en exergue les modes de fabrique de la ville durable et notamment les facteurs spécifiques à ces approches. On en retiendra plusieurs.

Tout d'abord, celui des échelles de l'action. Les auteurs mettent bien en évidence, exemples et discours d'acteurs à l'appui, la question des multi-échelles mobilisées pour faire la ville durable, comme celle du « transsectoriel » ; mais pour les acteurs en train de faire la ville, la question du développement durable s'appréhende d'abord à l'aune de leurs propres compétences. C'est à partir de leur champ spécifique que les leviers d'action sont mobilisés. En parallèle, la nécessité de concertation et de mobilisation d'autres domaines de compétences vient à l'ordre du jour, de même que le recours aux instances intercommunales et aux échelles de l'agglomération. Les auteurs montrent ainsi comment le développement durable vient transformer ou compléter les politiques traditionnelles dans le champ de l'environnement, de l'organisation des activités économiques, commerciales, ou culturelles.

Par ailleurs, si la nécessité d'un engagement politique fort avait déjà été mise en exergue par d'autres, la présente étude va plus loin, et aborde la question des ressorts de l'engagement des élus dans des politiques de développement durable. On s'aperçoit ainsi que la couleur politique ne fait pas tout : l'implication des élus s'avère généralisée, relevant d'un quasi-passage obligé, porteur d'un effet d'affichage et de bénéfices en termes de marketing.

Un résultat particulièrement intéressant de ce travail est la mise en exergue d'instrumentation spécifique aux politiques urbaines de développement durable (ou « en développement durable », comme le mentionnent les auteurs). Deux conclusions ressortent : l'une, déjà connue, de la nécessaire expertise à produire pour asseoir toute politique de développement durable ; la seconde, moins travaillée jusque-là, est celle du recours systématique à l'expérimentation. La problématique du développement durable remet au goût du jour la question de l'incertitude et de ses conséquences en termes de pilotage des politiques urbaines. Et qui conduit au recours à la petite échelle, et à l'individuation des solutions à mettre en place notamment.

Enfin, si l'injonction à la participation ressort des pratiques habituelles associées à la mise en œuvre de toute politique de développement durable, la place de l'habitant, du citoyen, de l'usager reste encore incertaine si l'on en croit les analyses produites.

In fine, l'ouvrage décrypte les modes de circulation, d'importation et d'exportation des modèles ou expérimentations du développement durable urbain. L'existence de « passeurs » – techniciens, élus, chargés de mission – est ainsi mise en exergue, tout comme les modes de traduction et d'adaptation aux contextes locaux. L'analyse montre de la sorte la diversité des modes d'articulation entre problématiques locales et problématiques globales.

L'intérêt de cet ouvrage est ainsi de mêler réflexions théoriques sur les processus de production de la ville durable, et analyses d'objets et de processus concrets. Il constitue pour moi une pierre importante pour la compréhension des processus de construction de la ville en train de se faire.

Octobre 2008

Bibliographie

1. Ouvrages et articles

Alternatives économiques, 2007, dossier « Développement durable : villes, régions… agir localement », hors-série pratique, 29.

Amzert Malika, Chignier-Riboulon Franck, 2003, « Coproduction de l'urbain ou réification des figures de la concertation ? Le Plan de déplacements urbains et le tramway de l'agglomération lyonnaise (1995-2001) », *Espaces et Sociétés*, 112, p. 101-118.

Angeon Valérie, Caron Patrick, Lardon Sylvie, 2006, « Des liens sociaux à la construction d'un développement territorial durable : quel rôle de la proximité dans ce processus ? », *Développement Durable et Territoires*, 17 juillet.

Annales de la Recherche Urbaine, 2002, dossier « Ce qui demeure », 92.

Anquetin Virginie, 2002, « Produire une politique municipale de l'environnement : la régulation des interactions des acteurs locaux par l'"expertise" », in Philippe Hamman *et al.*, *Discours savants, discours militants. Mélange des genres*, Paris, L'Harmattan, p. 129-151.

Arab Nadia, 2001, « La coproduction des opérations urbaines : coopération et conception », *Espaces et Sociétés*, 105-106, p. 57-81.

Arnaud Emmanuel, Berger Arnaud, De Perthuis Christian, 2005, *Le développement durable*, Paris, Nathan.

Arpaillange Christophe, De Maillard Jacques, Guérin-Lavignotte Élodie, Kerrouche Éric, Montané Michel-Alexis, 2001, « La Communauté urbaine de Bordeaux, à l'heure de la loi Chevènement : négociations contraintes dans une confédération de communes », in François Baraize, Emmanuel Négrier (dir.), *L'invention politique de l'agglomération*, Paris, L'Harmattan, p. 67-97.

Austin John, 1970, *Quand dire, c'est faire*, trad. fr., Paris, Seuil (1re éd., 1962).

Bacqué Marie-Hélène, Blanc Maurice, Hamel Pierre, Sintomer Yves, 2005, « Éditorial : Ville, action "citoyenne" et débat public », *Espaces et Sociétés*, 123, p. 7-19.

Bacqué Marie-Hélène, Sintomer Yves, 2001, « Gestion de proximité et démocratie participative », *Les Annales de la recherche urbaine*, 90, p. 148-155.

Bacqué Marie-Hélène *et al.*, 2007, « Projets urbains en quartiers anciens », in Yannis Tsiomis (dir.), *Échelles et temporalités des projets urbains*, Paris, PUCA/Jean-Michel Place, p. 95-110.

Baraize François, Négrier Emmanuel (dir.), 2001, *L'invention politique de l'agglomération*, Paris, L'Harmattan.

Barbier Rémi, Bédu Clémence, 2008, « Vers une gouvernance démocratique des services urbains ? », in Philippe Hamman (dir.), *Penser le développement durable urbain : regards croisés*, Paris, L'Harmattan, p. 137-160.

Barbier Rémi, Waechter Virginie, 2003, « La participation paradoxale : "geste citoyen" et "parole citoyenne" dans la gestion locale de l'environnement », *Espaces et Sociétés*, 112, p. 83-100.

Barles Sabine, 2002, « Le métabolisme urbain et la question écologique », *Les Annales de la recherche urbaine*, 92, p. 143-149.

Barthélemy Martine, 2000, *Associations, un nouvel âge de la participation ?*, Paris, Presses de Sciences Po.

Benhayoun Gilbert, Gaussier Nathalie, Planque Bernard (dir.), 1999, *L'ancrage territorial du développement durable. De nouvelles perspectives*, Paris, L'Harmattan, 1999.

Ben Mabrouk Taoufik, 2007, *Le pouvoir d'agglomération en France. Logiques d'émergence et modes de fonctionnement*, Paris, L'Harmattan.

Berny Nathalie, 2008, « Le lobbying des ONG internationales d'environnement à Bruxelles », *Revue française de science politique*, 58(1), p. 97-122.

Blanc Christine, Hamman Philippe, Henninger Flore, 2007, « Le développement durable dans la fabrique de la ville : quelques perspectives transversales à partir d'aires métropolitaines françaises », *Revue d'Allemagne et des Pays de langue allemande*, 39(3), p. 353-368.

–, 2008a, *La place du développement durable dans les projets et les stratégies urbaines françaises*, rapport de recherche du CRESS, sous la responsabilité de Maurice Blanc, Université de Strasbourg, au PUCA, dans le cadre de la Plate-forme d'observation des projets et stratégies urbaines françaises (POPSU), 899 p.

–, 2008b, « Les "espaces verts" dans le développement durable urbain : de la végétalisation à la fabrique de la ville », in Philippe Hamman (dir.), *Penser le développement durable urbain : regards croisés*, Paris, L'Harmattan, p. 91-114.

Blanc Maurice, 1994, « L'invention de la démocratie locale », in Maurice Blanc *et al.*, *Vie quotidienne et démocratie. Pour une sociologie de la transaction sociale* (suite), Paris, L'Harmattan, p. 261-292.

–, 1996, « Politique de la ville et démocratie locale. La participation : une transaction le plus souvent différée », *Les Annales de la recherche urbaine*, 68-69, p. 98-106.

–, 2005, « Participation et démocratie », *Espaces et Sociétés*, 123, p. 167-180.

–, 2006, « Conflits et transactions sociales : la démocratie participative n'est pas un long fleuve tranquille », *Sciences de la société*, 69, p. 25-37.

Blanc Maurice *et al.*, 1992, *Pour une sociologie de la transaction sociale*, Paris, L'Harmattan.

–, 1994, *Vie quotidienne et démocratie. Pour une sociologie de la transaction sociale* (suite), Paris, L'Harmattan

–, 1998, *Les transactions aux frontières du social*, Lyon, Éditions Chronique sociale.

Blatrix Cécile, 2000, *La « démocratie participative », de Mai 68 aux mobilisations anti-TGV : processus de consolidation d'institutions sociales émergentes*, thèse en science politique, Université Paris 1.

Blondiaux Loïc, Cardon Dominique, 2006, « Dispositifs participatifs », *Politix*, 75, p. 3-9.

Blondiaux Loïc, Lévêque Sandrine, 1999, « La politique locale à l'épreuve de la démocratie », in Catherine Neveu (dir.), *Espace public et engagement politique*, Paris, L'Harmattan.

Blondiaux Loïc, Sintomer Yves, 2002, « L'impératif délibératif », *Politix*, 57, p. 17-35.

Boltanski Luc, 1982, *Les Cadres. La formation d'un groupe social*, Paris, Minuit.

Boltanski Luc, Thévenot Laurent, 1991, *De la justification*, Paris, Gallimard.

Bonnier H., 1972, « Les pratiques des associations de quartier et le "processus de récupération" », *Espaces et Sociétés*, 6-7.

Borraz Olivier, 2000, « Le gouvernement municipal en France », *Pôle Sud*, 13, p. 11-26.

Bosc Christel, 2003, *Émergence et négociation de politiques environnementales locales à Lyon et à Montpellier*, thèse en science politique, Université Montpellier 1.

Boudon Philippe, 1991, *De l'architecture à l'épistémologie, la question des échelles*, Paris, PUF.

Boudon Raymond, 1989, *Effets pervers et ordre social*, Paris, PUF, coll. « Quadrige » (1re éd., 1977).

–, 1995, *Le juste et le vrai*, Paris, Fayard.

Bourdieu Pierre, 1980a, *Le sens pratique*, Paris, Minuit.

–, 1980b, *Questions de sociologie*, Paris, Minuit.

–, 1982, *Ce que parler veut dire*, Paris, Fayard.

Brodach Ari, Goffi Mélanie, 2005, « La politique de la ville : une trajectoire de développement urbain durable ? », *Développement Durable et Territoires*, 17 novembre.

Brodiez Axelle, 2004, « Militants, bénévoles, affiliés, affranchis : de l'applicabilité historique des travaux sociologiques », in Dan Ferrand-Bechmann (dir.), *Les bénévoles et leurs associations. Autres réalités, autre sociologie ?*, Paris, L'Harmattan, p. 279-291.

Brunel Sylvie, 2004, *Le développement durable*, Paris, PUF.

Calenge Christian, 1995, « De la nature de la ville », *Les Annales de la recherche urbaine*, 74, p. 12-19.

Callon Michel, 1986, « Éléments pour une sociologie de la traduction. La domestication des coquilles Saint-Jacques et des marins pêcheurs dans la baie de Saint-Brieuc », *L'Année sociologique*, 36, p. 169-208.

Callon Michel, Méadel Cécile, Rabeharisoa Vololona, 2000, « L'économie des qualités », *Politix*, 52, p. 211-239.

Callon Michel, Lascoumes Pierre, Barthes Yannick, 2001, *Agir dans un monde incertain. Essai sur la démocratie technique*, Paris, Seuil.

Callon Michel, Rip Arie, 1992, « Humains, non-humains : morale d'une coexistence », in Jacques They, Bernard Kalaora (dir.), *La Terre outragée. Les experts sont formels*, Paris, Autrement, série « Science en société », 1, p. 140-156.

Camagni Roberto, Gibelli Maria Cristina, 1997, *Développement urbain durable*, La Tour d'Aigues, Éditions de l'Aube.

Castells Manuel, 1972, *La question urbaine*, Paris, Maspéro.

–, 1977, *The city and the grassroots. Across cultural theory of social urban movement*, Berkeley, University of California Press.

Chalas Yves, 1998, « L'urbanisme comme pratique. Pensée faible et débat public », *Les Annales de la Recherche Urbaine*, 80-81, p. 205-214.

Charlot-Valdieu Catherine, Outrequin Philippe, 2006, *Développement durable et renouvellement urbain. Des outils opérationnels pour améliorer la qualité de vie dans nos quartiers*, Paris, L'Harmattan.

Chateauraynaud Francis, Torny Didier, 1999, *Les sombres précurseurs. Une sociologie pragmatique de l'alerte et du risque*, Paris, Éditions de l'EHESS.

Chevallier Jacques, 1996, *L'État de droit*, Paris, Montchrestien (2e éd.).

Cobb Roger W., Elder Charles D., 1975, *Participation in American Politics : The Dynamics of Agenda building*, Baltimore, The John Hopkins University Press.

–, 1984, « Agenda Building and the Politics of Aging », *Policy Studies Journal*, 13(1), p. 115-129.

Cohen Michael D., March James G, Olsen Johan P., 1972, « A Garbage Can Model of Organisational Choice », *Administration Science Quarterly*, 17(1), p. 1-25.

Da Cunha Antonio, Knoepfel Peter, Leresche Jean-Philippe, Nahrath Stéphane (dir.), 2005, *Enjeux du développement urbain durable. Transformations urbaines, gestion des ressources et gouvernance*, Lausanne, Presses polytechniques et universitaires romandes.

Dahl Robert, 1973, *Qui gouverne ?*, trad. fr., Paris, A. Colin (1re éd., 1961).

De Maillard Jacques, 2002, « Les associations dans l'action publique locale : participation fonctionnalisée ou ouverture démocratique ? », *Lien social et politiques*, 48, p. 53-65.

Desjeux Dominique, 2004, *Les sciences sociales*, Paris, PUF.

Devisme Laurent, 2005, *La ville décentrée. Figures centrales à l'épreuve des dynamiques urbaines*, Paris, L'Harmattan.

–, 2007, « Centralité et visibilité dans le projet urbain de l'Île de Nantes », in Yannis Tsiomis (dir.), *Échelles et temporalités des projets urbains*, Paris, PUCA/Jean-Michel Place, p. 123-141.

Devisme Laurent, Dumont Marc, Roy Élise, 2007, « Le jeu des "bonnes pratiques" dans les opérations urbaines, entre normes et fabrique locale », *Espaces et Sociétés*, 131, p. 15-31.

Dezalay Yves, Garth Bryant G., 2002, *La mondialisation des guerres de palais. La restructuration du pouvoir d'État en Amérique latine. Entre notables du droit et « Chicago Boys »*, Paris, Seuil.

Dobry Michel, 1992, *Sociologie des crises politiques. La dynamique des mobilisations multisectorielles*, Paris, Presses de Sciences Po, coll. Références (1re éd., 1986).

Donadieu Pierre, 1999, « Entre urbanité et ruralité. La médiation paysagiste », *Les Annales de la recherche urbaine*, 85, p. 6-15.

Donadieu Pierre, Fleury André, 1995, « L'agriculture, une nature pour la ville ? », *Les Annales de la recherche urbaine*, 74, p. 31-39.

Dormois Rémi, 2006, « Structurer une capacité politique à l'échelle urbaine. Les dynamiques de planification à Nantes et à Rennes (1977-2001) », *Revue française de science politique*, 56(5), p. 837-867.

Dubar Claude, 2000, *La crise des identités. L'interprétation d'une mutation*, Paris, PUF.

Élias Norbert, 1991, *Qu'est-ce que la sociologie ?*, La Tour d'Aigues, Éditions de l'Aube.

Émelianoff Cyria, 2005, « Les agendas 21 locaux : quels apports sous quelles latitudes ? », *Développement Durable et Territoires*, 31 mai.

Émelianoff Cyria (dir.), 2004, dossier « Urbanisme durable ? », *Écologie et politique*, 29.

Espaces et Sociétés, 2003, dossier « Ville et démocratie », 112.

–, 2005a, dossier « Le sens des formes urbaines », 122.

–, 2005b, dossier « Ville, action "citoyenne" et débat public », 123.

–, 2007, dossier « Ville et "best practices" », 131.

Faure Alain, Leresche Jean-Philippe, Muller Pierre, Nahrath Stéphane (dir.), 2007, *Action publique et changements d'échelles : les nouvelles focales du politique*, Paris, L'Harmattan.

Faure Alain, Négrier Emmanuel (dir.), 2007, *Les politiques publiques à l'épreuve de l'action locale. Critiques de la territorialisation*, Paris, L'Harmattan.

Fialaire Jacques, 2003, « Les associations, partenaires ou faux-nez de l'administration ? », in Lionel Prouteau (dir.), *Les associations entre bénévolat et logiques d'entreprise*, Rennes, Presses universitaires de Rennes.

Foucault Michel, 1971, *L'ordre du discours*, Paris, Gallimard.

–, 1996, *Les mots et les choses*, Paris, Gallimard.

Garraud Philippe, 1990, « Politiques nationales : élaboration de l'agenda », *L'année sociologique*, 40, p. 17-41.

Gaxie Daniel (dir.), 1997, *Luttes d'institutions. Enjeux et contradictions de l'administration territoriale*, Paris, L'Harmattan.

Genieys William, Smith Andy, Baraize François, Faure Alain, Négrier Emmanuel, 2000, « Le pouvoir local en débats. Pour une sociologie du rapport entre leadership et territoire », *Pôle Sud*, 13, p. 103-119.

Gohin Olivier, 2002, *Institutions administratives*, Paris, LGDJ.

Goxe Antoine, Holec Nathalie, Rousseau Sandrine, 2006, « Méthodologies et pratiques territoriales de l'évaluation en matière de développement durable », *Développement Durable et Territoires*, 14 décembre.

Granjou Céline, 2007, « Quand la précaution se fait discrète. L'État et les professionnels dans la co-production d'une politique sanitaire », *Politix*, 78, p. 135-156.

Grémion Pierre, 1976, *Le pouvoir périphérique*, Paris, Seuil.

Gueorguieva-Faye Diana, 2006, « Le problème de l'acceptation des éoliennes dans les campagnes françaises : deux exemples de la proximité géographique », *Développement Durable et Territoires*, 18 mai.

Habermas Jürgen, 1986, *L'Espace public*, Paris, Payot.

–, 1999, *Vérité et justification*, Paris, Gallimard.

Hamman Philippe, 2005, « From "Multilevel Governance" to "Social Transactions" in the European Context », *Swiss Journal of Sociology*, 31(3), p. 523-545.

Hamman Philippe *et al.*, 2002, *Discours savants, discours militants. Mélange des genres*, Paris, L'Harmattan.

Hamman Philippe (dir., avec la coll. de Christine Blanc et Flore Henninger), 2008, *Penser le développement durable urbain : regards croisés*, Paris, L'Harmattan.

Harribey Jean-Marie, 1998, *Le développement soutenable*, Paris, Economica, 1998.

Hassenteufel Patrick, 2005, « De la comparaison internationale à la comparaison transnationale. Les déplacements de la construction d'objets comparatifs en matière de politiques publiques », *Revue française de science politique*, 55(1), p. 113-132.

Hassenteufel Patrick, Rasmussen Jeanne, 2000, « Le(s) territoire(s) entre politique et les politiques », in Dominique Pagès, Nadine Pelissier (dir.), *Territoires sous influence*, Paris, L'Harmattan, p. 59-82.

Henry Odile, 1992, « Entre savoir et pouvoir. Les professionnels de l'expertise et du conseil », *Actes de la recherche en sciences sociales*, 95, p. 37-54.

Henson Ralph, Essex Stephen, 2003, « Conception, organisation et évaluation de réseaux de transport locaux durables », *Revue internationale des sciences sociales*, 176, p. 243-260.

Héran Frédéric, Bertrand Zuindeau (dir.), 2002, dossier « Développement durable et territoires », *Cahiers lillois d'économie et de sociologie*, 37.

Hirschman Albert, 1995, *Défection et prise de parole*, Paris, Fayard (trad. fr. de *Exit, voice and loyalty*, 1970).

IFEN (Institut français de l'environnement), 2001a, « Propositions d'indicateurs de développement durable », *Études et travaux de l'IFEN*, 35.

–, 2001b, « 45 indicateurs de développement durable », *Études et travaux de l'IFEN*, 41.

Ion Jacques, 1997, *La fin des militants ?*, Paris, Éditions de l'Atelier.

Ion Jacques (dir.), 2001, *L'engagement au pluriel*, Saint-Étienne, Presses universitaires de Saint-Étienne.

Jeannot Gilles, Goodchild Barry, Hickman Paul, 2008, « Les nouveaux métiers de la ville. Pouvoirs publics et recherche urbaine », *Les Annales de la recherche urbaine*, 104, p. 100-109.

Jobert Arthur, 1998, « L'aménagement en politique. Ce que le syndrome Nimby nous dit de l'intérêt général », *Politix*, 42.

Jollivet Marcel (dir.), 2002, *Le développement durable. De l'utopie au concept*, Paris, Elsevier.

Jouve Bernard (dir.), 2003, *Les politiques de déplacements urbains en Europe. L'innovation en question dans cinq villes européennes*, Paris, L'Harmattan.

Jouve Bernard, Lefevre Christian (dir.), 2002, *Métropoles ingouvernables*, Montréal, Elsevier.

Kingdon John, 1995, *Agenda, Alternatives and Public Policies*, New York, Longman.

Lafaye Claudette, Thévenot Laurent, « Une justification écologique ? Conflits dans l'aménagement de la nature », *Revue française de sociologie*, 34, 1993, p. 495-524.

Lascoumes Pierre, 1996a, « L'éco-pouvoir. Environnement et politiques », *Revue française de sociologie*, 37, p. 166-168.

–, 1996b, « Rendre gouvernable : de la “traduction” au “transcodage”. L'analyse du changement dans les réseaux d'action publique », in CURAPP, *La gouvernabilité*, Paris, PUF, p. 325-338.

Lascoumes Pierre, Le Bourhis Jean-Pierre, 1998, « Le bien commun comme construit territorial. Identités d'action et procédure », *Politix*, 42, p. 37-66.

Lascoumes Pierre, Le Galès Patrick (dir.), 2005, *Gouverner par les instruments*, Paris, Presses de Sciences Po.

Latour Bruno, 1984, *Les microbes : guerre et paix*, Paris, Métailié.

–, 2006, *Changer de société – Refaire de la sociologie*, Paris, La Découverte.

Le Breton Éric, 2002, *Les transports urbains et l'utilisateur : voyageur, client ou citadin ?*, Paris, L'Harmattan.

Leca Jean, 1996, « La gouvernance de la France sous la Cinquième République », in François d'Arcy, Luc Rouban, *De la Cinquième République à l'Europe*, Paris, Presses de Sciences Po, p. 329-366.

Le Corbusier, 1964, *La ville radieuse*, Paris, Vincent, Fréal & Cie (1re éd., 1935).

Le Débat, 2001, dossier « L'écologie au-delà de l'utopie », 113.

Ledrut Raymond, 1976, *L'Espace en question*, Paris, Anthropos.

Le Galès Patrick, 1995, « Du gouvernement des villes à la gouvernance urbaine », *Revue française de science politique*, 45(1), p. 57-95.

Le Naour Gwenola, 2005, « Entrer dans l'action publique en la contestant », *Politix*, 70, p. 9-28.

Le Saout Rémy, 1995, « La collecte des déchets ménagers par la communauté urbaine de Nantes », *Les Annales de la recherche urbaine*, 99, p. 111-117.

–, 1997, *L'intercommunalité, logiques nationales et enjeux locaux*, Rennes, Presses universitaires de Rennes.

–, 2000, « L'intercommunalité, un pouvoir inachevé ? », *Revue française de science politique*, 50(3), p. 57-95.

Lindblom Charles E., 1965, *The Intelligence of Democracy*, Yale, Yale University Press.

Lochard Yves, Simonet-Cusset Maud, 2005, « La parabole de l'Observatoire ou les limites à l'institutionnalisation d'un "partenariat cognitif" avec les associations », *Politix*, 70, p. 51-70.

Lochard Yves, Simonet-Cusset Maud (dir.), 2003, *L'expert associatif, le savant et le politique*, Paris, Syllepse.

Lorrain Dominique, 2000, « Gouverner les villes : questions pour un agenda de recherche », *Pôle Sud*, 13, p. 27-40.

–, 2006, « La dérive des instruments. Les indicateurs de la politique de la ville et l'action publique », *Revue française de science politique*, 56(3), p. 429-455.

Madec Philippe, 2002, « Architecture et qualité environnementale », *Les Annales de la Recherche Urbaine*, 92, p. 140-142.

Maingueneau Dominique, 1984, *Genèse du discours*, Bruxelles, Éditions Mardaga.

Mancebo François, 2006, *Le développement durable*, Paris, A. Colin.

Matagne Patrick (dir.), 2005, *Les enjeux du développement durable*, Paris, L'Harmattan.

Mathieu Nicole, Guermond Yves (dir.), 2005, *La Ville durable, du politique au scientifique*, Paris, INRA-Éditions.

Mazey Sonia, Richardson Jeremy, 1996, « La Commission Européenne. Une bourse pour les idées et les intérêts », *Revue française de science politique*, 46(3), p. 409-430.

Mazey Sonia, Richardson Jeremy (dir.), 1999, *Interest Intermediation in the EU : Filling the Hollow Core*, London, Routledge.

Meunier Corinne, Zeroual Thomas, 2006, « Transport durable et développement économique », *Développement Durable et Territoires*, 13 décembre.

Michel Hélène (dir.), 2006, *Lobbyistes et lobbying de l'Union Européenne. Trajectoires, formations et pratiques des représentants d'intérêts*, Strasbourg, Presses universitaires de Strasbourg.

Ministère de l'Écologie, 2004, *Indicateurs nationaux du développement durable : lesquels choisir ?*, Paris, La Documentation française.

Monin Éric, Descat Sophie, Siret Daniel, 2002, « Le développement durable et l'histoire urbaine », *Les Annales de la recherche urbaine*, 92, p. 7-15.

Montané Michel-Alexis, 2001, *Leadership politique et territoire. Des leaders en campagnes*, Paris, L'Harmattan.

Moquay Patrick, 1998, *Coopération intercommunale et société locale*, Paris, L'Harmattan.

Mormont Marc, 1994, « Incertitudes et engagements. Les agriculteurs et l'environnement : une situation de transaction », in Maurice Blanc *et al.*, *Vie quotidienne et démocratie. Pour une sociologie de la transaction sociale (suite)*, Paris, L'Harmattan, p. 209-234.

Mormont Marc, Bertrand Anne, 2000, « Oppositions locales et dynamique d'environnementalisation », *Espaces et Sociétés*, 101-102, p. 96-112.

Muller Pierre, 2004, « Référentiel », in Laure Boussaguet, Sophie Jacquot, Pauline Ravinel (dir.), *Dictionnaire des politiques publiques*, Paris, Presses de Sciences Po.

–, 2005, « Esquisse d'une théorie du changement dans l'action publique. Structures, acteurs et cadres cognitifs », *Revue française de science politique*, 55(1), p. 155-187.

Musselin Christine, 2005, « Sociologie de l'action organisée et analyse des politiques publiques : deux approches pour un même objet ? », *Revue française de science politique*, 55(1), p. 51-71.

Navez-Bouchanine Françoise, 2007, « Le développement urbain durable : *"best practice"* ou leurre méthodologique ? », *Espaces et Sociétés*, 131, p. 101-116.

Négrier Emmanuel, 2005, *La question métropolitaine. Les politiques à l'épreuve du changement d'échelle territoriale*, Grenoble, Presses universitaires de Grenoble.

Neveu Érik, 1994, *Une société de communication ?*, Paris, Montchrestien.

Nonjon Magali, 2005, « Professionnels de la participation : savoir gérer son image militante, *Politix*, 70, p. 89-112.

Offerlé Michel, 1998, *Sociologie des groupes d'intérêt*, Paris, Montchrestien (1re éd., 1994).

Offner Jean-Marc, 2006, « Les territoires de l'action publique locale. Fausses pertinences et jeux d'écarts », *Revue française de science politique*, 56(1), p. 27-47.

Offredi Claudine (dir.), 2004, *La dynamique de l'évaluation face au développement durable*, Paris, L'Harmattan.

Ollitrault Sylvie, 2001, « Les écologistes français, des experts en action », *Revue française de science politique*, 51(1-2), p. 105-130.

Padioleau Jean-Gustave, 1982, *L'État au concret*, Paris, PUF.

Palier Bruno, Surel Yves, 2005, « Les trois "I" et l'analyse de l'État en action », *Revue française de science politique*, 55(1), p. 7-32.

Paquot Thierry, 2006, « Éco-quartier », *Urbanisme*, 348, mai-juin.

Pinson Gilles, 2006, « Projets de ville et gouvernance urbaine. Pluralisation des espaces politiques et recomposition d'une capacité d'action collective dans les villes européennes », *Revue française de science politique*, 56, p. 619-651.

Polanyi Karl, 1983, *La Grande Transformation. Aux origines économiques et politiques de notre temps*, Paris, Gallimard (trad. fr.).

Politix, 2005, « Militantismes institutionnels », 70.

Prouteau Lionel (dir.), 2003, *Les associations entre bénévolat et logiques d'entreprise*, Rennes, Presses universitaires de Rennes.

Regards sur l'actualité, 2004, dossier « La France et le développement durable », 302.

Régent Jean-Joseph (dir.), 2002, *Démocratie à la nantaise. Chronique d'une nouvelle expression de la société civile*, Paris, L'Harmattan.

Remy Jean *et al.*, 1978, *Produire ou reproduire ?*, Bruxelles, De Boeck.

Restier-Melleray Christiane, 1990, « Experts et expertise : le cas de la France », *Revue française de science politique*, 40(4), p. 540-585.

Revel Martine *et al.* (dir.), 2007, *Le débat public : une expérience française de démocratie participative*, Paris, La Découverte, coll. Recherches.

Revue Durable, 2004, dossier « Adapter les bâtiments au froid et aux canicules », 9.

–, 2005/2006, dossier « Sur la piste d'une mobilité différente », 18.

–, 2006, dossier « Briser un cercle vicieux : réduire les déchets », 22.

Revue internationale des sciences sociales, 2003, dossier « Mobilités durables », 176.

Rinck Dieter, 2002, *Lebensstile und Nachhaltigkeit*, Opladen, Leske+Budrich.

Rudolf Florence, 2003, « La participation au piège de l'enrôlement », *Espaces et Sociétés*, 112, p. 133-153.

–, 2007, « Les éco-quartiers : une contribution socio-technique à la réception du développement durable en Allemagne », *Revue d'Allemagne et des Pays de langue allemande*, 39(3), p. 343-352.

–, 2008, « Les glissements de sens de l'écologie dans ses associations avec la ville : écologie urbaine, ville écologique et ville durable », in Philippe Hamman (dir.), *Penser le développement durable urbain : regards croisés*, Paris, L'Harmattan, p. 47-68.

Rui Sandrine, Villechaise-Dupont Agnès, 2005, « Les associations face à la participation institutionnalisée : les ressorts d'une adhésion distanciée », *Espaces et Sociétés*, 123, p. 21-36.

Sainsaulieu Renaud, Laville Jean-Louis (dir.), 1997, *Sociologie de l'association. Des organisations à l'épreuve du changement social*, Paris, Desclée de Brouwer.

Saurugger Sabine, 2002, « L'expertise : un mode de participation des groupes d'intérêt au processus décisionnel communautaire », *Revue française de science politique*, 52(4), p. 375-401.

Sawicki Frédéric, 2003, « Le temps de l'engagement. À propos de l'institutionnalisation d'une association de défense de l'environnement », in Jacques Lagroye (dir.), *La politisation*, Paris, Belin.

Sciences de la société, 2006, dossier « Démocratie participative en Europe », 69.

Serrano José, 2005, « Quel équilibre entre urbanisation et préservation des espaces agricoles périurbains ? Le cas d'une agglomération moyenne », *Développement Durable et Territoires*, 17 novembre.

Sfez Lucien, 1984, *La décision*, Paris, PUF.

Simmel Georg, 1981, *Sociologie et épistémologie*, Paris, PUF (1re éd., 1917).

Simon Herbert, 1983, *Administration et processus de décision*, Paris, Economica (trad. fr.).

Sinigaglia-Amadio Sabrina, 2008, « Quelles réalités du développement durable urbain dans les "quartiers sensibles" ? Pour une analyse sociologique de l'action des travailleurs associatifs », in Philippe Hamman (dir.), *Penser le développement durable urbain : regards croisés*, Paris, L'Harmattan, p. 289-312.

Smith David M., Blanc Maurice, 1997, « Participation and grass-roots democracy », *Environment and Planning D : Society and Space*, 15(2), p. 281-303.

Smouts Marie-Claude (dir.), 2005, *Le développement durable. Les termes du débat*, Paris, Armand Colin.

Souami Taoufik, 2008, « Le développement durable change-t-il le monde des urbanistes ? Vers une structuration du milieu professionnel ? », *Les Annales de la recherche urbaine*, 104, p. 19-27.

Speirs Caroline, 2004, *Le concept de développement durable : l'exemple des villes françaises*, Paris, L'Harmattan.

Stengers Isabelle, 1997, *Sciences et pouvoirs. La démocratie face à la technoscience*, Paris, La Découverte.

Stone Clarence N., 1993, « Urban Regimes and the Capacity to Govern : A Political Economy Approach », *Journal of Urban Affairs*, 15(1), p. 1-28.

Talbot Damien, 2006, « La gouvernance locale, une forme de développement local et durable ? Une illustration par les pays », *Développement Durable et Territoires*, 29 avril.

Thanassekos Yannis, 2002, « Étude de la mémoire et engagement militant », *Questions de communication*, 2, p. 129-136.

Theys Jacques, 2002, « L'approche territoriale du "développement durable", condition d'une prise en compte de sa dimension sociale », *Développement Durable et Territoires*, 23 septembre.

Toussaint Jean-Yves, Vareilles Sophie, Zimmermann Monique, 2004, « L'aménagement concerté dans le Grand Lyon », *Les Annales de la recherche urbaine*, 97, p. 61-66.

Trépos Jean-Yves, 1996, *Sociologie de l'expertise*, Paris, PUF.

–, 2002, « L'expertise comme équipement politique de la société civile », *Questions de communication*, 2, p. 7-18.

Trom Danny, 1999, « De la réfutation de l'effet Nimby considérée comme une pratique militante. Notes pour une approche pragmatique de l'activité revendicative », *Revue française de science politique*, 49(1), p. 31-50.

Tsiomis Yannis (dir.), 2007, *Échelles et temporalités des projets urbains*, Paris, PUCA/Jean-Michel Place.

Tsiomis Yannis, Ziegler Volker (dir.), 2007, *Anatomie de projets urbains : Bordeaux, Lyon, Rennes, Strasbourg*, Paris, Éditions de La Villette.

United Nations, 1999, *Indicateurs du développement durable : Structure générale et aspects méthodologiques*, New York, Éditions des Nations Unies.

Urbanisme, 2002, dossier « Développement durable : l'enjeu urbain », 324.

Veyret Yvette (dir.), 2005, *Le développement durable : approches plurielles*, Paris, Hatier.

Ville et transports magazine, 2006, dossier « Palmarès 2006, villes en forme », 414, décembre.

Vivien Franck-Dominique, 2003, « Jalons pour une histoire de la notion de développement durable », *Mondes en développement*, 31(1).

–, 2005, *Le développement soutenable*, Paris, La Découverte.

Voiron-Canicio Christine, 2005, « Pour une approche systémique du développement durable », *Développement Durable et Territoires*, 30 mai.

Wackernagel Mathis, Rees William, 1999, *Notre empreinte écologique*, Montréal, Écosociété.

Waldvogel Carole, 2005a, « Le faux débat intérêt privé/intérêt public autour des associations environnementales revendicatives », *Revue des sciences sociales*, 33, p. 80-87.

–, 2005b, *Enjeux et stratégies autour de l'environnement dans le champ associatif*, thèse de sociologie, Université de Strasbourg.

Werquin Ann-Carol, Demangeon Alain, 1995, « L'entrelacs du végétal et de l'urbanisation », *Les Annales de la recherche urbaine*, 74, p. 40-49.

Wintz Maurice, 2008, « La place de la nature dans le développement durable urbain », in Philippe Hamman (dir.), 2008, *Penser le développement durable urbain : regards croisés*, Paris, L'Harmattan, p. 69-90.

Younès Chris, Marcillon David, Rebois Didier, 2007, « Qualifier le développement durable. De l'utopie aux figures urbaines du projet », in Yannis Tsiomis (dir.), *Échelles et temporalités des projets urbains*, Paris, PUCA/Jean-Michel Place, p. 159-171.

Zaccaï Edwin, 2002, *Le développement durable : dynamique et constitution d'un projet*, Bruxelles, PIE Peter Lang, coll. Écopolis.

Zander Patricia, 2007, « Dépasser le débat "ville compacte ou ville diffuse" : la "gestion économe de l'espace", fondement d'une nouvelle stratégie urbaine dans le Rhin Supérieur », *Revue d'Allemagne et des Pays de langue allemande*, 39(3), p. 369-386.

Zentelin Jean-Louis, 2000, « Les avatars du développement durable dans l'aménagement et les transports », *Les Annales de la recherche urbaine*, 86, p. 39-48.

Zittoun Philippe, 2007, « La carte parisienne du bruit. La fabrique d'un nouvel énoncé de politique publique », *Politix*, 78, p. 157-178.

2. Sites Internet

- Quelques revues en ligne :

www.adels.org/territoires : site de la revue *Territoires*

www.alternatives-economiques.fr : site de la revue *Alternatives économiques*

www.environnement-online.com : site de la revue professionnelle spécialisée *Environnement et stratégie*

www.larevuedurable.com : site de la *Revue durable*

www.laviedurail.com : site de la revue *Ville et Transports Magazine*

www.revue-ddt.org : site de la revue *Développement durable et territoires*

www.urbanisme.fr : site de la *Revue Urbanisme*

www.vertigo.uqam.ca : site d'une revue électronique de l'Université du Québec, spécialisée dans les sciences de l'environnement et libre d'accès.

- Quelques sources documentaires sur Internet :

www.aalborgplus10.dk/media/aalborg_commitments_french_final.doc : texte des 55 engagements d'Aalborg

www.ademe.fr : site de l'Agence de l'Environnement et de la Maîtrise de l'Énergie

www.achatsresponsables.com : site spécialisé sur les achats responsables des collectivités locales

www.certu.fr : site de l'organisme d'étude du ministère des Transports

http://dd-pratiques.org : banque de données sur les Agendas 21 locaux

www.developpement-durable.gouv.fr : site spécifique du conseil national du Développement durable

www.gart.org : association d'élus pour l'amélioration des transports en commun
www.ifen.fr : site de l'institut français de l'Environnement
www.mediaterre.org : portail francophone du Développement durable

EcoPolis

La collection EcoPolis est dédiée à l'analyse des changements qui se produisent simultanément dans la société et dans l'environnement quand celui-ci devient une préoccupation centrale.

L'environnement a longtemps été défini comme l'extérieur de la société, comme ce monde de la nature et des écosystèmes qui sert de soubassement matériel à la vie sociale. Les politiques d'environnement avaient alors pour but de « préserver », « protéger », voire « gérer » ce qui était pensé comme une sorte d'infrastructure de nos sociétés. Après quelques décennies de politique d'environnement, la nature et l'environnement sont devenus des objets de l'action publique et il apparaît que c'est dans un même mouvement que chaque société modèle son environnement et se construit elle-même. Cette dialectique sera au centre de la collection.

Directeur de collection : Marc MORMONT,
Professeur à la Fondation universitaire luxembourgeoise
(Université de Liège, Belgique)

Dans la collection

N° 9– Philippe HAMMAN et Christine BLANC, *Sociologie du développement durable urbain. Projets et stratégies métropolitaines françaises*, 2009, 260 pages.

N° 8– François MÉLARD (dir.), *Écologisation. Objets et concepts intermédiaires*, 2008, 214 pages.

N° 7– David AUBIN, *L'eau en partage. Activation des règles dans les rivalités d'usages en Belgique et en Suisse*, 2007, 247 pages.

N° 6– Géraldine FROGER (dir.), *La mondialisation contre le développement durable ?*, 2006, 315 pages.

N° 5– Laurent MERMET (dir.), *Étudier des écologies futures. Un chantier ouvert pour les recherches prospectives environnementales*, 2005, 411 pages.

N° 4– Jean-Baptiste NARCY, *Pour une gestion spatiale de l'eau. Comment sortir du tuyau ?*, 2004, 342 pages.

N° 3– Pierre STASSART, *Produits fermiers : entre qualification et identité*, 2003, 424 pages.

N° 2– Cécilia CLAEYS-MEKDADE, *Le lien politique à l'épreuve de l'environnement. Expériences camarguaises*, 2003, 245 pages.

N° 1– Edwin ZACCAÏ, *Le développement durable. Dynamique et constitution d'un projet*, 2002 (2e tirage 2003), 358 pages.

Visitez le groupe éditorial Peter Lang
sur son site Internet commun
www.peterlang.com

For the avoidance of doubt, input of the whole or any part of this publication
into any generative artificial intelligence model, chatbot, program, software or technology
is expressly prohibited without the prior written consent of the publisher.

Printed by
CPI books GmbH, Leck

FSC
www.fsc.org
MIX
Papier | Fördert gute Waldnutzung
FSC® C083411

Kolibri 360 GmbH
Ferdinand-Jühlke-Straße 7
99095 Erfurt, Deutschland
produktsicherheit@kolibri360.de